昌德宮과 昌慶宮

昌德宮과 昌慶宮

조선왕조의 흥망, 그 빛과 그늘의 현장

글 한영우 사진 김대벽

열화당 | 효형출판

책 머리에

역사는 육하원칙에 따라 연구, 서술, 학습해야 한다. 언제(when), 누가(who), 어디서(where), 무엇을(what), 어떻게(how), 왜(why)가 그것이다. 이 가운데 '어디서'는 역사 현장을 말하는 것으로, 현장을 직접 답사하는 일은 기록을 백 번 읽는 것보다 역사 인식을 심화하는 데 도움을 준다. 백문불여일견(百聞不如一見)이라는 말이 그래서 생긴 것이다. 그런데 우리 역사 연구와 교육은 현장에 대한 관심과 서술이 의외로 부족하고, 현장 답사 체험도 빈약하기 짝이 없다. 일반인은 물론 역사 전공자의 경우도 사정은 비슷하다. 그래서 일상적으로 만나는 유명한 역사 유적지도 그 정체를 모르거나 혹은 알아도 무관심하게 지나치는 경우가 너무나 많다.

서울의 경우를 예로 들어 보자. 광화문 네거리에 기념비각(紀念碑閣)이 있으나, 이 비각이 고종황제가 즉위 40주년을 기념하여 세운 기념물이라는 것을 아는 사람이 얼마나 있을까. 장충단이나 원구단의 경우도 마찬가지다. 왕조시대 정치의 산실인 궁궐에 대한 이해는 어느 정도일까. 아마 초등학교 때 멋도 모르고 궁궐에 소풍을 다녀온 경험이 전부인 사람도 적지 않을 것이다. 사정이 이러하니 인조반정, 임오군란, 갑신정변, 을미사변, 을사조약, 한일합방조약 같은 큰 사건들이 어느 해에 일어났는지는 훤히 알고 있더라도 그 사건이 어느 궁에서, 혹은 어느 전당에서 어떻게 일어났는지를 정확하게 아는 사람이 몇이나 될까. 정조 때 규장각은 어느 궁에 세웠으며, 사도세자가 뒤주에 갇혀 죽은 곳은 어디일까. 이렇게 질문을 계속하다 보면 우리 역사 교육의 허점이 여지없이 드러나고 만다.

현장감이 없는 역사는 죽은 역사다. 그런데도 우리의 역사 연구와 역사 교육이 이 지경에 이른 것은 역사를 지나치게 관념적으로, 문헌 중심으로 연구해 온 학문 풍토에 일차적인 책임이 있고, 또 역사의 중요한 현장들이 소중하게 보존되지 못하고 파괴되어 버린 데에도 원인이 있다.

서울은 세계적으로 궁궐이 가장 많은 도시라고 할 수 있다. 큰 정궁(正宮)만 해도 경복궁, 창덕궁, 창경궁, 경희궁, 그리고 경운궁(덕수궁) 등 다섯 곳이 있다. 물론 대부분 본래의 모습을 잃고 처참하게 파괴되었지만, 최근 궁궐 복원사업이 이루어지고 있는 것은 그나마 다행이다. 더욱이 창덕궁이 유네스코 세계문화유산으로 등록된 것은 경사가 아닐 수 없다. 이에 따라 궁궐을 찾는 국내외 관람객도 갈수록 늘고 있는 추세다.

그런데 궁궐을 찾을 때마다 느끼는 아쉬움은 수준 높은 연구서가 없다는 것이다. 600년의 기나긴 역사를 이어 온 왕궁의 연구서가 어쩌면 이다지도 빈약할까. 명색이 조선왕조사를 연구해 온 나로서도 책임의 일부를 통감하지 않을 수 없다. 그 동안 나온 왕궁 관련 책자는 대부분 건축사를 전공한 분들이 쓴 것으로, 건축 양식에 대한 설명은 비교적 자세하다. 하지만 궁궐에 담긴 수많은 영욕의 역사, 통치자의 희로애락이 담긴 역사 자체는 상대적으로 빈약하다. 역사학도들이 궁궐사를 외면해 왔기 때문에 이런 결과를 초래한 것이다. 역사학도로서 궁궐사를 본격적으로 전공한 것은 명지대 홍순민(洪順民) 교수가 최초일 것이다. 그가 쓴 『우리 궁궐 이야기』(청년사)는 그래서 많은 독자들에게 사랑받고 있는 것으로 알고 있다. 이 책으로 5대 궁의 대강을 역사적 맥락에서 이해하게 된 것은 매우 다행스러운 일이다. 앞으로의 과제는 5대 궁 하나하나에 대한 심층적인 연구서가 나와야 한다는 점이다.

내가 이번에 창덕궁과 창경궁을 소재로 한 책을 내게 된 것은 총론적인 궁궐사 연구에서 각론적인 연구로 가야 한다는 문제의식에서다. 특히 이들 두 궁궐을 다룬 것은 창덕궁이 세계문화유산으로 지정될 만큼 다른 궁궐에 비해서는 그래도 원형을 많이 보존하고 있을 뿐 아니라, 고려대학교 박물관이 소장하고 있는 〈동궐도(東闕圖)〉를 통해 19세기 당시의 원형을 찾을 수 있다는 매력 때문이다. 특히 이 그림은 국보로 지정될 만큼 자료적 가치가 높고 아름다워 그림을 감상하는 것만으로도 창덕궁의 매력을 만끽할 수 있다.

창덕궁은 경복궁보다 10년 뒤인 태종 5년(1405)에 건설되었지만 실제로 조선왕조 역사상 가장 오래 정궁으로 이용된 것은 창덕궁이다. 경복궁은 왜란 때 불탄 후 고종 5년(1868)에 재건될 때까지 270여 년 동안 빈 터로 남아 있었다. 그래서 경복궁의 왕궁사는 전후 250여 년에 불과하다. 이에 비해 창덕궁은 왜란 때 잠시 불탄 시기를 제외하면 1929년 순종이 창덕궁에서 승하할 때까지

520여 년 동안 궁궐의 기능을 수행했다. 경복궁과 창덕궁이 양립한 조선전기 200년 동안 모든 국왕이 주로 경복궁에 머문 것으로 생각하지만 사실은 그렇지 않다. 태조가 창건한 경복궁은 최고의 권위를 지니고 있었지만, 생활공간으로서는 넓고 아름다운 후원(後苑)을 갖춘 창덕궁과 창경궁이 더 선호되었다. 풍수적으로도 경복궁이 불길하다는 소문이 항상 왕실을 심리적으로 압박했다. 특히 태조 말년에 일어난 왕자란(王子亂)의 비극이 후대 왕들을 괴롭혔다. 또 대비를 비롯한 궁중 여인들이 창경궁과 창덕궁에 주로 머물렀으므로 국왕도 그곳으로 가지 않을 수 없었다.

그러면 이 책에서 창경궁은 왜 함께 다루었을까. 이는 창덕궁과 창경궁이 이름은 별개이지만 담장 하나를 끼고 인접해 있고, 실제 창경궁은 창덕궁과 연계된 이궁(離宮)으로 이용되었기 때문이다. 그래서 두 궁을 합쳐 '동궐'이라고 부르게 된 것이다. 원래 창경궁은 성종 15년(1484)에 세조비 윤씨(성종의 조모), 덕종비 한씨(성종의 생모), 예종비 한씨(성종의 숙모) 등 세 분의 대비(大妃)를 위해 지었으나, 차츰 전당들이 늘어나면서 국왕의 정치공간으로도 활용되었다. 그래서 창덕궁과 창경궁을 함께 이용할 경우 경복궁보다 한층 넓고 쾌적한 공간을 확보할 수 있었다.

창경궁은 일제시대 동물원과 식물원으로 격하되었고, 이때 수많은 전당들이 헐려 나갔다. 지금은 절반 가량의 전당이 복원 혹은 보존되었고, 나머지 공간은 수목이 울창한 숲으로 변해 버렸다. 창덕궁도 일제시대에 파괴되고 왜곡되어 본래의 전당들 가운데 지금 남아 있는 것은 절반 정도밖에 되지 않는다. 따라서 창덕궁과 창경궁의 역사는 잃어버린 궁궐을 다시 찾아내는 탐험의 역사라고 볼 수 있다. 그래서 이 책에서는 지금 남아 있는 전당(殿堂)들은 물론 남아 있지 않은 전당들도 〈동궐도〉와 기타 문헌들을 통해 가능한 한 복원해 보려고 했다. 독자들은 지금 빈 터로 남아 있는 수많은 공간에 왕조의 숨결이 담긴 전당들이 얼마나 많이 지워져 버렸는지를 알게 될 것이다.

이 책은 크게 두 부분으로 나뉜다. 먼저 각 왕대별로 어떤 왕이 어느 궁을 건설했고, 어느 궁으로 이어하며 지냈는지를 시대 순으로 검토했다. 그러나 중심은 창덕궁과 창경궁에 두고 서술했다. 여기서 독자들은 두 궁이 의외로 임금들이 선호한 곳이면서 인조반정, 임오화변(사도세자의 죽음), 임오군란, 갑신정변, 한일합방 등 중대한 사건이 일어난 곳임을 알게 될 것이다. 정조의 빛나는 문예중흥이 이곳에서 꽃핀 것 또한 놓쳐서는 안 될 사실이다.

다음에는 창덕궁과 창경궁의 개별 전당과 후원의 정자들을 소개하면서 그 역사를 더듬어 보았다. 물론 지금 남아 있지 않은 전당이나 정자들도 문헌을 바탕으로 추적했다. 이 과정에서 나는 몇 가지 새로운 사실을 발견했다. 가령, 지금까지 순조 때 세운 것으로 알려진 후원의 연경당(演慶堂)이 실은 헌종 대 이후 신축된 것으로 보는 것이 나의 생각이다. 또, 해방 후 복원된 전당들 중에는 〈동궐도〉에 나타난 모습과 달라 다시 검토해야 할 부분이 적지 않다는 것도 알게 되었다.

이 책은 기본적으로 학술연구서로서 필요한 자료를 각주로 달았다. 그러나 궁궐의 현장감을 높이기 위해 현장 사진과 아울러 〈동궐도〉의 그림을 다수 수록했다. 현장 촬영은 우리 문화재에 대한 각별한 이해와 문화재 촬영의 오랜 연륜을 겸비하신 원로 사진작가 김대벽(金大璧) 선생께서 맡아 주셨다. 노구에도 불구하고 정열을 잃지 않고 계신 선생의 문화재에 대한 애정에 고개가 숙여진다. 나는 김 선생과 함께 창덕궁과 창경궁을 직접 답사하고 의견을 나누며 촬영 현장에 임하기도 했다. 고려대학교 박물관에 소장된 〈동궐도〉는 국보로 지정될 만큼 귀중한 자료인데, 그 필름의 인화를 흔쾌히 허락해 주신 박물관장 최광식 교수께도 감사드리지 않을 수 없다. 또 몇 차례 궁궐 답사를 허락하고 안내해 준 창덕궁과 창경궁 관계자 여러분께도 감사의 뜻을 전한다.

끝으로 이 책의 발간 과정이 특이하다는 것을 밝혀두지 않을 수 없다. 미술출판계의 명문인 열화당과 인문학의 예술화를 표방해 온 효형출판이 공동 편집, 제작하여 출간하게 된 것이다. 따라서 이 책의 교정 교열 및 편집도 열화당과 효형출판에서 함께 해주었다. 현장을 답사하며 편집 실무를 맡아주신 두 출판사 편집진의 노고에 깊이 감사드린다.

이 책을 내면서 나의 마음은 여전히 무겁다. 동궐에 얽힌 모든 궁금증을 이 책이 모두 풀어낸 것이 아니기 때문이다. 앞으로 궁궐사 연구가 더욱 심층적으로 전개되기를 기대한다. 또한 아직도 복원되지 못한 전당들이 하루빨리 본래의 모습으로 태어나 역사의 숨결이 되살아나는 공간이 되기를 독자 여러분과 함께 기원한다.

2003년 초겨울에 관악산 호산재에서
한영우

A Summary
The History of Changdeokgung and Changgyeonggung Palaces

Joseon Dynasty (1392-1910) was known as the one of the longest dynasty in the world history and it was the golden time of high Confucian civilization. Moreover, Joseon Dynasty sought modernization combining Confucian civilization with western civilization since 18th century. In 1897 Joseon Dynasty developed into an Emperor country and propelled industrialization interchanging with various countries. Yet Japan exclusively dominated the Korean Peninsula by winning at two wars (one was between Ching China and Japan in 1894, and the other was between Russia and Japan in 1904). In 1910 Japan finally merged Korea into Japan. However, in 1945 Korea got back independence owing to the victory of the Allies and has developed as the economically 13th powerful country in the world until now.

Seoul (it was Hanyang in the past) which was the capital city of Joseon Dynasty became the political heart with the five great palaces. The first king of the dynasty, Taejo, built Gyeongbokgung Palace (1395) in the bottom of Baegak Mountain located in the north part in Seoul. The third king of Joseon Dynasty, Taejong, built Changdeokgung Palace (1405) as the secondary palace in the bottom of Eungbong located in the eastern part of Gyeongbokgung. The ninth king of the dynasty, Seongjong, built Changgyeonggung Palace (1484) next to the eastern part of Changdeokgung for queens' mothers. Gyeongbokgung modeled Zǐjinchéng Palace of Ming China, but is smaller than it in the size according to a Confucian idea seeking simplicity. Although Gyeongbokgung was not grand and luxurious, it was so much loved and regarded as the authoritative palace as the first king built it. Yet it had burned down at a Japanese Invasion (1592-1598) and was reconstructed in the fifth year of the King Gojong (1868). However, it was mostly demolished when the

Japanese governor building got into the place of Gyeongbokgung under the rule of Japan.

Changdeokgung became the primary palace of the dynasty as Gyeongbokgung was burned down at a Japanese invasion. Gyeonghigung Palace (1617) newly built near the West Gate of Seoul was used as the secondary palace and is the fourth palace. After that, the Emperor Gojong (1863-1907) built Gyeongungung Palace (later it is renamed as Deoksugung Palace) near Jeongdong where many western legations were placed. The fifth palace, Gyeongungung, combined a traditional Korean style with a western palace form.

Under the Japanese rule, Japan totally destroyed the Korean palaces on a large scale to let Korea fit into its ruling purpose. Gyeongbokgung was replaced as Japanese governor building. Also, Changgyeonggung was changed into a public park having a zoo and a botanical garden. Moreover, Gyeonghigung was completely broken down, and it was changed into Japanese middle school. In this time, some parts of Gyeongungung (Deoksugung) were remained since the Emperor Gojong (he passed away in1919) who had retired from his position in 1907 stayed there. Changdeokgung also had been partially preserved because the last Emperor Sunjong (1907-1910, he passed away in 1929) and the royal family lived there. But a great deal of halls was demolished to make a driveway. Furthermore, Japan built new halls in Changdeokgung using timber of destructed Gyeongbokgung halls.

Despite much transformation under the rule of Japanese imperialism, Changdeokgung retains its original form compared with other palaces. In recent years, UNESCO appointed as a cultural world asset, and Korean government has been gradually trying its restoration. The zoo that was in Changgyeonggung was moved to Gwacheon city, and its halls have been restored to the former state.

Changdeokgung and Changgyeonggung consisted of a king's political area, bedrooms, a crown prince's living area, a living area of a queen's mother, and a royal concubine's living area like other palaces. While Gyeongbokgung systematically arranged its halls from south to north, Changdeokgung set its halls from east to west. The distinctive feature is that Changgyeonggung faced east; it is the intention to use geographical feature of nature.

As Changgyeonggung and Changdeokgung had been the heart of the dynasty politics for five hundred and twenty years, many historically glorious and shameful events had happened there. In 1623 Gwanghaegun (1608-1623) was expelled by a military coup, Injo revolution, at Changdeokgung.

Also, Injo came back to Changdeokgung after surrendering to the emperor of Ching China in Samjeondo. Moreover, Changgyeonggung was the place where the son of Yeongjo (1724–1776), the Prince Sadoseja, who dreamed of reform, tragically died for his father's hatred confined in a rice-chest.

The disgraceful events happened in Changgyeonggung as previously mentioned. At the same time, glorious events happened at Changgyeonggung. The great scholar and king, Jeongjo (1776–1800) made Gyujanggak, the research institution and revived the dynasty culture through it at Changdeokgung. The next successor, Sunjo (1800–1834) and his son, Ikjong carried out political reform for the dynasty restoration here.

The most of halls of Changdeokgung seriously burned down in the 30th year of the King Sunjo but it was immediately restored. Two coups, Imogullan (1882, the old military coup) and Gabsinjeongbyeon (1884, reformist revolution) occurred in Changdeokgung. Therefore, it became a hard battle field between soldiers of Ching China and Japanese army.

Changdeokgung and Changgyeonggung lost the role as the royal palace as the King Gojong used Gyeongungung as the primary palace founding Daehan Empire, the modern country. Yet Changdeokgung had regained the capacity as the primary palace since Sunjong had been an emperor. However, during this period, Japan had the country right of Korea and the most shameful Treaty of the Japanese Annexation of Korea occurred at Changdeokgung, Injeongjeon stall in 1910. In 1929 the last Emperor Sunjong tragically passed away at Changdeokgung which Japanese converted at their discretions.

Although glorious and disgraceful historical events happened at Changgyeonggung and Changdeokgung, architecture and garden of two Palaces are beautiful. Korean palaces are not luxurious and grand. The characteristics of the places came from the idea of Confucian politics that the dynasty does not want to make people torment. Therefore, there are lots of halls, which look like those of the commons' housing formation in the royal court. It shows king's consideration that he would like to get along with the people. In the mean time, all of the buildings that look attractive and beautiful are designed to match the geographical features of their surroundings. Beauty of the small arbors and the rear garden with trees, woods, brooks, and rocks is the distinct feature of the Palace. Changdeokgung and Changgyeonggung reflect a Korean traditional garden style which does not destroy nature and decrease artificial elements as possible as.

차례

책 머리에 · 5
A Summary · 9
창덕궁과 후원의 배치도 · 16
창경궁의 배치도 · 18

【제1부】 창덕궁·창경궁의 역사

1. 서울의 오대 궁궐과 창덕궁, 창경궁 · 23

2. 왕대별로 살펴본 창덕궁과 창경궁의 역사 · 28

1. 태종 창덕궁 건설	28
2. 세종 광연루 애용	31
3. 문종	32
4. 단종 수강궁 애용	33
5. 세조 사육신 사건과 창덕궁 정비	33
6. 예종 창덕궁 즉위	35
7. 성종 창경궁 건설	35
8. 연산군 서총대 건설	39
9. 중종 서총대 철거	41
10. 인종 창경궁 즉위	42
11. 명종 서총대에서 시험을 치르고 곡연을 베풂	43
12. 선조 왜란으로 궁궐 소실	45
13. 광해군 창덕궁·창경궁 중건, 경덕궁·인경궁·자수궁 신축	47
14. 인조 창덕궁, 창경궁 중수	49
15. 효종 수정당, 만수전 등 건설	52
16. 현종 집상전, 건극당 건설	54
17. 숙종 대보단, 제정각 건설	55

18. 경종 창경궁 환취정에서 승하	57
19. 영조 대보단 증수, 사도세자의 비극, 창송헌·영모당 건설	58
20. 정조 규장각, 중희당, 자경전 건설	61
21. 순조 대화재 후 창덕궁, 창경궁 중건	67
22. 헌종 중희당에서 훙서	72
23. 철종 인정전 중수	74
24. 고종	74
25. 순종 창덕궁의 공원화	83
26. 일제 강점기 1917년의 대화재와 변개	86

3. 창덕궁과 창경궁의 연구자료 · 88

1. 『조선왕조실록』	88
2. 〈동궐도〉	89
3. 『한경지략』	91
4. 『궁궐지』(헌종 대)	92
5. 『동국여지비고』	93
6. 『궁궐지』(1908년경)	93
7. 『동궐도형』	95
8. 의궤	95

【제2부】 창덕궁·창경궁의 전당과 후원

1. 창덕궁의 전당들 · 101

1. 돈화문과 그 부근	105
2. 인정전 조하의 공간	106
3. 인정문 즉위의 공간	113

4. 인정전 서편 선원전과 양지당 —————————————— 118
5. 인정전 남편과 동편의 궐내각사
   빈청, 승정원, 대청, 선전관청, 내반원, 사옹원 등 ————— 120
6. 인정전 서편의 궐내각사
   홍문관, 내의원, 이문원, 대유재, 소유재, 억석루, 영의사 ——— 126
7. 선정전 임금의 편전 ————————————————— 131
8. 선정전 북편의 보경당, 태화당, 재덕당 조선후기 후궁의 처소 ——— 132
9. 희정당 편전, 세자궁 ————————————————— 135
10. 대조전 왕비의 시어소, 침전 —————————————— 139
11. 대조전 북편 경훈각, 징광루, 집상전, 영휘당, 옥화당 ————— 145
12. 수정전 대비전 ——————————————————— 150
13. 영모당, 경복전과 그 일대 대비전 ————————————— 151
14. 성정각, 관물헌 세자궁 ———————————————— 153
15. 중희당 정조 이후의 세자궁 ——————————————— 157
16. 연영합 익종의 처소 ————————————————— 163

2. 창경궁의 전당들 · 165

1. 홍화문과 그 일대 —————————————————— 168
2. 명정전 정전 ———————————————————— 173
3. 문정전 편전 ———————————————————— 178
4. 숭문당, 함인정, 취운정 ———————————————— 180
5. 환경전 침전 ———————————————————— 186
6. 공묵합 세자궁 ——————————————————— 187
7. 경춘전 대비와 왕비의 침전 ——————————————— 187
8. 연경당, 연희당, 양화당, 체원합 대비전 ——————————— 189
9. 통명전 중궁전, 대비전 ———————————————— 192
10. 자경전 대비의 처소 ————————————————— 195

11. 집복헌, 영춘헌 후궁의 처소	197
12. 통화전, 요화당, 취요헌, 난향각, 계월합, 신독재, 건극당	199
13. 수강재, 진수당, 계방, 춘방, 시민당 세자와 세손의 처소	201
14. 저승전, 취선당	204
15. 낙선재 황실의 마지막 처소	205
16. 창경궁의 궐내각사	212

3. 창덕궁과 창경궁의 후원 · 215

1. 규장각과 관련된 건물들	218
2. 주합루 주변의 건물들 희우정, 천석정, 부용정, 비각	226
3. 영화당, 춘당대, 서총대 과거시험을 치르던 곳	231
4. 의두합(기오헌), 운경거, 애련정, 어수당	234
5. 연경당	239
6. 존덕정 일대 존덕정, 폄우사, 청심정, 괴석단, 관람정, 승재정	250
7. 옥류천 일대의 정자들 소요정, 청의정, 태극정, 농산정, 취한정, 취규정 등	257
8. 능허정 일대	267
9. 대보단(황단)과 그 일대	268
10. 관덕정, 장원봉, 관풍각, 춘당지 내농포와 군사훈련장	276

참고문헌 · 281
찾아보기 · 282

별책 부록 · 〈동궐도〉

창덕궁과 후원의 배치도

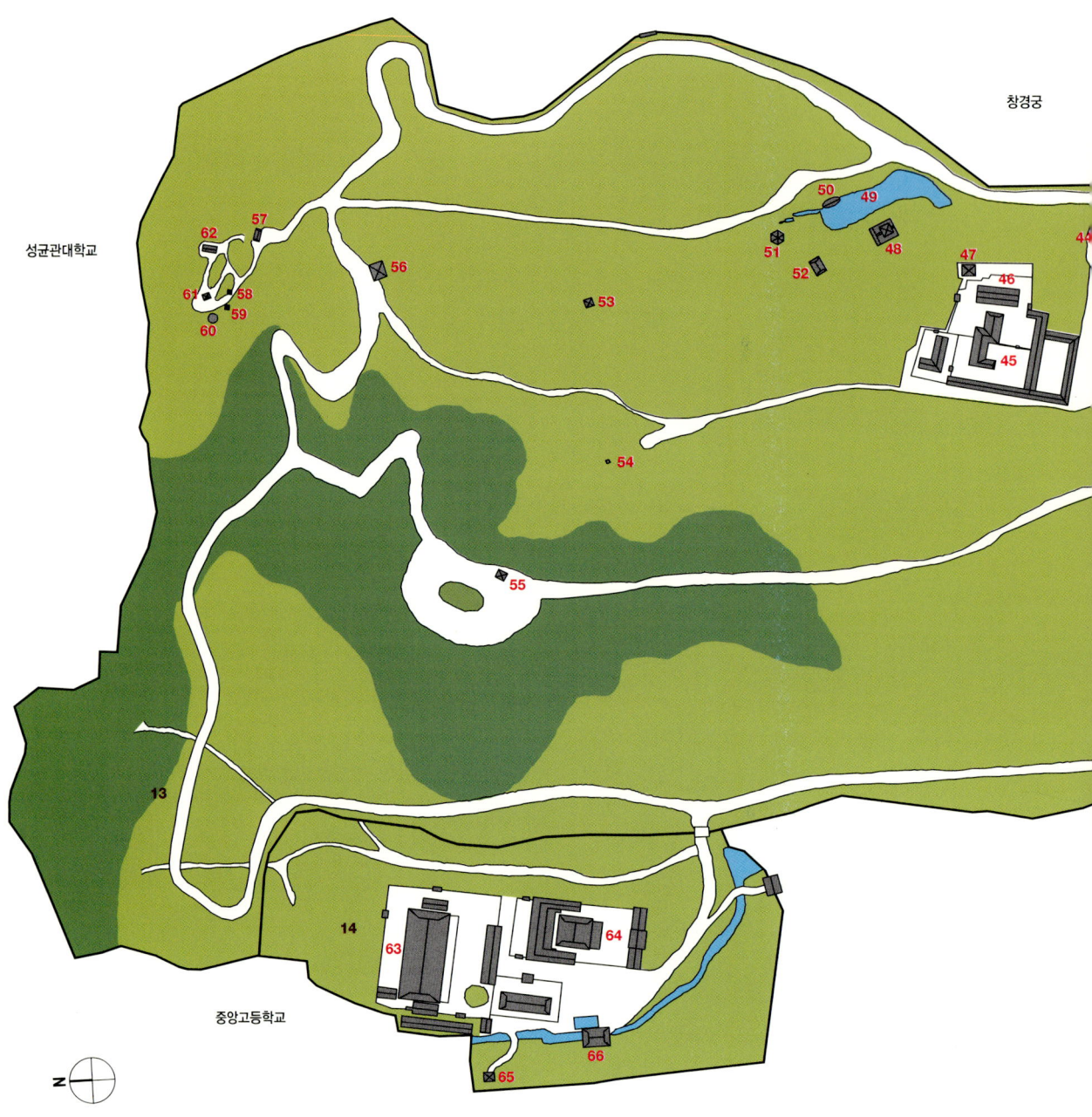

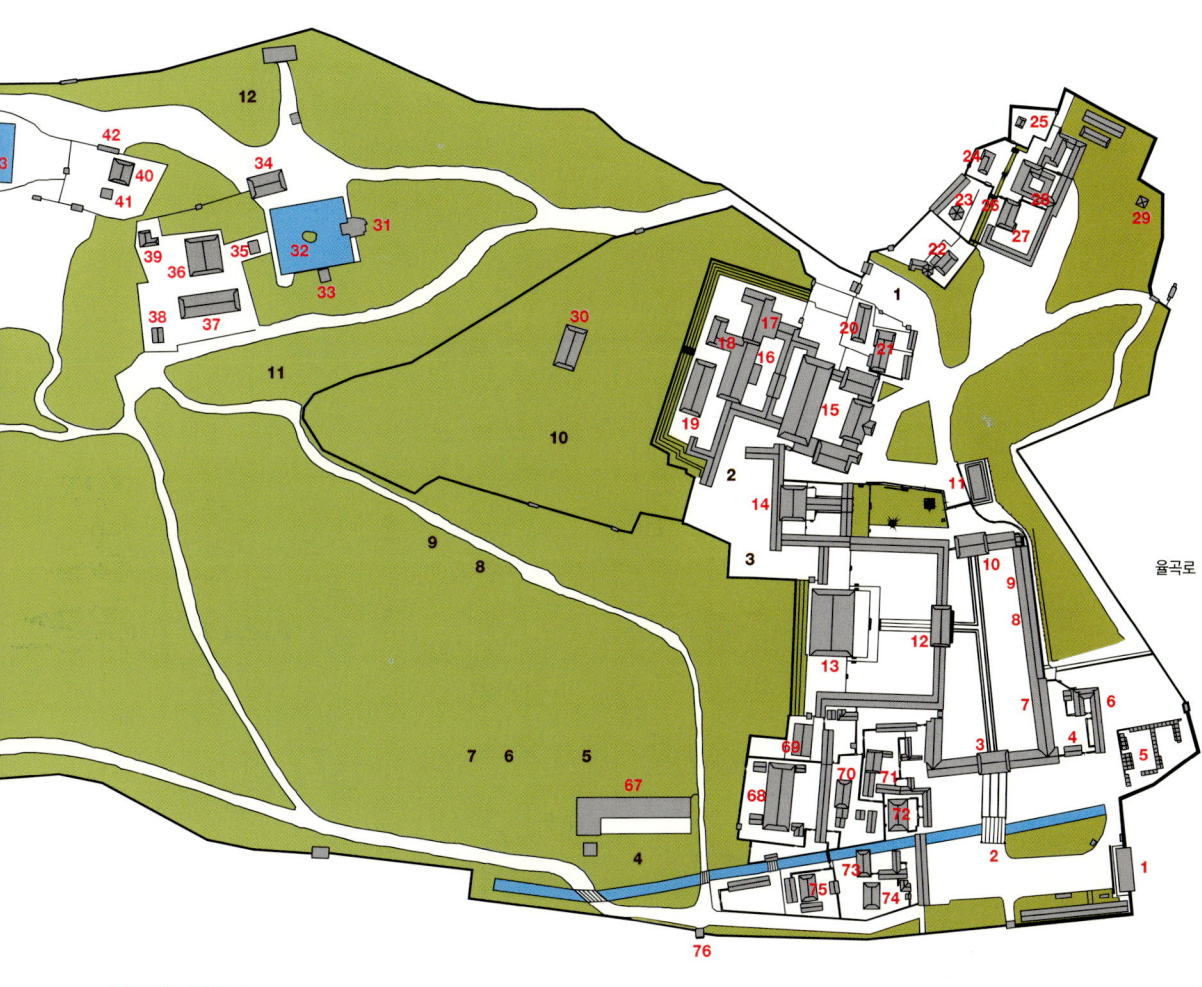

● 현존 또는 복원한 곳

1. 돈화문(敦化門)
2. 금천교(錦川橋)
3. 진선문(進善門)
4. 전설사(典設司)
5. 교자고(較子庫)
6. 원역처소(員役處所)
7. 내병조(內兵曹)
8. 호위청(扈衛廳)
9. 상서원(尙瑞院)
10. 숙장문(肅章門)
11. 어차고(御車庫, 빈청(賓廳)
12. 인정문(仁政門)
13. 인정전(仁政殿)
14. 선정전(宣政殿)
15. 희정당(熙政堂)
16. 대조전(大造殿)
17. 흥복헌(興福軒)
18. 함원전(含元殿)
19. 경훈각(景薰閣)
20. 관물헌(觀物軒), 집희당(緝熙堂)
21. 성정각(誠正閣)
22. 칠분서월랑(七分序月廊)과 승화루(承華樓)
23. 상량정(上凉亭)
24. 한정당(閒靜堂)
25. 취운정(翠雲亭)
26. 화계(花階)
27. 낙선재(樂善齋)
28. 석복헌(昔福軒)
29. 사각당(四角堂)
30. 가정당(嘉靖堂)
31. 부용정(芙蓉亭)
32. 부용지(芙蓉池)
33. 사정기비각(四井記碑閣)
34. 영화당(暎花堂)
35. 어수문(魚水門)
36. 주합루(宙合樓)
37. 서향각(書香閣)
38. 희우정(喜雨亭)
39. 천석정(千石亭)
40. 기오헌(寄傲軒), 의두합(倚斗閤)
41. 운경거(雲磬居)
42. 불로문(不老門)
43. 애련지(愛蓮池)
44. 애련정(愛蓮亭)
45. 연경당(演慶堂)
46. 선향재(善香齋)
47. 농수정(濃繡亭)
48. 승재정(勝在亭)
49. 반도지(半島池)
50. 관람정(觀纜亭)
51. 존덕정(尊德亭)
52. 폄우사(砭愚榭)
53. 빙천(氷川)
54. 청심정(淸心亭)과 빙옥지(氷玉池)
55. 능허정(凌虛亭)
56. 취규정(聚奎亭)
57. 취한정(翠寒亭)
58. 소요정(逍遙亭)
59. 어정(御井)
60. 청의정(淸漪亭)
61. 태극정(太極亭)
62. 농산정(籠山亭)
63. 신선원전(新璿源殿)
64. 의로전(懿老殿)
65. 괘궁(掛弓)
66. 몽답정(夢踏亭)
67. 창고
68. 구선원전(舊璿源殿)
69. 양지당(養志堂)
70. 영의사(永依舍)
71. 약방(藥房), 내의원(內醫院)
72. 홍문관(弘文館)
73. 대유재(大酉齋)
74. 이문원(摛文院)
75. 봉모당(奉謨堂)
76. 금호문(金虎門)

● 터만 남은 곳

1. 중희당(重熙堂)
2. 태화당(泰和堂)
3. 보경당(寶慶堂)
4. 사옹원(司甕院)
5. 경복전(景福殿)
6. 생물방(生物房)
7. 수궁(守宮)
8. 습취헌(拾翠軒)
9. 창송헌(蒼松軒)
10. 수정전(壽靜殿)
11. 봉모당(奉謨堂)
12. 춘당대(春塘臺)
13. 만세송은(萬歲誦恩)
14. 대보단(大報壇)

창경궁의 배치도

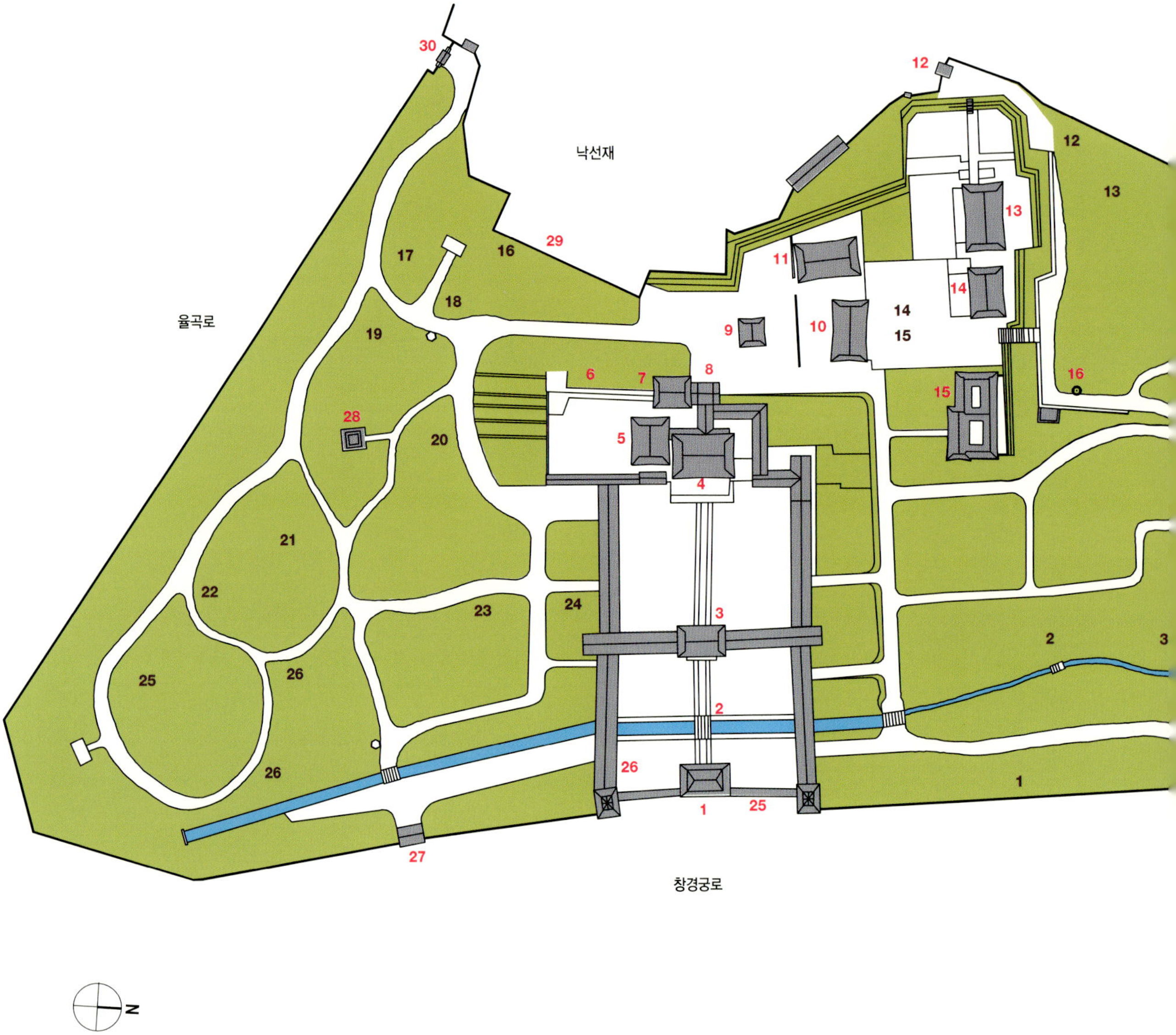

30
12
낙선재
12
13
13
29
17
16
11
13
율곡로
18
14
19
9
10
14
15
16
6
7
8
15
28
20
5
4
21
22
24
23
3
2
3
25
26
2
26
26
1
1
25
27
창경궁로
N

창덕궁 후원

● 현존 또는 복원한 곳

1. 홍화문(弘化門)
2. 옥천교(玉川橋)
3. 명정문(明政門)
4. 명정전(明政殿)
5. 문정전(文政殿)
6. 문정전 서측 화계(花階)
7. 숭문당(崇文堂)
8. 빈양문(賓陽門)
9. 함인정(涵仁亭)
10. 환경전(歡慶殿)
11. 경춘전(景春殿)
12. 함양문(涵養門)
13. 통명전(通明殿)
14. 양화당(養和堂)
15. 영춘헌(迎春軒)과 집복헌(集福軒)
16. 풍기대(風旗臺)
17. 성종태실비(成宗胎室碑)
18. 대춘당지(大春塘池)
19. 소춘당지(小春塘池)
20. 석탑(石塔)
21. 대온실(大溫室)
22. 관덕정(觀德亭)
23. 집춘문(集春門)
24. 월근문(月覲門)
25. 수문장청(守門將廳)
26. 주자소(鑄字所)
27. 선인문(宣仁門)
28. 관천대(觀天臺)
29. 낙선재(樂善齋) 경계 담장
30. 종묘(宗廟)로 연결되는 통로

● 터만 남은 곳

1. 수문장청(守門將廳)
2. 통화전(通和殿)
3. 화초고(花草庫)
4. 요화당(瑤華堂)
5. 건극당(建極堂)
6. 신독재(愼獨齋)
7. 해온루(解慍樓)
8. 수궁(守宮)
9. 관풍각(觀豊閣)
10. 내농포(內農圃)
11. 장원봉(壯元峰)
12. 환취정(環翠亭)
13. 자경전(慈慶殿)
14. 연희당(延禧堂)
15. 연춘헌(延春軒)
16. 수강재(壽康齋)
17. 시민당(時敏堂)
18. 진수당(進修堂)
19. 서방(書房)
20. 금루각(禁漏閣)
21. 내사복시(內司僕寺)
22. 교자방(轎子房)
23. 도총부(都摠府)
24. 고문관(考文館)
25. 사정(射亭)
26. 마랑(馬廊)

창덕궁·창경궁의 역사 — 제1부

1. 서울의 오대 궁궐과 창덕궁, 창경궁

조선시대(1392-1910) 왕궁은 큰 곳만 다섯 군데가 있었다. 지은 순서대로 하면, 태조(太祖) 4년(1395) 9월 준공한 경복궁(景福宮)이 가장 오래고, 태종(太宗) 5년(1405) 10월 준공한 창덕궁(昌德宮)이 두 번째, 성종(成宗) 15년(1484) 9월 준공한 창경궁(昌慶宮)이 세 번째다. 광해군(光海君) 14년(1622)에 완성한 경희궁(慶熙宮, 원래 경덕궁)[1]은 네 번째요, 1896년 2월 러시아 공사관으로 피신한 고종(高宗)이 1897년 2월 환궁하면서 건설한 경운궁(慶運宮, 지금의 덕수궁)[2]이 다섯 번째다.

이들 궁전 중에서 가장 권위 있는 곳은 경복궁이다. 조선왕조 창업주인 태조가 지었으며, 궁궐 가운데 건물 규모도 가장 크다. 또한 경복궁을 중심축으로 종묘(宗廟)와 사직(社稷)이 배치되고, 한양이라는 도시가 설계되었다. 그래서 경복궁을 법궁(法宮) 혹은 정궐(正闕)이라고 불렀고, 나머지는 이궁(離宮) 혹은 별궁(別宮)이라고 했다.

그러나 국왕이 실제로 가장 오래 머문 정치·생활 공간은 경복궁이 아니라 창덕궁과 그에 가까운 창경궁이었다. 경복궁은 선조(宣祖) 25년(1592) 4월에 일어난 임진왜란(1592-1598) 때 불타서 없어졌다가 고종 5년(1868) 다시 복구되어 1896년 아관파천 이전까지 왕궁으로 쓰였다. 따라서 이곳은 조선전기 197년, 그리고 근대 28년, 도합 225년의 역사를 지닐 뿐이다. 이에 비해 창덕궁은 1910년까지 505년의 역사를 지녔고, 창경궁은 426년의 역사를 누렸으니, 이 두 궁이 가장 오랜 정치·생활 공간이 된 셈이다.

경희궁과 덕수궁도 나름대로 소중한 역사를 지니고 있다. 경희궁은 경복궁이 없어졌다가 다시 지어질 때까지 약 246년간 창덕궁과 더불어 조선후기의

---

1. 경덕궁(慶德宮)은 영조(英祖) 36년(1760)에 경희궁으로 개명했다.
2. 경운궁(慶運宮)은 1907년 8월 순종(純宗)이 즉위하면서 덕수궁으로 개명했다.

양궁(兩宮)으로 기능했고, 덕수궁은 우리나라 최초의 근대국가를 상징하는 대한제국의 정궁이라는 점과, 한식과 양식이 절충된 궁전이라는 점에서 독특한 의미가 있다.

그런데 한 가지 의문이 있다. 임진왜란 후 창덕궁과 창경궁을 복구하고, 경희궁을 새로 지으면서 왜 법궁인 경복궁을 복구하지 않았느냐는 것이다. 재정 부족이 이유라면 다른 궁전도 복구하지 않았어야 한다. 따라서 이유는 딴 데 있다. 한마디로 경복궁 복구를 기피했던 것이다. 경복궁을 기피하는 풍조는 이미 태종 때부터 나타나서 창덕궁을 새로 짓게 된 것이고, 그 다음 왕인 세종(世宗)도 경복궁을 비워두고 자주 창덕궁에서 살았다. 경복궁보다 창덕궁을 선호하는 경향은 경복궁이 불타 없어질 때까지 계속되었다.

그러면 역대 임금들은 왜 경복궁을 기피했을까? 표면상 이유는 명당(明堂)이 아니라는 데 있었다. 그러나 태조 때 여러 신하들이 명당이라고 합의하여 건설한 경복궁이 명당이 아니라는 것은 설득력이 없다. 진짜 이유는 이곳에서 왕실 내부를 둘러싸고 골육상잔(骨肉相殘)의 비극이 일어났기 때문이다. 경복궁은 태조와 그 측근인 정도전(鄭道傳)이 주동이 되어 건설했음은 널리 알려진 사실이다. 전각 이름도 정도전이 지었다. 그런데 태종은 이곳에서 태조 8년(1398) 8월 쿠데타를 일으켜 이복동생인 세자 방석(芳碩)을 폐위시킨 다음 죽이고, 이어 정도전, 남은(南誾) 등 개국공신들을 경복궁 부근에서 살해한 뒤 정권을 잡았다.³ 그 결과 사랑하는 세자와 공신들을 잃고 상심한 태조가 하야하고, 태종과의 사이가 극도로 나빠졌다.

권력을 잡기 위해 수많은 인명을 살해하고, 부왕의 미움까지 사면서 왕위에 오른 태종의 입장에서 경복궁은 혐오의 대상이 될 수밖에 없었을 것이다. 이곳은 태조와 정도전, 그리고 이복왕자의 원혼(冤魂)과 한(恨)이 서린 곳이기 때문이다. 그래서 태종은 경복궁에서 멀리 떨어진 다른 곳에 왕궁을 물색하고 마침내 창덕궁을 건설한 것이다.

태종을 뒤이은 왕들도 왕실의 피로 얼룩진 경복궁을 기피하기는 마찬가지였다. 그래서 즉위식을 한다든지, 외국 사신을 접대한다든지, 과거시험을 치른다든지, 종친들에게 잔치를 베푼다든지, 창덕궁에서 병자가 생겨 피접할 경우에는 경복궁으로 왔으나, 나머지 기간에는 대체로 창덕궁에서 살았다. 말하자면 국가의 특별한 행사는 경복궁에서 치르고, 일상적인 업무는 창덕궁에서 본 것이다.

경복궁을 기피한 또다른 이유는 궁궐이 북쪽의 백악산(白岳山)이나 서쪽의 인왕산(仁王山)에 노출되어 멀리서 내려다볼 수 있고, 왕비나 왕대비 등 여성들이 은밀하게 거처하는 공간으로 부적합하다는 점이다. 이에 반해 창덕궁과 창경궁

---

3. 태종 이방원(李芳遠, 1367-1422)은 태조(太祖)의 첫번째 부인 신의왕후(神懿王后) 한씨가 낳은 여섯 왕자(芳雨, 芳果, 芳毅 芳幹, 芳遠, 芳衍) 중 다섯째 아들이다. 그는 고려말 정몽주를 제거하는 등 조선왕조 건국에 공을 세웠으나 태조가 계비인 신덕왕후(神德王后) 강씨를 사랑하여 그녀가 낳은 방번(芳蕃)과 방석(芳碩) 형제 중에서 방석을 세자로 책봉하자 왕위계승에 강한 불만을 가졌다. 이방원은 정권 탈취의 기회를 엿보다가 태조 8년 세자의 측근으로서 병권을 잡은 정도전이 요동정벌을 위해 왕자들의 사병(私兵)을 혁파하자 재기가 어려움을 느끼고, 선수를 치기로 결심했다. 그리하여 정도전 일파가 한씨 소생의 왕자들을 경복궁으로 불러들여 죽인 다음 권력을 잡으려는 변란을 꾸몄다고 거짓 죄를 만들어 8월에 쿠데타를 일으켰다. 이 쿠데타를 '공소(恭昭)의 난'이라 하고, '제1차 왕자의 난'이라고도 한다. 이방원은 쿠데타 후 바로 왕위에 오르지 않고, 성격이 유약한 둘째 형 방과(定宗)를 왕위에 먼저 앉히고, 2년 뒤 정종의 양위를 받는 형식으로 왕위에 올랐다. 그런데 왕위에 오르기 전에 넷째 형 방간과 왕위 다툼을 벌여 그를 제거하고 유배 보냈다(정종 2년 1월). 이를 '제2차 왕자의 난'이라고 한다.

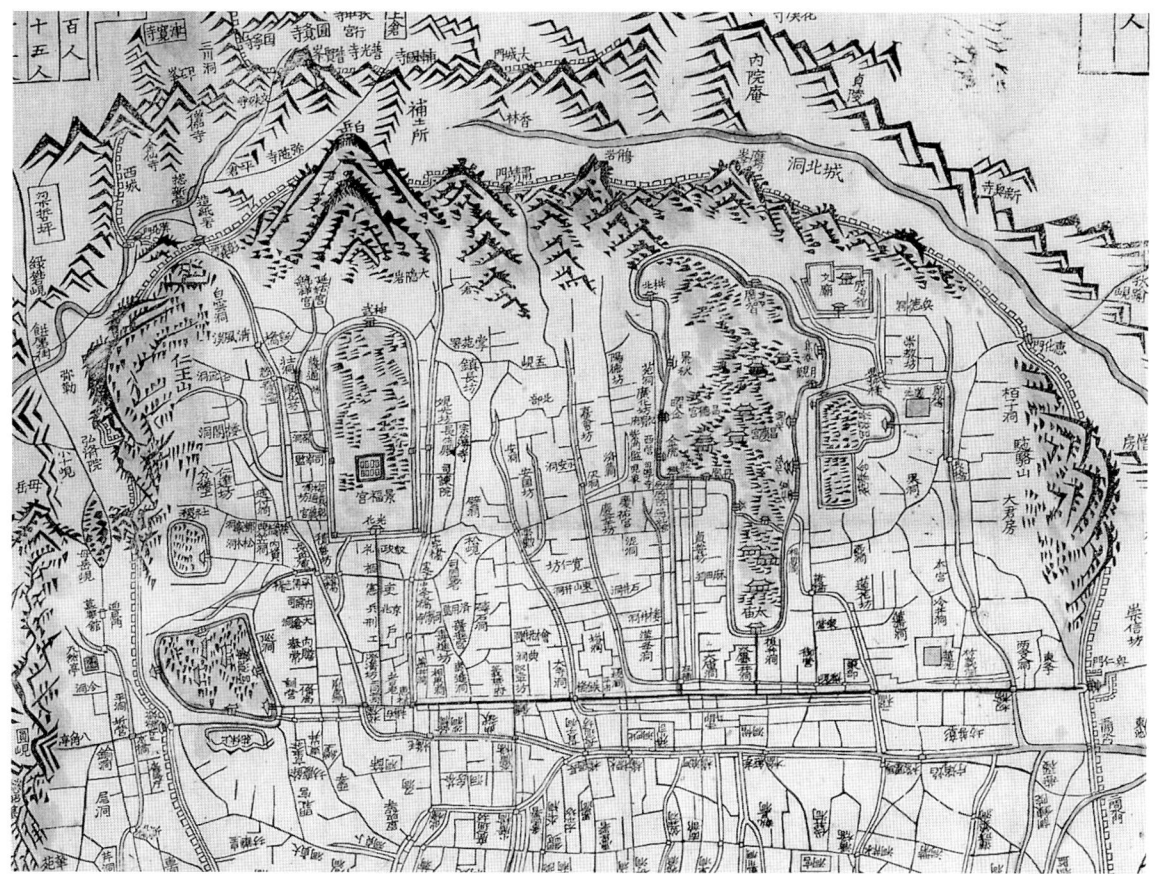

1. 김정호 〈수선전도(首善全圖)〉
(부분). 목판본. 19세기.
왼쪽부터 경희궁·사직단·
경복궁 터가 그려져 있고,
창덕궁과 창경궁, 그리고
종묘가 한 울타리 안에 그려져
있다. 맨 오른편에 있는 것이
경모궁이다.

은 깊은 숲에 가려져 있어 외부에 쉽게 노출되지 않을 뿐 아니라 아름다운 후원(後苑)에서 휴식과 풍류를 즐길 수 있는 정자(亭子)나 연못 등이 많았다. 그래서 임금이 지은 궁중시(宮中詩)는 창덕궁을 소재로 한 것이 가장 많다.

이 밖에도 임금들은 보안상 한 궁궐에 오래 머물지 않는 것이 관례였다. 또 궁궐의 퇴락을 막기 위해서도 한 궁궐을 오래 비워두는 것은 좋지 않았다. 계절에 따른 궁궐의 선호도에도 차이가 있었고, 궁중에 요괴가 나타날 경우, 환자가 생겼을 경우, 벼락이 칠 경우, 맹수가 자주 나타날 경우, 화재가 날 경우, 정변이 일어날 경우에도 거처를 옮겼다. 요컨대, 조선전기에는 임금이 주로 경복궁에 있었으리라는 생각은 사실과 다르다.

그렇다면 창덕궁은 임금의 사랑만을 받은 궁궐인가. 그렇지 않다. 이곳에 5백여 년의 긴 세월이 얹히다 보니, 조선후기 왕조의 중흥이 이곳에서 꽃피기도 했지만, 크고 작은 정변이 여러 차례 이곳에서 일어나고, 정변이나 실수로 인한 화재도 수없이 일어났다. 인조반정(仁祖反正)으로 광해군이 쫓겨난 곳이 창덕궁이요, 숙종(肅宗) 30년(1705) 반청숭명(反淸崇明)의 상징으로 대보단(大報

2. 『조선고적도보(朝鮮古蹟圖譜)』(1930)에 실린 광화문 앞 육조거리의 모습. 백악산을 뒤로 하고 있는 경복궁은 '법궁' 혹은 '정궐'이라 불렸으나 실제 왕궁으로 쓰인 것은 225년의 역사에 지나지 않는다.

壇)을 세운 곳이 창덕궁이요, 영조(英祖) 38년(1762) 사도세자가 뒤주에 갇혀 죽은 곳이 창덕궁 옆 창경궁이요, 정조(正祖) 시대 문예부흥의 중심지인 규장각(奎章閣)이 건설된 곳이 창덕궁이며, 순조(純祖) 27년 젊은 세자 익종(翼宗)이 중흥의 꿈을 키우면서 대리청정을 하던 곳도 창덕궁이다.

고종이 재위한 44년간의 정치무대는 경복궁이라고 생각하지만, 고종이 경복궁에서 머문 것은 고종 5년(1868)에서 10년(1873) 사이다. 이 해(1873) 대원군이 하야하고 고종이 친정(親政)한 이후에는 주로 창덕궁에서 집무했다. 그래서 1882년 임오군란(壬午軍亂) 때 구식 군인들이 궁궐을 침범하여 명성황후(明成皇后)가 궁녀의 가마를 타고 탈출한 곳이 창덕궁이며, 1884년 갑신정변(甲申政變)으로 청나라군과 일본군이 전투를 벌인 곳도 창덕궁이다. 고종이 경복궁으로 다시 이어(移御)한 것은 1894년이다.

그런데 경복궁으로 이어한 바로 그 해 경복궁이 일본군에 점령된 가운데 고종은 갑오경장(甲午更張)을 단행했다. 그 이듬해에는 을미지변으로 명성황후가 경복궁에서 일본 흉도의 칼을 맞고 쓰러졌으며, 이 해를 마지막으로 고종은 경복궁과의 인연을 끊었다. 1896년 2월 러시아 공사관으로 거처를 옮긴 뒤 고종이 새로운 궁궐로 선택한 곳은 경복궁도 창덕궁도 아닌 경운궁이었다. 고종은 1897년 이후 경운궁에서 자주적 근대국가를 세우기 위해 혼신의 노력을 기울였다. 1907년 황제의 자리를 순종(純宗)에게 물려주고 이곳에서 살다가 1919년 1월 21일 세상을 떠났다.

창덕궁의 마지막 주인은 순종이다. 순종은 1907년 황제위를 물려받은 후 태황제 고종을 경운궁에 남겨두고 창덕궁으로 이어했다. 순종이 경운궁을 떠난 것은 고종과 순종을 격리시키려는 통감부의 계책이 숨어 있었던 것으로 보인다. 순종은 경운궁을 덕수궁이라고 이름을 바꾸어 고종의 장수를 비는 마음을 담았다. 이는 태종이 태조 이성계를 위해 지은 궁을 덕수궁이라고 부른 것에서 유래한다.

그러나 순종이 이어한 창덕궁은 이미 조선의 궁궐이 아니었다. 통감부의 의도에 따라 정치 공간이 아닌 놀이 공간과 통감부 간부들의 연회장으로 변질되어간 것이다. 1908년 창경궁 안에 동물원과 식물원이 설치되는 것과 궤를 같이하여 일제 강점기의 창덕궁은 총독부 관리와 친일 인사들의 연회장으로 변하고, 궁궐의 여러 전각들은 헐려 자동찻길로 변했다. 창경궁은 더욱 처절하게 훼손되어 일반인들의 출입이 자유로운 놀이공원으로 전락한 것이다. 창경궁은 이름마저 창경원(昌慶苑)으로 격하되었다.

영광과 비극의 현장 창덕궁은 왕조의 운명과 성쇠를 같이하면서 오늘날 원래의 위용을 크게 잃은 채 남아 있다. 태종 5년(1405)부터 1910년 국권을 빼앗기기까지 505년의 궁궐 역사에다, 그후 지금까지 93년의 연륜을 더하여 근 6백 년의 역사를 담고 있는 창덕궁은 지금 우리에게 무엇을 말해주는가. 이제 우리는 창덕궁의 현장으로 들어가 어떤 건물이 남고 어떤 건물이 없어졌으며, 창덕궁과 창경궁의 여러 전각(殿閣)에서 전개된 생생한 역사의 자취는 무엇인지를 알아볼 차례가 되었다.

한 가지 다행스러운 것은 왕조의 중흥을 위해 몸부림치던 순조의 아들 익종의 대리청정 시대(1827-1830)에 제작된 창덕궁과 창경궁의 그림이 있다는 것이다. 고려대학교 박물관에 소장되어 있는 방대한 〈동궐도(東闕圖)〉가 그것이다. 국보로 지정된 이 그림은 19세기초 궁궐 모습이 상세하게 그려져 있어서 두 궁궐의 공간 배치와 전각 모습을 복원하는 데 결정적 자료다. 따라서 〈동궐도〉를 바탕으로 하여 궁궐 변천사를 알아보고, 나아가 『왕조실록』과 여러 『궁궐지(宮闕志)』 및 의궤(儀軌) 등의 자료를 통해 각 전각에서 벌어진 왕조의 역사를 복원해보기로 한다.

2. 왕대별로 살펴본 창덕궁과 창경궁의 역사

1. 태종 — 창덕궁 건설

이복동생인 세자 방석을 죽이고, 그를 옹호했던 정도전 일파를 참수하고, 친형인 방간까지 축출하고, 그 결과 태조 이성계의 노여움을 사서 부자간에 돌이킬 수 없는 반목을 감수하면서 왕위에 오른 사람이 이방원, 즉 태종(太宗, 재위 1400년 11월–1418년 8월)이다.

1400년 11월 둘째 형 정종(定宗)의 양위를 받은 태종은 서른네 살에 개성의 수창궁(壽昌宮)에서 즉위했다.[4] 왕자의 난을 겪은 정종이 개성 수창궁으로 이어했기 때문에 태종도 그곳에서 즉위한 것이다. 그러나 태종은 즉위한 뒤 다시 한양으로 돌아와 경복궁에 머물렀다. 부왕 태조가 건설한 한양과 경복궁을 버릴 수 없었기 때문이다.

하지만 태종은 자신이 골육상잔을 벌인 피의 현장 경복궁에 오래 머물 생각이 없었다. 그래서 별도의 이궁(離宮)을 세우기로 하고 태종 5년(1405) 11월 19일 창덕궁 건설을 완료한 후 주로 이곳에서 거처했다. 경복궁에는 명나라 사신을 맞이할 때나, 아니면 여름에 피서를 위해 잠깐 다녀오는 것이 고작이었다. 그런데 재미있는 것은, 태종이 경복궁으로 간 것은 '이어(移御)'라고 실록에 기록하고, 창덕궁으로 간 것은 '환어(還御)'라고 기록한 것이 많다는 것이다. 이것은 경복궁보다 창덕궁에 더 많이 거주했음을 의미한다.

태종이 창덕궁을 조성하며 내세운 이유는 경복궁의 형세가 좋지 않다는 것이었다. 말하자면 풍수상 문제가 있어, 태조 때 경복궁을 경영할 때 하륜(河崙)이 그런 이유로 반대했다는 것이다.[5] 태종으로서는 경복궁이 피의 현장이기 때문에

4. 실록에는 수창궁에서 즉위한 것으로 되어 있으나, 작자 불명의 『궁궐지(宮闕志)』(헌종 초기, 5권 5책)에는 태종이 경복궁 근정전에서 즉위한 것으로 되어 있다. 여기서는 실록을 따르기로 한다.
5. 『태종실록』권28 태종 14년 6월 己巳條.
6. 『태종실록』권23 태종 12년 4월 26일 庚辰條.
7. 『태종실록』권11 태종 6년 4월 1일 辛酉條. 『세종실록 지리지』.
8. 『태종실록』권11 태종 6년 4월 己巳條. 해온정(解慍亭)은 태종 14년 6월 17일 무오에 신독정(愼獨亭)이라고 이름을 바꾸었다. 이곳은 성종 대에 창경궁을 지으면서 그 경내로 들어갔다.

기피한다고는 말할 수 없었을 테고, 그래서 하륜의 의견을 둘러댄 것이다.

하지만 부왕 태조가 건설한 경복궁을 아주 버릴 수는 없었다. 더욱이 상왕(上王)인 정종도 경복궁으로 돌아오기를 간청하고, 신하들도 경복궁의 중요성을 강조했다. 그래서 태종은 경복궁도 중요하다는 것을 보여주기 위해 태종 12년 4월 경회루(慶會樓)를 건설했다.6 명나라에서 중요한 사신이 올 때는 이곳에서 접대하고, 상왕인 정종을 위로하는 잔치도 경회루에서 자주 베풀어 경복궁을 존중하는 모습을 보여주었다.

창덕궁은 태종 5년(1405) 11월 준공되었지만, 이때는 인정전(仁政殿) 같은 기본 전각만 완성된 것이고, 부대시설이 완비된 것은 아니었다. 그리하여 태종 6년 1월에는 충청도와 강원도에서 징발한 역부(役夫) 3천 명 가운데 창덕궁 공사에 1천 명을 배정하여 공사를 계속했다. 그리하여 태종 6년 4월 1일 인정전 동쪽에 광연루(廣延樓)가 완성되었다.7 그 뒤 광연루 앞에 연못을 팠는데, 광연루의 규모는 경회루와 비슷한 것으로 보인다. 세종 때 변계량(卞季良)이 지은 「화산별곡(華山別曲)」에 "경회루, 광연루 높기도 높을사, 넓으니 넓어 시원도 하다"는 구절이 있는 것으로 보아 그 규모를 짐작할 수 있다. 태종은 이곳에서 외국 사신을 자주 접대하고, 종친들을 불러 수십 차례 잔치를 베풀고, 주요 정사(政事)를 집행했다. 말하자면 광연루는 태종 대의 가장 중요한 정치 공간이었다. 태종 14년 7월 11일 일본 사신을 만나 『대장경(大藏經)』과 『대반야경(大般若經)』을 내려준 곳도 광연루였다. 인정전은 신하들과 조회하는 법전으로, 과거시험을 치르는 정도의 행사만을 위한 공간이었다.

광연루 아래에는 이미 물러난 태조를 위해 정종 2년 6월에 별전(別殿)으로서 덕수궁을 지었는데, 태조는 이곳에 머물다가 태종 8년 5월 24일, 74세를 일기로 세상을 떠났다. 태종은 부왕의 노여움을 풀기 위해 수시로 덕수궁에 문안하고 사냥에서 잡은 노루와 사슴 등을 바쳤다. 광연루는 뒤에 없어지고 이곳에 세자궁인 저승전(儲承殿)이 들어섰다. 이 전각은 뒤에 창경궁 경내로 들어갔다.

한편, 광연루가 준공되던 태종 6년 4월 창덕궁 후원에는 해온정(解慍亭)이 건설되었다.8 왕은 이곳에서 연회를 베풀며 종친 및 신하들과 활

3. 『조선고적도보』(1930)에 실린 경복궁 경회루의 모습. 태종은 골육상잔의 현장인 경복궁을 꺼려 1405년 창덕궁을 짓고 거기에 머물렀지만, 경복궁도 중요하다는 것을 보여주기 위해 경회루를 건설하고, 이곳에서 명나라 사신을 접견하거나 연회를 베풀기도 했다.

쏘기를 하고, 격구(擊毬)를 구경했다. 이곳은 지금 창경궁 춘당지 북쪽에 해당한다. 태종 9년 10월 18일 왕은 이곳에서 최해산(崔海山)이 만든 신식 무기 화차(火車)의 발사시험을 구경하고 최해산에게 말을 하사했다. 이 밖에도 갑자기 취각령(吹角令)을 내려 문무백관과 삼군의 군사들을 비상소집하는 등 해온정은 말하자면 무예단련장으로서 뒷날 서총대시사(瑞葱臺試射)의 단초를 연 곳이다.

4. 『조선고적도보』에 실린 창덕궁 돈화문의 모습. 창덕궁은 1405년에 준공되었지만 이때는 인정전 같은 기본 전각만 완성된 상태였다. 창덕궁의 정문인 돈화문은 그로부터 7년 후인 1412년에 좌우 행랑과 함께 완성되었다.

태종 12년 5월에는 창덕궁의 정문인 돈화문(敦化門)과 창덕궁 입구의 정선방(貞善坊)에 472칸에 이르는 좌우 행랑(行廊)이 완성되었다.9 이 행랑들은 각 관청용으로 쓰였다.

태종 13년 1월에는 돈화문에 설치할 큰 종이 주조되고, 18년에는 인정전이 좁다는 이유로 다시 짓기로 했다.10 세자가 즉위한 뒤에는 토목공사를 하지 않아야 인심을 얻을 수 있다는 이유를 들어 공사를 서둘러 마치게 했으나, 실제 완공된 것은 태종이 물러나고 나서 한 달 뒤인 세종 즉위년 9월 10일이었다. 이것이 인정전의 두 번째 건설이다.

재위 18년 만에 왕위를 세종에게 물려준 태종은 8월 8일 자신이 창덕궁 후원에 새로 지은 수강궁(壽康宮)11으로 이어하여 이곳에서 5년간을 지내다가 세종 4년(1422) 5월 10일 승하했다. 향년 56세요, 능호는 헌릉(獻陵)이다. 지금 강남구 내곡동에 있다.

수강궁은 뒷날 수양대군에게 왕위를 빼앗긴 단종(端宗)의 처소로 사용되었으며, 세조(世祖)도 만년에 이곳으로 이어했다가 여기서 세상을 떠났다. 세조의 뒤를 이은 예종(睿宗)은 이곳에서 즉위했는데, 이는 전왕의 빈전(殯殿)에서 즉위식을 갖는 관례를 따른 것이다.

임진왜란으로 수강궁은 없어졌다. 조선후기에 정조는 재위 9년 이곳에 수강재(壽康齋)를 지어 세자궁으로 이용했다. 이곳은 지금 창경궁 경내에 있다.

2. 세종—광연루 애용

9. 『태종실록』 권23 태종 15년 5월 乙巳條
10. 『태종실록』 권36 태종 18년 7월 癸丑條
11. 수강궁(壽康宮)은 낙선재(樂善齋) 동편에 있으며, 성종이 창경궁을 건설하면서 창경궁에 속했다.
12. 원경왕후는 민제(閔霽, 본관 여흥)의 따님으로 세종의 모후다.
13. 『세종실록』 권93 세종 23년 6월 9일.

태종과 원경왕후(元敬王后) 민씨[12]의 셋째 아들로서 22세에 왕위에 오른 세종(世宗, 재위 1418년 8월-1450년 2월)은 태종 18년(1418) 8월 8일 경복궁 근정전에서 즉위했다. 부왕이 살아 있었으므로 빈전이나 그 부근에서 즉위하지 않고 당당하게 법전(法殿)에서 즉위식을 거행한 것이다. 근정전에서 즉위한 것은 세종이 처음이다.

세종은 태종처럼 경복궁을 기피하지는 않았다. 세종 2년 경복궁에 집현전(集賢殿)을 두어 인재를 양성하고 학술을 진작시킨 것은 잘 알려져 있다. 세종은 경복궁에서 중국 사신을 자주 접대하고, 문·무과 시험을 치르게 했다. 세종 20년에는 침전(寢殿)인 강녕전(康寧殿) 옆에 흠경각(欽敬閣)을 세워 장영실(蔣英實) 등이 만든 천문의기(天文儀器)를 설치하기도 했다. 이는 일종의 천문과학연구소다. 세종 17년에는 사마광의 『자치통감』을 사정전(思政殿)에서 훈의(訓義)하여 이를 『사정전훈의』로 발간한 것도 유명한 사실이다. 이런 식으로 경복궁은 학문 연구와 과학 연구, 그리고 외교 행사의 중심 공간으로 기능이 확대되었다.

그러나 세종도 경복궁을 생활 공간이나 휴식 공간으로는 그다지 선호하지 않아서 일상적인 정사는 창덕궁에서 보았다. 세종도 태종처럼 창덕궁 광연루를 애용하여 이곳에서 정사를 보고, 자주 잔치를 열고, 기우제를 지내고, 최해산에게 화포를 쏘게 하는 등 많은 행사를 치렀다.

더욱이 세종은 재위 23년부터 경복궁이 명당이 아니므로 다른 곳으로 궁을 옮겨야 한다는 일관(日官, 술사, 풍수관) 최양선(崔揚善)의 말을 그럴듯하게 받아들여 조정에서 논란이 일었다.[13] 정인지 등 일반 관료들은 최양선을 비난하고 경복궁을 옹호했으나, 세종은 최양선의 말을 귀담아듣는 듯했다. 하지만 세종은 창덕궁에 대해서도 불만이 있었다. 창덕궁에서 궁인(宮人)들 가운데 병자가 많이 생긴 탓이었다. 이럴 때는 경복궁으로 왕실 전체가 옮겨가기도 했으나 경복궁도 생활 공간으로는 마음에 들지 않아 창덕궁으로 돌아오기를 거듭했다.

5. 『조선고적도보』에 실린 경복궁 근정전의 모습. 태종 18년(1418) 8월 8일 세종은 처음으로 법전인 이곳에서 즉위했다. 정면 다섯 칸, 측면 다섯 칸으로 창덕궁 인정전보다 다섯 칸이 더 크다.

세종이 말년에 신하들의 맹렬한 반대에도 불구하고 경복궁 후원에 내불당(內佛堂)을 지은 것도 어찌 보면 이곳을 경복궁의 액땜을 위한 기도장으로 생각한 것 같다. 또 신병 치료를 위해 손윗형인 효령대군(孝寧大君)의 집과 부마 안맹담(安孟聃)의 집, 그리고 여덟째 아들 영응대군(永膺大君)의 집을 전전한 것도 두 궁궐에 대한 불만 때문인 듯하다. 세종은 안질(眼疾)과 다리를 제대로 쓰지 못하는 병이 있었다. 세종은 결국 재위 32년 2월 17일 54세를 일기로 영응대군 집에서 타계했다. 능은 여주시에 있는 영릉(英陵)이다.

신하들은 명분에 집착하여 임금이 궁궐을 자주 옮기거나 경복궁을 기피하는데 반대하고, 임금은 왕실 가족의 건강에 신경을 쓰면서 궁궐 선택에 고심하는 것이 세종 때에도 그대로 드러났다. 학문이 뛰어나고 덕망이 높아 '해동의 요순'으로 불린 세종, '훈민정음 창제'라는 불후의 업적을 남긴 세종대왕도 자신과 세자의 병약함을 늘 근심하면서, 그 원인이 궁궐 터에 있는 것이 아닌가 하여 궁 밖의 종친 집을 전전했다. 결국 궁 밖의 아들 집에서 세상을 떠나고 만 세종의 모습에서 인간적인 고뇌를 읽을 수 있다.

3. 문종

제5대 임금 문종(文宗, 재위 1450년 2월–1452년 5월)은 세종과 소헌왕후(昭憲王后) 심씨[14]의 맏아들로서 세종 32년 2월 23일 세종의 빈전이 있는 아우 영응대군 집에서 즉위했다. 임금이 궁 밖에서 즉위식을 갖는 것은 매우 이례적이지만, 세종이 궁 밖에서 훙서(薨逝)했기 때문에 불가피한 일이었다. 문종은 세종이 훙서한 지 엿새 만에 즉위했다. 대체로 선왕이 서거하면 4일에서 6일 만에 성복(成服, 초상이 나서 처음으로 상복을 입음. 보통 초상난 지 나흘 되는 날부터 입는다)을 하는데, 세자는 성복을 마치고 나서 즉위하는 것이 관례다. 선왕이 궁 안에서 훙서했을 경우에는 재궁(梓宮, 시신을 모신 관)을 모시고 있는 빈전에서 대보(大寶, 옥새)를 받고, 가까운 법전이나 법전의 정문 앞에서 즉위하는 것 또한 관례다. 그러니까 경복궁의 경우는 근정전이나 근정문, 창덕궁의 경우는 인정전이나 인정문 앞에서 한다. 상중(喪中)이므로 호화로운 즉위식은 피했다.

문종은 즉위 당시 37세의 장년이었으나 경복궁 뒤 충순당(忠順堂)에서 3년상을 마치고 경복궁으로 돌아온 후 한 달여 만인 재위 2년 5월 14일 침전인 천추전(千秋殿)에서 서거했다. 향년 39세다. 세자 때부터 다리가 불편하여 제대로 걷지 못할 정도로 병약했던 문종은 궁 밖에서 3년상을 치르면서 더욱 몸을 해친 것으로 보인다. 결국 문종은 창덕궁과는 인연을 맺지 못하고 세상을 떠났다. 능호는 현릉(顯陵)이며 지금 구리시 인창동 동구릉(東九陵) 가운데 있다.

다른 이야기이지만, 임금이 된 지 1년 만에 요절한 인종(仁宗)의 경우도 중종(中宗)의 장례식을 치르면서 식음을 전폐하다시피 하다가 과로로 죽었다고 알려져 있다.

4. 단종—수강궁 애용

문종이 애석하게도 단명하여 왕위는 그 아들 단종(端宗, 재위 1452년 5월-1455년 윤6월)에게 이어졌다. 문종 2년(1452) 5월 18일 단종은 12세의 어린 나이에 경복궁 근정전에서 즉위했다. 문종과 현덕왕후(顯德王后) 권씨[15] 사이에 외아들로 태어난 단종은 세종에 이어 근정전에서 즉위한 두 번째 임금이다.

단종은 처음에 경복궁 함원전(含元殿)에서 거처했으나, 부왕 문종이 경복궁에 들어오자마자 훙서한 것이 마음에 걸려 창덕궁 수강궁으로 거처를 옮겼다. 태종이 왕위를 물려주고 은퇴하여 살던 곳이다. 단종은 명나라 칙사를 맞이하거나 문·무과 시험을 치르거나, 부왕이 3년상을 치렀던 충순당에 재계(齋戒)하기 위해 경복궁에 들르기는 했으나, 거처를 그곳에 정하지는 않았다. 경복궁에서 부엉이가 자주 우는 것도 마음에 걸렸다. 세종도 부엉이 때문에 경복궁을 꺼렸다고 실록은 전한다.

단종은 법궁을 존중하라는 신하들의 권유로 마지못해 뒤에 경복궁으로 이어하기도 했으나, 재위 3년 만에 숙부 세조에게 왕위를 물려준 다음에는 노산군(魯山君)으로 강봉되어 수강궁으로 돌아왔다. 그후 영월로 추방되어 그곳에서 12월 24일 승하한 것은 잘 알려진 사실이다. 죽은 뒤에 영월 향리 엄흥도(嚴興道)가 시신을 수습하여 매장했다고 전해지며, 능호는 영월의 장릉(莊陵)이다. 단종은 정순왕후(定順王后) 송씨[16]를 왕후로 두었으나 후사가 없었다.

5. 세조—사육신 사건과 창덕궁 정비

세종의 둘째 아들이자 문종의 아우인 세조(世祖, 재위 1455년 윤6월-1468년 9월)는 조카 단종에게서 왕위를 찬탈한 오명(汚名)을 남긴 임금이다. 그러나 재위기간에 많은 업적을 쌓아 그 오명을 상쇄하기도 했다.

---

14. 소헌왕후(1395-1445)는 심온(沈溫, 본관 청송)의 따님으로 여덟 왕자를 낳았다. 맏아들이 문종이고, 둘째가 수양대군(세조)이며, 셋째가 안평대군, 넷째가 임영대군, 다섯째가 광평대군, 여섯째가 금성대군, 일곱째가 평원대군, 여덟째가 영응대군이다.
15. 현덕왕후(1418-1441)는 권전(權專, 본관 안동)의 따님으로 단종을 낳았으나 문종이 왕이 되기 전에 세자빈으로 타계했다. 문종이 왕이 된 뒤에 왕후로 추존되었다.
16. 정순왕후(1440-1521)는 송현수(宋玹壽, 본관 여산)의 따님으로 단종이 죽자 부인(夫人)으로 강봉되었으며 능호는 사릉(思陵)이다. 지금 남양주시에 있다.

세조는 단종 3년(1455) 윤6월 11일 경복궁 근정전에서 즉위했다. 내막은 쿠데타지만, 형식은 양위였으므로 근정전에서 즉위하여 정통성을 확보하고자 한 것이다. 당시 39세였다. 세조는 단종이 창덕궁에 있었기 때문에 처음에는 경복궁에 머물렀다. 그러나 단종이 영월로 추방된 뒤에는 창덕궁도 거처로 자주 이용했다.

6. 『조선고적도보』에 실린 창덕궁 선정전의 모습. 정면에서 앞쪽으로 난 복도가 이미 헐려나갔다. 세조는 창덕궁을 더욱 확장하고 정비했으며, 각 전당들에 이름을 붙이고 적극 이용했다. 이곳 선정전에서는 공신들을 위해 잔치를 벌였다고 한다.

세조는 경복궁을 정치 공간으로 이용하고, 창덕궁은 학문과 휴식 공간으로 이용했다. 경복궁에서는 사정전에서 조참(朝參, 한 달에 네 번 중앙에 있는 문무백관이 정전에 모여 임금에게 문안 인사를 드리고 정사를 아뢰던 일)과 상참(常參, 의정부를 비롯한 중신과 시종관이 매일 편전에서 임금에게 정사를 아뢰던 일)을 행하고, 연회를 열기도 했으며, 문·무관의 발영(拔英) 시험을 치르기도 했다. 근정전에서는 조참을 행하고, 백관의 하례를 받고, 일본과 유구국(流球國)의 사신을 인견하기도 했다. 단종 복위 음모에 가담한 사육신(死六臣) 등을 처형한 곳도 이곳이다.

세조 2년 6월 1일 일어난 저 유명한 사육신 사건은 바로 창덕궁을 무대로 모의되었다. 세조는 창덕궁 광연정(廣延亭, 광연루)에서 노산군과 함께 중국 사신을 접대하게 되어 있었는데, 육신들은 이를 이용하여 세조를 제거하려고 모의했다가 발각되어 6월 8일 경복궁 사정전에서 처형되었다. 한명회(韓明澮)는 운검(雲劍, 임금을 호위할 때, 별운검이 차던 칼)을 차고 육신들의 광연정 출입을 막아 음모를 미연에 방지했다고 한다. 광연정은 예전에 태종이 자주 연회를 베풀고, 정사를 돌보면서 애용하던 공간이라는 것은 앞에서 설명한 바 있다.

세조는 단종이 유배지에서 죽은 뒤 창덕궁을 더욱 확장하고 정비했다. 세조 7년 12월 19일에는 아직 이름이 없던 창덕궁의 각 전당들에 이름을 지어 붙였다. 일상적인 편전(便殿)인 조계청(朝啓廳)은 선정청(宣政廳, 宣政殿), 그 북동쪽 별실은 소덕당(昭德堂), 북서쪽 별실은 보경당(寶慶堂), 정전(正殿)은 양의전(兩儀殿), 동쪽 침실은 여일전(麗日殿), 서쪽 침실은 정월전(淨月殿), 누(樓)는 징광루(澄光樓), 동쪽 별실은 응복정(凝福亭), 서쪽 별실은 옥화당(玉華堂), 누 밑은 광세전(光世殿)과 광연전(廣延殿), 별실은 구현전(求賢殿)이라고 각각 명명했다.[17]

세조는 전당의 이름만 지은 것이 아니라, 각 전당을 적극적으로 이용했다. 편전인 선정전에서 공신들을 위해 잔치를 벌이고, 침전인 보경당에서는 종친과 신하들의 생일잔치를 자주 열고, 때로는 학문을 토론하기도 했다. 신하들을 이학(理學)과 사학(史學)의 두 패로 나누어 토론을 하게 한 곳도 여기였다. 구종직(丘從直)이 이학 편에 서고, 양성지(梁誠之), 서거정(徐居正), 홍응(洪應) 등이 사학 편에 서서 논쟁을 벌인 것은 유명하다.

세조는 또한 재위 8년 1월 민가 73구를 철거하여 창덕궁 후원을 확장하고, 세자에게 양위한 뒤 은퇴할 곳으로 창덕궁 후원에 무일전(無逸殿)을 지었다. 그러나 왕은 피부병으로 고생하다가 14년 9월 8일 창덕궁 수강궁에서 향년 52세로 별세했다. 태종이 서거한 바로 그 집이다. 능은 남양주시의 광릉(光陵)이다.

6. 예종 ― 창덕궁 즉위

세조는 정희왕후(貞熹王后) 윤씨[18]와의 사이에 두 아들을 두었다. 맏아들 도원군(桃源君)에게 왕위를 물려주려 했으나 그는 겨우 스물두 살에 요절하여 덕종(德宗)으로 추증되었다. 왕위는 덕종의 아우인 해양대군(海陽大君)이 이어받아 예종(睿宗, 재위 1468년 9월-1469년 11월)이 되었다. 예종은 세조가 타계한 창덕궁 수강궁 중문에서 세조 14년 9월 7일 즉위했다. 세조가 죽기 전날 왕위를 물려준 것이다. 당시 19세로, 창덕궁에서 즉위한 최초의 임금이다. 애석하게도 예종은 다음 해 11월 훙서하여 겨우 1년 2개월 동안 재위했다. 능호는 창릉(昌陵)으로 고양시에 있다.

7. 성종 ― 창경궁 건설

예종은 장순왕후 한씨와의 사이에 인성대군(仁城大君)을 얻고, 계비인 안순왕후 한씨와의 사이에 제안대군(齊安大君)을 얻었으나 둘 다 너무 어렸다. 그래서 덕종의 둘째 아들인 13세의 잘산군(乽山君)이 왕위에 오르니 그가 9대 임금 성종(成宗, 재위 1469년 11월-1494년 12월)이다. 성종은 과거에 경복궁 근정전에서 즉위하던 관례를 깨고 근정문에서 즉위한 첫 임금이 되었다.

덕종과 예종이 요절하고, 성종마저 13세의 어린 나이에 왕위에 오르니, 자연히 어린 임금 주변에는 많은 대비(大妃)들이 생존해 있었다. 위로는 할머니

---

17. 『세조실록』 권26 세조 7년 12월 19일 乙酉條.
18. 정희왕후(1418-1483)는 윤번(尹璠, 본관 파평)의 따님으로 두 아들을 두었다. 맏아들이 도원군이고, 둘째 아들이 해양대군이다.

인 세조비 정희왕후 윤씨가 아직 살아 있고, 그 다음에는 왕비가 되어 보지 못한 한맺힌 어머니 덕종비 소혜왕후(昭惠王后) 한씨[19]가 계시며, 예종의 계비 안순왕후(安順王后, 인혜대비) 한씨도 생존해 있었다.[20] 그러고 보니 성종의 어머니와 두 분의 숙모 왕대비가 모두 한씨였다. 게다가 성종의 첫째 왕비 공혜왕후(恭惠王后)[21]도 한명회의 딸이어서 한씨 왕비가 연속 네 명이나 책봉되었다.

성종의 첫째 왕비인 공혜왕후는 성종 5년 4월 열아홉 꽃다운 나이로 창덕궁 구현전(求賢殿)에서 세상을 떴다. 17세에 돌아간 언니 장순왕후와 비슷한 비운을 만난 셈이다. 성종은 계비 윤씨를 맞이하여 연산군을 낳았으나, 계비 윤씨는 불손한 행동으로 성종 10년에 폐위되고, 성종 13년 8월 사약을 받고 죽었다. 그리하여 셋째 계비로 성종 11년 정현왕후(貞顯王后)[22] 윤씨를 맞이했다. 연산군(燕山君) 또한 반정으로 몰려난 뒤 정현왕후 소생으로 뒤늦게 태어난 이복동생 진성대군(晉城大君)이 왕위에 오르니 그가 중종이다.

대왕대비인 정희왕후 윤씨(세조비)와 두 분의 왕대비(덕종비 인수대비와 예종의 계비 인혜대비)를 모신 성종은 이들이 편안하게 거처할 공간을 새로 마련해야 하는 고민에 빠졌다. 경복궁이나 창덕궁이나 세 대비가 거처하기에는 공간이 좁았다. 창덕궁과 가까운 곳에 창경궁을 건설하는 도중인 성종 14년 3월 대왕대비 윤씨는 66세를 일기로 온양행궁(溫陽行宮)에서 타계하고, 두 분의 왕대비만 남게 되었다. 성종은 할머니 정희왕후가 타계하자 침전인 창덕궁 보경당에서 오래도록 거처하면서 상을 치렀다.

창경궁은 성종 15년(1484) 9월 27일 낙성되었는데, 창경궁이 준공되기 전 왕과 대비들은 경복궁과 창덕궁으로 번갈아 이어하면서 살았다. 그러나 실제로 왕은 경복궁보다는 창덕궁에 머무는 기간이 많았고, 경복궁에는 전왕들과 마찬가지로 외국 사신에 대한 접대와 종친들에 대한 연회, 그리고 대비에 대한 문안을 위해 갔다. 왕비나 대비들은 언제나 크고 위압적인 경복궁보다는 아늑한 분위기의 창덕궁을 선호했다. 그것이 임금의 궁궐 선택에도 영향을 주었을 것으로 보인다.

실제로 대비들과 왕비는 주로 창덕궁에서 여러 행사를 치렀다고 기록에 나타난다. 예컨대 성종 2년 공혜왕후 한씨는 창덕궁 선정전에서 154명의 부녀를 초빙하여 양로연을 열었다. 성종 3년에는 창덕궁 영화당(暎花堂) 동쪽에 관덕정(觀德亭)을 지었는데, 여기서 공혜왕후 한씨가 항상 친잠례(親蠶禮)를 행했다고 한다. 지금 이곳은 창경궁에 속한다. 또 성종의 계비인 정현왕후 윤씨도 성종 8년 3월 창덕궁 선정전에서 친잠례를 행하여 창덕궁은 왕비의 생활 공간이자 양잠소로 애용되었음을 알 수 있다.

19. 덕종비 소혜왕후(1437-1504)는 한확(韓確, 본관 청주)의 따님으로, 뒤에 아들 성종이 왕위에 오르자 인수대비(仁粹大妃)로 진책되었다. 부녀자들의 올바른 행실을 위해 『여훈(女訓)』을 지은 것으로 유명하다. 뒤에 손자인 연산군과 사이가 나빠 고통받다가 68세를 일기로 죽었다. 능호는 경릉(敬陵)이다.

20. 예종은 세자 때 한명회의 딸을 세자빈으로 맞이했으나 세자빈은 예종이 임금이 되기 전에 17세로 요절했다. 그래서 한백륜(韓伯倫)의 딸 안순왕후(?-1498)를 왕비로 맞이하게 된 것이다. 요절한 세자빈은 예종이 왕이 된 뒤에 장순왕후(章順王后, 1445-1461)로 추존되었다. 능호는 공릉(恭陵)으로 파주시 봉일천리에 있다. 안순왕후 한씨는 제안대군을 낳았다. 뒤에 인혜대비(仁惠大妃)라는 존호를 받았다.

21. 공혜왕후(1456-1474)는 한명회의 둘째 따님으로 왕비가 되었으나, 후사 없이 19세에 요절했다. 능호는 순릉(順陵)으로 파주시 봉일천리에 있다.

22. 정현왕후(1462-1530)는 윤호(尹壕, 본관 파평)의 따님으로 처음에는 아들이 없어서 폐비 윤씨가 낳은 연산군이 왕위에 오르게 되었다. 뒤늦게 아들을 낳으니 이가 뒷날 중종이 된 진성대군이다. 69세까지 장수했다.

23. 『성종실록』 권170 성종 15년 9월 27일 辛亥條 및 성종 15년 10월 11일 乙丑條.

24. 『성종실록』 권58 성종 6년 8월 23일 己亥條.

7. 『조선고적도보』에 실린 창경궁 명정전. 창경궁의 정전(正殿)으로, 임금이 신하들의 조하(朝賀)를 받던 공간이다.(위)

8. 『조선고적도보』에 실린 명정전 앞 석계. 어도에 깐 돌 모습이 지금과 다르다. (아래, p.174 참조)

한편 대비들은 창덕궁 수강궁에 머물면서 대왕대비 윤씨의 한증(汗蒸)이 필요할 때는 대왕대비를 모시고 경복궁으로 이어했다가 돌아오곤 했다. 경복궁에는 한증을 위한 시설이 있었던 모양이다. 이럴 때는 임금이 경복궁에 행차하여 수시로 문안하고 돌아왔다.

성종 15년 낙성된[23] 창경궁 공사에는 보병(步兵), 정병(正兵), 번상병(番上兵) 등 군인들이 동원되었다. 창경궁은 본래 창덕궁 후원으로서 이미 광연루와 수강궁 등이 건설되었음은 앞에서 설명했다. 이제 그 주변에 더 많은 전각을 지어 창경궁이라고 이름한 것이다. 그런 의미에서 창경궁은 창덕궁을 확장한 것이라 해도 과언이 아니다. 실제로 창덕궁과 창경궁은 이름만 다르지 실제로는 뚜렷한 경계선 없이 서로 통하는 하나의 궁궐이었다. 그래서 두 궁궐을 합하여 동궐(東闕)이라고 부르는 것이 관례였다.

성종은 창경궁이 완성되자 다음 해 5월 두 분의 왕대비를 모시고 이곳으로 거처를 옮겼다. 세조와 예종의 후궁들도 이곳으로 옮겨 자수궁(慈壽宮)에 살게 했다. 그 결과 창경궁은 여성들의 궁궐이 되었지만, 여성들이 거처할 집만이 아니라 임금이 조회할 수 있는 명정전(明政殿)을 비롯하여 침전, 세자궁 등이 함께 들어섰기 때문에 임금도 살 수 있는 공간이 되었다. 성종은 담 밖에서 궁 안을 볼 수 없도록 빨리 자라는 버드나무를 심게 했다.

성종 6년 8월, 왕은 창경궁 건설과는 별도로, 그때까지도 이름이 정해지지 않은 경복궁과 창덕궁의 여러 문의 이름을 당시 문한(文翰)의 대가인 서거정(徐居正)에게 짓도록 했다.[24] 서거정은 창경궁의 전각 이름도 지었다.

임금이 창경궁으로 거처를 옮긴 것을 신하들은 달가와 하지 않았다. 특히 창경궁이 동향 궁궐인 까닭에 임금은 남면(南面)하는 것이지 동면(東面)해서는 안 된다는 것이다. 성종도 그 점을 인정하고 15년 10월 11일 창경궁으로 이어한 이유를 다음과 같이 변명하고 있다.

"창경궁은 오직 양전(왕대비 두 분)을 위해 지은 것이다. 임금이 거처할 곳이 아니다. …창덕궁은 너무 좁고 누추하며 쓰러질 위험이 있다. …세종께서 문종에 이르시기를, 경복궁은 비록 장려하나 도성(都城)의 바른 명당은 바로 창덕궁이다. 내가 생각하기로 창경궁은 동향인지라 임금이 정치하는 곳이 아니다. 다만 창덕궁을 수리하는 동안에 잠시 옮겨 있을 뿐이다."[25]

즉 성종은 창덕궁의 보완시설로서 창경궁을 건설했다고 할 수 있다. 「창경궁상량문」과 「창경궁기(昌慶宮記)」는 당시 사림의 영수인 김종직(金宗直)이 썼다. 그러나 잠시 거처를 옮기겠다던 왕은 재위 25년 창덕궁에서 승하할 때까지 거의 10년간 창경궁과 창덕궁에서 거처하고 가끔 경복궁에 거동했다. 이로 보면 성종은 경복궁보다 창덕궁과 창경궁을 내심 선호했다고 할 수 있다.

창경궁으로 거처를 옮긴 성종과 대비, 그리고 중전은 이곳에서 여러 행사를 치렀다. 성종 17년 10월 16일에는 인수대비 한씨(덕종비)와 인혜대비 한씨(예종 계비)가 창경궁 이사를 기념하여 명정전 서쪽의 인양전(仁陽殿)에서 6촌 이내의 친족들에게 잔치를 베풀었다. 성종은 이 해 12월 29일 인양전에서 나희(儺戲, 산대놀이)와 처용무(處容舞) 등을 구경했다.

성종 18년에도 창경궁에서 여러 행사는 계속되었다. 이 해 1월 1일 왕은 백관을 거느리고 망궐례(望闕禮, 중국 황제에 대한 새해인사)를 행했다. 7월 30일에는 왕의 생일을 축하하여 잔치를 벌였고, 12월 29일에는 편복 차림으로 인양전에서 나례(儺禮, 음력 섣달 그믐날에 묵은 해의 마귀와 사신을 쫓아내려고 베풀던 산대놀이)를 구경했다. 섣달 그믐날 산대놀이를 하는 것이 궁중의 관례처럼 되었음을 알 수 있다.

성종 19년 설날에도 창경궁에서 망궐례를 행하고, 24년 봄에는 왕비가 창덕궁 후원에서 친잠례를 행한 다음 선정전에서 주연을 베풀었다.

『경국대전(經國大典)』, 『동국여지승람(東國輿地勝覽)』, 『동국통감(東國通鑑)』 등을 편찬하여 조선왕조의 문물을 정비한 성종은 재위 25년(1494) 12월 24일 창덕궁 대조전(大造殿)에서 38세를 일기로 세상을 떠났다. 배꼽 밑과 등에 생긴 종기가 사인(死因)이다. 지금 서울시 강남구 삼성동에 있는 선릉(宣陵)이 성종의 능이다.

25. 『성종실록』 권171, 성종 15년 10월 11일 乙丑條.
26. 첫 번째 사화는 연산군 4년 7월 김일손이 쓴 사초(史草)를 계기로 일어난 무오사화(戊午士禍)고, 두 번째 사화는 연산군 10년에 일어난 갑자사화(甲子士禍)다.

8. 연산군 — 서총대 건설

비운의 왕비 윤씨 소생인 연산군(燕山君, 재위 1494년 12월-1506년 9월)은 성종 25년(1494) 12월 29일 창덕궁 인정문에서 즉위했다. 성종이 별세한 지 닷새 뒤의 일이다. 약관 열아홉이었다. 성종이 창덕궁에서 타계했기 때문에 이곳에서 즉위한 것이다.

연산군은 세자 때부터 자질이 좋지 않았으나, 다른 아들이 없어 할 수 없이 왕위를 잇게 했는데, 역대 어느 임금보다도 궁궐을 호화롭게 꾸미는 데 신경을 썼다. 특히 어머니 윤씨의 참혹한 죽음을 안 뒤부터 성격이 난폭해져 재위 12년간 두 차례의 사화(士禍)[26]를 일으켜 무고한 선비들에게 죽음을 안기고, 사치와 방탕으로 세월을 보내다가 결국 반정군에 의해 타의로 왕위를 내주고 유배당하는 신세가 된 첫 임금이다. 연산군의 사치와 방탕은 궁궐 안이나 사냥터인 도성 밖 1백 리에서 이루어졌기 때문에 궁궐을 사치스럽게 꾸미는 변화가 나타난 것이다.

연산군은 창덕궁에서 주로 생활하고, 활쏘기, 잔치, 사신 접대 등이 있을 때에는 경복궁에 거둥하여 행사를 치렀다. 먼저 창덕궁을 어떻게 개조했는지부터 알아보자.

연산군 2년에는 침전인 대조전을 중수(重修)했다. 그리고 이 해 6월 대조전 남쪽에 있던 숭문당(崇文堂)이 불타 없어지자 8월 중건하고, 12월에 희정당(熙政堂)으로 이름을 바꾸어 임금의 일상 집무소인 편전으로 사용했다. 임금의 침전인 보경당도 가끔 편전으로 이용했다.

연산군 4년 7월 무오사화(戊午士禍)를 치르면서 더욱 난폭해진 임금은 8-9년에는 후궁인 소용 장녹수(昭容 張綠水), 숙원 전비(淑媛 田非)와 사랑에 빠지면서 놀이 공간을 만들기 위해 창덕궁 후원을 더 넓혔다. 이 때문에 동쪽과 서쪽의 민가들이 대거 헐렸다. 뒷날 중종 초에 두 여인의 재화가 창덕궁 보경당에서 발견된 것을 보면 그녀들이 이곳에서 거처했음을 알 수 있다.

손자 임금의 난폭한 행동에 마음이 상한 할머니 인수대비는 연산군

9. 『조선고적도보』에 실린 창덕궁 인정문. 연산군이 즉위한 곳이다. 인정문 주위는 일제 강점기에 원래의 모습을 잃었다가 최근 복원되었으나 〈동궐도〉의 모습과 달리 열린 공간이 되어 있다.

10년 4월 창경궁 경춘전(景春殿)에서 68세로 생애를 마감했다. 임금은 자신을 견제하는 데 적극적이었던 대왕대비를 증오했다. 그리하여 상기(喪期)를 단축하기 위해 날(日)을 달(月)로 계산하는 변칙을 써서 장례를 빨리 치렀으며, 빈소가 옆에 있는데도 풍악을 그치지 않고 울렸다.

경춘전은 뒷날 숙종의 계비 인현왕후(仁顯王后) 민씨가 숙종 27년 8월 승하한 곳이기도 하다.

재위 10년에 갑자사화(甲子士禍)를 치러 또 한 차례 선비들을 숙청한 연산군은 다음 해 6월부터 12월 사이에 창덕궁 후원에 서총대를 크게 건축했다. 성종 때 이곳에서 한 줄기에 아홉 가지가 달린 파가 자라나 붙여진 이름이다. 그 위치는 지금 영화당 동쪽, 창경궁 춘당지 옆이다. 연산군은 이곳에 동서로 높이가 열 길이나 되는 석대(石臺)를 만들고, 용을 아로새긴 돌난간을 설치했다. 그리고 그 앞에 큰 연못을 판 다음 한강에서 배를 끌어들이게 했다. 유람을 위한 것이다. 이때 판 연못이 창경궁 춘당지(春塘池)가 되었다.

서총대의 넓이는 약 1천 명이 앉을 만하고, 이 공사에 동원된 역군(役軍)은 수만 명이며, 감독관만 해도 1백 명이나 되었다. 수만 명이 호야(呼耶)하는 소리가 밤낮으로 끊이지 않았으며, 그 소리가 천지를 진동했다고 한다.27 임금은 그 옆에 경회루와 같은 큰 누(樓)를 지으려 했으나 반정으로 중단되었다 한다. 이 역군들에게 지급할 포(布)를 징수했는데, 백성들이 감당하지 못해 옷 속에 들어 있는 목화를 다시 짜서 포를 만들어 바쳤으므로 그 빛이 검고 길이가 짧아 이를 서총대포(瑞蔥臺布)라고 불렀다고 한다.28

한편 연산군은 12년 6월 22일 창덕궁의 정문인 돈화문도 높고 크게 다시 지으라고 명했는데, 돈화문 개축이 실현되었는지 여부는 알 수 없다. 명령을 내린 지 석 달 뒤인 9월 2일 반정군에게 쫓겨났기 때문이다.

연산군은 창덕궁만이 아니라 경복궁도 유람 장소로 이용했다. 외국 사신을 접대하는 일말고도 잔치와 활쏘기를 위해 경복궁을 찾았다. 가장 즐겨 찾는 곳은 경회루였다. 여기서 수없이 잔치를 베풀고 나례를 구경하고 돌아왔다. 연산군 12년 1월 4일 벌어진 곡연(曲宴, 임금이 궁중 후원에서 가까운 사람들만 불러 베풀던 조촐한 술자리)에서는 경회루 연못에 호화로운 채붕(彩棚, 오색 비단으로 장식한 무대)을 만들고 5백여 명의 흥청악(興淸樂)29을 동원하여 학춤을 추게 했다고 한다.30

연산군은 11년에 창경궁도 더욱 화려하게 개축하고 놀이터로 이용했다. 또 어떤 궁인지는 모르나 사냥에 쓸 개와 매를 궁 안에서 무수히 길렀다고 한다.31

재위 12년 9월 2일, 박원종(朴元宗), 성희안(成希顔) 등 반정군에게 옥새를

27. 『연산군일기』 권61 연산군 12년 1월 21일 己卯條. 같은 책 3월 27일 丁未條.
28. 『동국여지비고(東國輿地備攷)』.
29. 연산군은 시녀(侍女), 공사천(公私賤), 그리고 양가(良家)의 딸을 널리 뽑아들여 7원(院), 3각(閣)을 설치하여 거주하게 했는데, 그 수가 약 1만 명에 이르렀다. 그들을 시중하는 급사, 수종, 방비의 수도 같았다. 이들에게 운평, 계평, 채홍, 속홍, 부화, 흡려 등의 호칭을 내리고, 따로 뽑은 자를 흥청악이라고 불렀다. 흥청악에는 세 과(科)가 있었는데, 임금의 꾐을 거치지 못한 자는 지과, 꾐을 거친 자는 천과, 꾐을 받았으되 흡족하지 못한 자는 반천과라 했다. 그 중에서 가장 꾐을 받은 자는 숙화, 여원, 한아 등의 작호를 받았다. 그들의 기세와 꾐이 전숙원이나 장소용과 더불어 동등한 자가 많았다. (『연산군일기』 권63 연산군 12년 9월 2일 기묘조)

내주고 창덕궁에서 쫓겨난 연산군은 교동(喬桐)으로 유배되었다가 두어 달 뒤에 죽었다. 그때 나이 31세다. 그의 무덤은 지금 서울시 도봉구 방학동에 초라하게 남아 있다. 원망이 자자하던 전비(田非)와 장녹수는 군기시(軍器寺, 병기·기치·융장·집물 따위의 제조를 맡아보던 관아) 앞에서 반정군에게 참수되었다. 사람들은 그들의 국부에 돌을 던지면서 "일국의 고혈이 여기에서 탕진되었다"고 말했다. 교동 사람들은 가시울타리 안에서 살고 있는 연산군을 조롱하여 다음과 같은 노래를 불렀다 한다.

충성이란 사모(邪謀)요
거동은 교동(喬桐)일세
일만 흥청(興淸) 어디 두고
석양 하늘에 뉘를 좇아가는고
두어라 예 또한 가시(각시)의 집이니
날 새우기 무방하고 조용하구나

9. 중종—서총대 철거

중종(中宗, 재위 1506년 9월–1544년 11월)은 성종의 계비 정현왕후 윤씨의 아들인 진성대군이다. 우리 역사상 처음 반정에 의해 왕으로 추대된 중종은 연산군 12년 9월 2일 18세의 나이로 경복궁 근정전에서 즉위했다. 착한 성품인데다 학문을 좋아했으며, 조광조(趙光祖) 등 사림을 등용하여 왕도정치를 펴려 했으나, 성격이 우유부단하여 특별한 업적을 내지 못한 임금이다.

중종은 처음에 연산군이 쫓겨난 창덕궁을 피하여 경복궁에 머물렀으나, 뒤에는 다시 창덕궁으로 갔다. 그러나 조광조를 비롯한 사림들이 등용된 이후에는 그들의 권유에 따라 경복궁으로 어처를 옮겼다. 중종 14년(1519) 현량과(賢良科)[32]가 실시된 곳도 경복궁의 편전인 사정전이었고, 조광조 일파를 국문하여 제거한 기묘사화(己卯士禍)도 경복궁 사정전에서 일어났다. 남곤(南袞)이 나뭇잎에 꿀을 발라 '주초위왕(走肖爲王)'이라고 쓴 글씨를 벌레가 파먹게 하여 몰래 경복궁 어구(御溝, 대궐 안의 개천)에 흘려보낸 것이 기묘사화의 발단이다.

기묘사화 이후 중종은 창덕궁과 창경궁을 애호했다. 모후인 정현왕후가 창경궁에 주로 거주했으므로 중종도 그곳과 가까운 창덕궁을 선호하게 되었다. 모후는 25년 7월 경복궁으로 이어했다가 8월 22일 동궁의 침전에서 승하했다. 대비

---

30. 『연산군일기』 권63 연산군 12년 1월 4일. 한편, 『연산군일기』 권63 12년 9월 2일 기묘조에는 임금이 대비를 위해 베푼 경회루 잔치의 모습을 이렇게 적고 있다. "경회루 연못에 관청과 개인의 배들을 가져다가 연결하고, 그 위에 판자를 깔아 평지처럼 만들고, 채붕(彩棚)을 만들었으며, 바다에 있는 삼신산(三神山)을 상징하여 가운데는 만세산(萬歲山), 왼쪽엔 영충산(迎忠山), 오른쪽엔 진사산(鎭邪山)을 만들고, 그 위에 전우(殿宇), 사관(寺觀), 인물의 모양을 벌여놓아 기교를 다하였다. 못 가운데에는 비단을 잘라 꽃을 만들어 줄줄이 심고, 용주화함(龍舟畵艦, 용 모양의 배와 그림으로 장식한 배)을 띄워 서로 휘황하게 비췄는데, 그 왼쪽 산엔 조정에 있는 선비들의 득의양양한 모양을 만들고, 오른쪽엔 귀양 간 사람들의 근심에 찬 괴로운 모양을 만들었다. 왕은 스스로 시를 지어 걸고, 또 문사들도 글을 짓되 모두 세 산을 주제로 했다. 날마다 즐겁게 마시며 놀되 화초와 인물의 형상이 비를 맞아 더러워지면 곧 새것으로 바꾸었다. 대비가 억지로 잔치에 참석은 했지만, 연회가 끝나면 늘 한숨 쉬며 즐거워하지 않았다."
31. 『연산군일기』 권63 연산군 12년 9월 2일 己卯條.
32. 조광조의 제안으로 중종이 실시했던 과거제도. 경학에 밝고 덕행이 높은 사람을 천거하여 시정(時政, 시사) 문제를 제시하고 그 대책을 논의하게 하는 방식으로 관리를 뽑았다. 기묘사화 후 폐지되었다.

는 성품이 화목하고, 특히 며느리인 중종의 계비 장경왕후(章敬王后) 윤씨[33]가 세자(인종)를 낳은 지 열흘도 안 되어 죽자 손자인 세자를 어루만져 키웠다고 한다.

그러면 중종은 창덕궁과 창경궁에서 무엇을 했을까. 우선 2년 1월 연산군이 쌓은 악명 높은 서총대를 철거하여 창덕궁을 재정비했다. 그리고 중종 23년 이후로는 춘당대(春塘臺)와 인정전에서 여러 차례 문·무과 전시(殿試)를 실시하고, 춘당대에서 종친에게 잔치를 베풀기도 했다. 또 왕비는 내명부(內命婦)와 외명부(外命婦)의 여인들을 데리고 창덕궁 후원에서 친잠을 하여 성종 대의 전통을 계승했다. 궁 안의 여성들도 양잠을 한다는 시범을 보인 것이다.

10.『조선고적도보』에 실린 창경궁 환경전. 왕과 왕비의 침전으로, 왕비가 별세하면 이곳을 빈전으로 정하기도 했다. 중종이 이곳에서 승하했다.

중종 25년과 33년에는 두 차례에 걸쳐 신하들의 권유에 따라 왕대비 및 중궁, 세자빈과 함께 경복궁으로 어처를 옮겼는데, 35년에 근정문과 금천교에 벼락이 떨어지고, 39년에 동수각(東水閣)에 벼락이 떨어지자 창경궁으로 돌아왔다. 중종은 39년 11월 15일 환경전(歡慶殿)에서 승하할 때까지 창경궁에 머물렀다. 향년 57세다. 지금 서울시 강남구 삼성동에 있는 정릉(靖陵)에 안장되었다.

10. 인종 — 창경궁 즉위

중종은 왕이 되기 전에 신수근(愼守勤)의 따님을 취하니 이분이 단경왕후(端敬王后)다. 왕비는 성품이 매우 착했으나 아버지가 연산군의 처남으로서 중종반정을 반대한 탓에 역적의 딸이라는 죄로 폐위되었다.[34] 단경왕후가 폐위된 뒤 계비로 장경왕후 윤씨가 간택되었다. 그러나 장경왕후는 중종 10년 3월 아들 인종(仁宗, 재위 1544년 11월–1545년 7월)을 낳고 열흘도 안 되어 25세로 죽었다. 어린 세자는 중종의 모후 자순대비(정현왕후)가 아들처럼 키웠다. 왕은 둘째 계비로 문정왕후(文定王后)[35] 윤씨를 맞이하여 뒷날 명종(明宗)이 될 아들을 얻었다. 그리고 일곱 명의 후궁을 따로 두었는데, 그 중에서 창빈 안씨

33. 장경왕후(1491–1515)는 윤여필(尹汝弼, 본관 파평)의 따님이다.
34. 신수근과 연산군의 폐비 신씨는 남매간이므로 신수근은 연산군의 처남이다. 단경왕후(1487–1557)는 본가로 추방되었다가 영조 때 왕후로 복위되었다. 능은 온릉(溫陵)이다.
35. 문정왕후(1501–1565)는 윤지임(尹之任, 본관 파평)의 따님이다.
36. 인성왕후(1514–1577)는 11세에 세자빈이 되고, 뒤에 왕비가 되었으나 후사가 없었다.

(昌嬪 安氏)가 덕흥대원군을 낳고, 그의 아들 하성군이 명종의 뒤를 이어 선조가 되었다.

인종은 중종 39년 11월 30세의 나이로 중종이 승하한 창경궁의 정전 명정전에서 즉위했다. 창경궁에서 즉위한 최초의 임금이다.

인종은 원년 4월 27일 경복궁으로 이어했는데, 3개월도 못 되어 7월 1일 경복궁 청연루(淸讌樓) 아래 소침(小寢, 임금의 편전)에서 승하했다. 재위기간이 8개월로 가장 짧은 임금이 된 셈이다. 중종의 장례식을 치르면서 식사를 중지하는 등 과로가 누적되어 죽은 것으로 기록되어 있다. 능호는 효릉(孝陵)으로 고양시 원당동에 있다. 왕후는 박용(朴墉)의 따님 인성왕후(仁聖王后)다.[36]

11. 명종 — 서총대에서 시험을 치르고 곡연을 베풂

인종은 비록 단명했지만, 인종이 즉위하자 장경왕후의 오라비인 윤임(尹任) 등이 권력을 잡고, 이언적(李彦迪) 등 사림을 중용하여 사림의 기세가 올라갔다.

인종의 뒤를 이은 명종(明宗, 재위 1545년 7월-1567년 6월)은 인종이 죽은 지 닷새 뒤인 7월 6일 경복궁 근정문에서 즉위했다. 여기서 형제가 왕이 된 경우를 정리해보면, 정종과 태종이 첫 번째요, 문종과 세조가 두 번째요, 연산군과 중종이 세 번째요(이복형제), 인종과 명종이 네 번째다(이복형제).

11. 〈명묘조서총대시예도 (明廟朝瑞蔥臺試藝圖)〉. 고려대학교 박물관. 명종이 창덕궁 서총대에 친림하여 문무시예를 시행하는 모습이다.

명종은 12세로 나이가 어렸으므로 모후인 문정왕후가 대비로서 경복궁 후원의 충순당에서 수렴청정을 했다. 충순당은 앞서 문종이 세종의 3년상을 치른 집이다.

문정왕후 윤씨는 중종 29년에 명종을 낳으면서 인종의 외숙이었던 윤임 일파와 사이가 좋지 않았다. 장경왕후가 일찍 죽었으므로 그 아들 세자(인종)를 어머니로서 길러야 하는 책임이 있으면서 자신의 아들이 태어났으므로 갈등이 생길 수밖에 없었다. 그래서 두 윤씨 일파 사이의 갈등을 세상에서는 대윤(大尹, 장경왕후파)과 소윤(小尹, 문정왕후파)으로 불렀다. 그런데 문정왕후가 수렴청정하게 되자 대윤에 대한 보복이 일어났다. 이것이 명종 즉위년 8월에 일어난 을사사화(乙巳士禍)다.

12. 『조선고적도보』에 실린 창경궁 양화당. 명종 20년(1565) 봄에 명종이 이곳에서 독서당문신(讀書堂文臣)을 친히 시험했고, 인조는 남한산성에서 돌아와 이곳에 임어했다.(위)

13. 양화당 현판.(아래)

문정왕후와 왕은 처음에 경복궁에서 거처했으나, 뒤에는 창덕궁과 경복궁, 창경궁으로 번갈아 이어했다. 창덕궁에는 명종 5년에 인정전 뒤에 흠경각(欽敬閣)을 세웠는데, 지붕의 잡상(雜像, 궁전 지붕 위에 신상을 새겨 얹는 장식 기와)이 너무 이상하다고 하여 헐었다. 이곳에 뒤에 만수전(萬壽殿)이 들어섰다. 또 명종 8년 6월에는 경복궁과 창덕궁에 보관되어 있는 종(鐘)과 석경(石磬)이 낡아 다시 만들었다.

명종 8년 9월 14일에는 경복궁에 화재가 일어나 사정전, 강녕전, 흠경각이 모두 소실되었는데, 바로 재건에 착수하여 9년 9월 18일 준공했다. 왕은 20세가 되자 모후의 수렴청정에서 벗어나 친정을 하면서 경복궁과 창덕궁을 몇 차례 오갔다. 명종 12년부터 21년까지 거의 대부분을 창덕궁과 창경궁에서 정사를 보고, 대왕대비(정현왕후)와 왕대비(문정왕후)는 창경궁에서 살았다. 명종은 창덕궁 서총대에서 유생들의 시험을 치르게 하고, 신하들과 수차례 곡연을 베풀고 시를 지었으며, 창경궁 양화당(養和堂)에서도 독서당 문신들을 친히 시험했다.

명종 시대에 왕대비로서 막강한 영향력을 행사한 문정왕후 윤씨는 명종 20년 4월 7일 창덕궁 임덕당(臨德堂)에서 승하했다. 향년 65세다. 그의 능이 태릉(泰陵)이다. 문정왕후는 승려 보우(普雨)를 우대하고 불교를 숭상하여 유신들과 적지 않은 갈등을 일으켰다.

명종은 21년 경복궁으로 다시 이어하여 사정전에서 정사를 보았는데, 이때 남명 조식(南冥 曺植) 등을 불러 옛 정치의 도를 묻기도 했다. 왕은 다음 해 6월 28일 경복궁 양심당(養心堂)에서 34세를 일기로 세상을 떠났다. 지금 노원구 공릉동에 있는 강릉(康陵)에 안장되었다. 모후인 문정왕후가 안장된 태릉(泰陵)과 매우 가까운 곳이다.

명종 10년에는 밖으로 을묘왜변이 일어나서 남방이 시끄러웠고, 14년에는 황해도에서 임꺽정(林巨正) 등이 민란을 일으켜 국내가 소란했다.

12. 선조 — 왜란으로 궁궐 소실

명종은 인순왕후(仁順王后) 심씨를[37] 비로 맞이하여 순회세자(順懷世子)를 얻었으나 세자는 14세에 요절했다. 중종의 후궁인 창빈 안씨(昌嬪安氏)의 소생인 덕흥군(德興君)의 아들 하성군(河城君)을 왕위에 올리니 그가 선조(宣祖, 재위 1567년 7월–1608년 2월)다. 명종이 22년 6월 28일 경복궁에서 승하하자 선조도 근정전에서 7월 3일 즉위했다. 16세 때다.

선조는 박응순(朴應順)의 딸 의인왕후(懿仁王后)[38]를 비로 맞이하여 원자를 낳았으나 이 원자도 요절했다. 그래서 선조 35년에 김제남(金悌男)의 딸 인목왕후(仁穆王后)[39]를 계비로 맞이하여 영창대군(永昌大君)을 낳았다. 그러나 이미 오래 전에 후궁인 공빈 김씨(恭嬪 金氏)로부터 광해군을 얻어 세자로 삼았기 때문에 27세 연하의 영창대군은 세자의 지위를 얻을 수 없었다.

광해군은 세자로 있을 때 왜란을 만나 분조(分朝)를 이끌면서 항일전쟁에서 큰 공을 세웠으며, 선조가 훙서하자 자연스럽게 왕위에 올랐다. 그런데 광해군을 폐하고 영창대군을 옹립하려는 소북파의 도전이 일어나자 광해군을 지지하는 대북파는 마침내 광해군 5년(1613) 계축옥사(癸丑獄事)를 일으켰다. 이 일로 영창대군은 사약을 받고, 인목대비마저 서인(庶人)으로 폐위되어 서궁(西宮, 경운궁)에 유폐되는 사태가 일어났다.

선조가 즉위할 당시 16세였으므로 인종비이자 선조의 숙모인 공의대비(恭懿大妃, 인성왕후) 박씨가 왕대비가 되어 수렴청정을 하다가 선조 10년에 창경궁에서 승하했다.[40] 이보다 앞서 명종비 인순왕후 심씨가 선조 8년 1월 창경궁 통명전(通明殿)에서 승하했으니 두 왕대비가 모두 세상을 떠난 것이다.

---

37. 인순왕후(1532–1575)는 심강(沈鋼)의 따님으로 14세에 왕비로 책봉되었다. 선조 8년에 별세했다.
38. 의인왕후(1555–1600)는 15세 되던 선조 2년에 왕비로 책봉되어 선조 33년에 타계했다. 선조의 목릉(穆陵)에 합장되었다.
39. 인목왕후(1584–1632) 김씨는 의인왕후 박씨가 선조 33년에 타계하자 19세 되던 선조 35년(1602)에 왕비로 책봉되었다.
40. 인성왕후의 능은 경기도 고양시 원당동에 있는 효릉(孝陵)이다.

왕은 처음에 경복궁에서 정사를 보았으나, 뒤에는 경복궁, 창덕궁, 그리고 자전(慈殿, 임금의 어머니)이 있는 창경궁으로 어처를 번갈아 옮겼다. 선조 8년에는 경복궁 수리공사가 시작되어 창덕궁으로 이어하고 후원에 정자를 확장하는 공사를 벌였다.

임진왜란이 일어나던 무렵 선조는 창덕궁에 있었다. 선조 24년(1591) 여름 일본의 다이라노 시게노부(平調信)와 요승(妖僧) 겐소(玄蘇) 등이 와서 일본이 명나라를 치려 하니 길을 빌려달라는 터무니없는 요구를 해왔는데, 이들을 접견한 곳이 창덕궁 인정전이다.

선조 25년(1592) 4월 1일 임진왜란이 일어나자 왕은 창덕궁에서 피난길을 떠나 의주(義州)로 파천했다. 서울을 점령한 왜병들이 경복궁을 불태웠다. 창덕궁과 창경궁도 임금이 도성을 비운 사이 모두 소실되어 서울에는 단 하나의 궁궐도 남지 않았다. 2백 년간 유지되어온 궁궐과 종묘와 사직이 일거에 잿더미로 변한 것이다.

선조 26년(1593) 전세가 호전되자 선조는 10월 4일 의주에서 서울로 돌아왔으나 머물 궁궐이 없었다. 그래서 지금의 덕수궁 자리에 있는 종친 이성(李誠)[41]과 이류(李瑠)[42]의 집을 빌려 어소(御所)로 삼고, 심의겸(沈義謙)의 집을 동궁으로, 영의정 심연원(沈連源)의 집을 종묘로, 그 주변의 민가들을 접수하여 관청으로 이용했다. 이성과 이류의 집을 뒤에 석어당(昔御堂)과 즉조당(卽祚堂)으로 불렀으며, 정릉동(지금의 정동) 행궁이라고도 했다.

41. 이성은 성종의 친형인 월산대군(月山大君)의 증손이며, 연산군 후궁의 소생이다.
42. 이류는 성종의 손자다.
43. 『국조보감』과 『궁궐지』에 똑같은 내용의 기사가 보인다.

14. 〈도성도〉(부분). 채색사본, 18세기 후반, 서울대학교 규장각. 왼쪽과 오른쪽에 각각 경복궁과 창덕궁·창경궁이 그려져 있는데, 경복궁은 왜란 이후 복원되지 않은 채로 있음을 알 수 있다.

15. 덕수궁〔경운궁〕중화문. 왼쪽의 석조건물은 한국 최초의 서양식 건축으로, 영빈관으로 사용했다. 중화전 행각이 헐리기 전 모습이다.

선조는 당연히 궁궐의 재건을 시도했다. 무엇보다 태조가 건설한 법궁인 경복궁의 재건을 최우선으로 생각했다. 그러나 이국필(李國弼)이 경복궁의 불길함을 들어 중건을 반대하고, 창덕궁을 중건하는 것이 낫다는 의견을 제시했다.[43] 임금은 그 의견을 따라 경복궁 중건을 포기하고, 선조 40년부터 창덕궁과 창경궁 중건에 착수했다. 그런데 선조뿐 아니라 고종에 이르기까지 어느 왕도 경복궁 중건에 나서지 않은 것은 경복궁 불길설이 널리 합의되어 있었음을 말해준다.

창덕궁과 창경궁 중건에 착수한 선조는 완공을 보지 못하고 재위 41년 2월 1일 정릉동 행궁(경운궁)에서 57세를 일기로 세상을 떠났다. 능호는 목릉(穆陵)이며 지금 구리시 동구릉에 있다.

선조는 조선전기 임금 중에서 가장 오래 집권하면서 사림을 우대하여 사림정치를 펼쳤으나, 사림이 동인과 서인으로 갈라져 이른바 동서분당이 이때 생겨났다. 또 국방을 소홀히 하여 임진왜란의 국란을 자초했다. 그러나 이황(李滉), 이이(李珥) 등 명망 높은 인재들이 많이 배출되어 이른바 '목릉성세(穆陵盛世)'라는 말이 나왔다. 이들이 충의정신을 널리 퍼뜨린 까닭에 왜란 때 전국에서 의병(義兵)이 일어나 국란을 극복하는 데 큰 힘이 되었다.

13. 광해군 — 창덕궁·창경궁 중건, 경덕궁·인경궁·자수궁 신축

선조의 뒤를 이은 광해군(光海君, 재위 1608년 2월-1623년 3월)은 선조 41년(1608) 2월 2일 34세의 장년으로 경운궁 즉조당에서 즉위했다.

광해군은 전란의 후유증을 치유하면서 국가 재건을 위해 많은 일을 했으나,

영창대군을 옹립하려는 반대파의 책동에 이성을 잃어 마침내 아우를 죽이고, 인목대비를 경운궁(서궁)에 유폐시킨 다음 서인(庶人)으로 강등시키는 패륜을 저질렀다. 또 밖으로 명나라가 기울어지고 후금이 새로 흥기하는 국제정세 변화를 맞아 두 나라를 모두 자극하지 않으려는 중립외교로 나라를 보전했는데, 이것이 왜란 때 조선을 도와준 명나라의 은혜를 배신했다는 비판을 받아 재위 15년 만에 반정군에게 쫓겨나는 신세가 되었다. 이것이 '인조반정(仁祖反正)'이다.

16. 『조선고적도보』에 실린 경희궁 숭정전. 일제강점기에 경희궁이 헐리고 경성중학교(뒤의 서울중고등학교)가 들어섰다.

광해군은 원년(1609) 6월 기유약조(己酉約條)를 맺어 일본과 국교를 재개했다. 그리고 정치 공간인 궁궐의 재건에 힘을 쏟아 선조 40년에 시작된 창덕궁 중건을 원년 10월 완료하여 법궁(法宮)으로 삼았다. 왕은 곧 그곳으로 이어했는데, 보경당을 편전으로 이용했다.

그런데 광해군은 창덕궁을 그다지 좋아하지 않았다. 그것은 광해군 4년부터 지관(地官)으로 이름을 날리던 이의신(李懿信)의 말 때문이었다. 그는 창덕궁이 풍수적으로 좋지 못하고, 단종이 유배 가서 살해되고 연산군이 폐위되는 등 내변(內變)이 많아 불길한 데다 서울 역시 이미 지기(地氣)가 쇠하여 도읍을 교하(交河)로 옮겨야 한다고 주장하고 나섰다. 이 밖에도 인왕산 부근에 왕기(王氣)가 있으므로 이를 제압해야 한다는 풍설도 떠돌았다. 광해군 4년부터 6년까지 이의신의 문제로 조정이 조용한 날이 없을 정도였다.

창덕궁 불길설에 자극되어 왕은 재위 3년 10월 경운궁으로 이어했다. 그 뒤 2년이 지나 경운궁에서 계축옥사(癸丑獄事)가 일어나 영창대군을 강화도로 유배시켰다가 다음 해 살해하고, 재위 7년 4월에는 영창대군의 모후인 인목대비를 경운궁에 홀로 남겨둔 채 외부 출입을 금지하고 창덕궁으로 돌아왔다. 이 일로 사람들은 인목대비를 '서궁마마'로 불렀다. 영창대군 일파가 왕권을 찬탈하려고 했기 때문에 불가피한 조치였지만, 그 결과 도덕적으로는 모후에게 불효했다는 오명을 쓰게 되었다.

창덕궁으로 돌아온 임금은 착잡한 마음을 달래기 위해 후원에 작은 정자를 짓고, 기화이목(奇花異木)과 괴석(怪石)을 모아 치장했다. 그리고 창덕궁의 왕비

44. 인경궁은 인조의 아버지 정원군(定遠君, 뒤에 원종으로 추존)이 살던 인왕산 아래 집을 헐고 지었는데, 인왕산에 왕기(王氣)가 있다는 풍설을 두려워하여 이를 누르기 위해 지었다 한다. 광해군은 서울의 북학(北學, 학교) 자리에 자수궁을 짓기도 했다. 광해군의 경덕궁 및 인경궁 건설에 관해서는 홍순민, 『조선왕조 궁궐경영과 양궐체제의 변천』(서울대 박사학위 논문, 1996) 및 장지연, 「광해군 대 궁궐영건」, 『한국학보』 86(1999) 참고.
45. 인빈 김씨의 무덤은 지금 남양주시에 있는 순강원(順康園)이다.
46. 원종(1580-1619)은 40세에 타계했으며, 부인은 구사맹(具思孟)의 따님 인헌왕후(仁獻王后)다. 그의 무덤은 지금 김포시에 있는 장릉(章陵)이다.

침전인 대조전이 너무 어둡고 불편하다는 이유로 8년에 창경궁을 다시 지었다.

광해군의 야심은 국가경영을 근본적으로 개조하려는 것이었다. 광해군은 천도(遷都)까지도 구상했지만 신하들의 빗발치는 반대로 좌절했다. 그러나 궁궐의 신축은 강력하게 추진했다. 재위 9년부터 인왕산 남쪽 서대문 부근에 경덕궁(慶德宮, 영조 때 경희궁으로 개명)을 축조하여 12년경에 거의 완공을 보았다. 또 인왕산 동쪽, 지금의 필운동 일대에 인경궁(仁慶宮)을, 그리고 북학(北學) 자리에 자수궁(慈壽宮)을 짓는 공사를 시작했다.[44] 광해군이 궁궐 건설에 왜 그토록 열의를 보였는지는 알 수 없다. 풍수사상의 영향도 있었겠지만 경복궁이 궁중 여성들의 생활 공간으로 적당하지 않았던 약점을 보완하려는 뜻도 있었던 것 같다. 하지만 재정 압박과 신하들의 반대로 새로운 왕궁의 완성을 보지 못한 채 광해군은 왕위에서 밀려났다. 임진왜란 때 국가가 힘이 약해 일본에게 수모를 당한 사실을 반성하여 광해군은 임금의 강력한 지도력을 세우고 국방강화에 주력하면서 다른 한편으로는 상업을 진흥시켜 국력을 키우려고 했다. 그러나 지나치게 급진적인 정책은 신하들의 반발을 사고 마침내 김유(金瑬), 이귀(李貴) 등 서인들이 꾸민 반정군에 의해 창덕궁에서 쫓겨나는 신세가 되었다. 임금의 나이 49세 때의 일이다. 광해군은 연산군처럼 사치와 향락에 빠진 폭군이 아니었는데, 명나라를 배신한 것과 동생을 죽이고 어머니를 폐위시켰다는 죄로 반정의 대상이 된 것은 조금 지나치다는 해석이 많다.

광해군 15년 3월 12일 밤 반정군이 창덕궁을 침범하면서 불을 질러 창덕궁의 대부분이 타버리고, 수정당, 충묵당(冲默堂), 인정전과 그 익각(翼閣), 그리고 향실(香室) 등 일부 부속건물만 남았다. 광해군의 무덤은 경기도 남양주시에 있다.

14. 인조 — 창덕궁, 창경궁 중수

광해군의 뒤를 이어 임금이 된 인조(仁祖, 재위 1623년 3월-1649년 5월)는 선조와 후궁 인빈 김씨(仁嬪 金氏)[45] 사이에 태어난 원종(元宗)[46]의 아들 능양군(綾陽君)이다. 광해군의 이복조카인 셈이다. 인조는 광해군 15년 3월 28세로 경운궁 즉조당에서 즉위했다. 창덕궁이 타버렸을 뿐 아니라 경운궁에 있는 할머니 인목대비로부터 대보를 받기 위해서였다.

인조는 즉위하자마자 반정공신을 책록하는 과정에 불만을 품고 반란을 일으킨 서북면 부원수 이괄(李适)의 도전을 받아 서울을 떠나 남쪽으로 피난하는

17. 『조선고적도보』에 실린 후원의 태극정. 태극정은 청의정, 소요정과 함께 '상림삼정(上林三亭)'이라고 불려, 그 아름다움이 찬탄되었다. 선조 어필 계판과 정조의 태극정 시(詩)도 전한다.(왼쪽)

18. 『조선고적도보』에 실린 후원의 청의정. 인공으로 만든 논 가운데 지은 소박한 정자로, 볏짚으로 지붕을 엮었다. 선조 어필 계판이 있다.(오른쪽)

신세가 되었다. 이괄의 반군은 인조 2년(1624) 1월 창경궁으로 쳐들어와 불을 질러 통명전, 양화당, 환경전 등이 타버렸다.

이괄의 난이 진압되자 인조는 서울로 돌아와 경덕궁에 거처했다. 경덕궁에 정식으로 들어온 최초의 임금이 된 셈이다. 그러나 경덕궁으로 돌아온 지 3년째인 인조 5년(1627) 1월 정묘호란(丁卯胡亂)이 일어나 강화도로 또 피난을 떠났다. 왕은 '형제의 맹약'을 맺어 난을 수습한 뒤 서울로 돌아와 경덕궁으로 갔다.

인조는 광해군이 신하들의 비난 속에 지은 경덕궁을 좋아하지 않아, 비교적 파괴가 덜한 창경궁의 재건을 먼저 서둘렀다. 그리하여 광해군이 건설한 인경궁을 헐어 그 재목을 옮겨와 창경궁을 복원하는 데 썼다. 인조 11년에 건설한 함인정(涵仁亭)과 환경전, 25년에 건설한 저승전47과 관풍각(觀豊閣) 등이 그것이다. 인조는 창경궁 복원이 어느 정도 이루어진 인조 11년 7월 창경궁 통명전으로 이어했다. 9년에 걸친 경덕궁 생활을 청산한 것이다.

인조 13년 12월 인조의 정비로서 소현세자(昭顯世子)와 봉림대군(鳳林大君, 효종)을 낳은 인열왕후(仁烈王后)48 한씨가 창경궁 여휘당(麗暉堂)에서 승하했다. 임금은 계비로서 장렬왕후(莊烈王后) 조씨를 맞이했다.

인조는 창경궁에 머물면서 창덕궁 정비에 착수했다. 먼저 창덕궁 후원에 여

47. 인조 25년에 저승전을 중수하면서 만든 의궤가 『저승전의궤』(장서각 소장, 도서번호 2-2485)다.
48. 인열왕후(1594-1635)는 한준겸(韓浚謙)의 따님으로 17세에 가례를 올리고, 30세에 왕비가 되었다. 소현세자(昭顯世子), 봉림대군(鳳林大君), 인평대군, 용성대군 등 네 아들을 두었으며, 인조 13년 42세로 세상을 떠났다.

러 정자를 세웠다. 휴식 공간이 필요했던 것이다. 그리하여 인조 14년(1636)에 후원에서 가장 경치가 아름다운 옥류천(玉流川) 주변에 소요정(逍遙亭), 청의정(淸漪亭), 태극정(太極亭)을 건설하고, 옥류천 바위에 홈을 파서 도랑을 만들어 바위를 돌아 소요정 앞에서 폭포가 되어 떨어지게 만들었다. 그리고 어필로 '玉流川'이라고 바위에 새겼다.

그러나 옥류천 주변을 아름답게 가꾸던 그 해 12월 병자호란(丙子胡亂)이 일어나 인조는 남한산성으로 피난했다. 추운 겨울에 청군을 당해내지 못한 임금은 마침내 다음 해(인조 15년) 1월 30일 지금의 송파구 삼전도(三田渡)에 나와 청 황제 태종 앞에서 무릎을 꿇고 '군신의 맹약'을 맺었다.

삼전도에서 치욕스런 맹약을 하고 서울로 돌아온 인조는 창경궁 양화당에 거처를 정했다. 병자호란 때 주전론에 앞장섰던 홍익한(洪翼漢), 윤집(尹集), 오달제(吳達濟) 등 삼학사는 청군에 잡혀가 심양(瀋陽)에서 기개를 굽히지 않고 저항하다가 죽었다. 소현세자도 볼모로 잡혀가 심양에서 살다가 서역 원정에 출전하기도 했다. 인조 23년 2월 소현세자는 고국으로 돌아올 때 독일인 신부 탕약망(湯若望, 독일 이름 샬 폰 벨)으로부터 천문, 산학, 천주교에 관한 서적과 지구의(地球儀), 천주상(天主像) 등을 가지고 왔다. 그러나 아깝게도 소현세자는 새로운 문명의 꽃을 피우지 못하고 두 달 뒤 갑자기 변사했다. 세자의 동생 봉림대군이 5월에 돌아와 6월에 세자로 책봉되었다. 봉림대군이 심양에 있을 때 대군부인이었던 인선왕후(仁宣王后) 장씨와의 사이에 아들을 낳았는데, 그가 뒤에 현종(顯宗)이 되었다.

19. 인조의 어필인 '玉流川'. 『열성어필(列聖御筆)』. 장서각. 이 글씨 그대로 옥류천 바위에 새겨져 있다.

그런데 소현세자가 죽고 나서 1년 뒤인 인조 24년 3월 15일 세자빈 강씨(姜氏)가 인조의 노여움을 사서 사사(賜死)되고, 다음 해에는 소현세자의 세 아들마저 제주도에 귀양 가는 슬픈 사건이 발생했다. 세자빈이 심양에 있을 때 중전 행세를 하고, 왕을 바꾸려는 역모를 꾸몄다는 것이 죄명이었다. 이는 필시 소현세자와 청나라의 의도가 개입된 사건으로 보이는데, 아마도 인조를 좋아하지 않았던 청이 인조를 대신하여 소현세자를 왕위에 올리려는 계획이었던 것 같다. 또한 소현세자가 귀국 후 갑자기 변사한 것도 이와 무관하지 않은 듯하다.

병자호란 뒤에도 임금은 창덕궁 및 창경궁 후원의 정자 건설을 계속했다. 18년에는 취규정(聚奎亭)을, 20년에 관덕정을, 21년에 심추정(深秋亭)을, 22년에 존덕정(尊德亭)을, 23년에 취향정(醉香亭)을, 24년에 청연각(淸讌閣)을, 25년에 취승정(聚勝亭)과 관풍각(觀豊閣)을 잇달아 건설했다. 특히 관풍각 부근에는 논과 연못이 있어 벼를 재배할 수 있게 했다. 말하자면 임금이 농사를 시범적으로 배우는 곳으로 역대 임금들이 여기서 모내기를 하고 시를 쓰기도 했다.

한편 창덕궁의 정치 공간 혹은 침전으로 이용하던 대조전, 선정전, 희정당, 정묵당(靜默堂), 집상당(集祥堂), 보경당, 옥화당, 태화당(泰和堂), 연화당(讌和堂), 징광루 같은 건물도 중건을 서둘러 인조 25년 6월 완공하고 이 해 11월 12일 창덕궁으로 이어했다. 이때의 건설공사 보고서가 『창덕궁수리도감의궤(昌德宮修理都監儀軌)』로 정리되어 남아 있다.[49] 창덕궁은 이로써 옛날의 웅장하고 화려한 모습을 되찾았다.

인조는 창경궁에 소속되었던 함춘원(含春苑)의 절반을 나누어 태복시(太僕寺)[50]에 주고 방목장(放牧場)으로 사용하게 했다. 이 방목장은 해방 후까지도 말을 기르던 장소로 사용되고, 그 옆에 서울대학교 수의과대학이 들어섰다가 지금은 산업디자인포장개발원이 건축되었다.

유학자를 견제하면서 부국강병 정책을 추진한 광해군과 달리 '숭용사림(崇用士林)'의 기치를 내건 인조는 서인과 남인을 우대하면서 유학을 장려했으나, 외교 정책에서는 실패한 임금이었다.

임금은 재위 27년 5월 8일 창덕궁 대조전 동침(東寢)에서 55세를 일기로 세상을 떠났다. 능호는 장릉(長陵)으로 지금 파주시 탄현읍 갈현동에 있다.

15. 효종 — 수정당, 만수전 등 건설

효종(孝宗, 재위 1649년 5월–1659년 5월)은 인조와 인열왕후 한씨의 둘째 아들 봉림대군으로, 인조 27년 5월 13일 성복을 마치고 나서 31세의 나이로 창덕궁 인정문(仁政門)에서 즉위했다. 임금은 경덕궁에서 혼자 살고 있던 인조의 계비 장렬왕후(莊烈王后) 조씨[51]를 창경궁 통명전으로 모셔왔다. 그러나 재위 2년 12월 27일 모후를 모시고 다시 경덕궁으로 이어했다.

효종은 재위 3년부터 창덕궁과 창경궁을 수리하기 시작했는데, 수리할 때 흉칙하고 더러운 물건이 많이 나와서 이어를 미루고 있다가 4년 2월 27일 창덕궁으로 환어했다. 이때 두 궁궐을 수리한 보고서가 『창덕궁창경궁수리도감의궤』다.[52]

창덕궁에 환어한 효종은 자의대비(장렬왕후)를 위해 5년에 수정당(壽靜堂, 숙종 때 수정전으로 개명)을 개건했다. 재위 6년에는 다시 인정전 뒤 흠문각

---

[49] 『창덕궁수리도감의궤』는 지금 정신문화연구원 장서각(도서번호 2–3599)과 프랑스 파리 국립도서관(도서번호 2622)에 소장되어 있다.
[50] 조선후기 임금의 말을 관리하던 관청이다.
[51] 장렬왕후(1624–1688)는 조창원(趙昌遠, 본관 양주)의 따님으로 인조 13년에 인열왕후 한씨가 타계하자 15세 되던 인조 16년(1638)에 계비가 되었다. 후사가 없이 외롭게 살다가 숙종 14년(1688)에 65세로 타계했다. 효종 때 자의대비(慈懿大妃)라는 존호를 받았으며, 능호는 휘릉(徽陵)이다.
[52] 『창덕궁창경궁수리도감의궤』는 현재 서울대 규장각(도서번호 14912)과 프랑스 파리 국립도서관(도서번호 2611)에 소장되어 있다.
[53] 만수전은 숙종 원년에 화재로 불탔다.
[54] 장서각 도서번호 2–3598.
[55] 춘휘전은 숙종 21년에 선원전으로 이름을 바꾸어 어진을 봉안했다.
[56] 조선시대에 둔, 삼군문 또는 오군영의 하나. 효종 3년(1652)에 이완을 대장으로 삼아 처음 설치하였고, 경상도 전라도 충청도 강원도 경기도 황해도의 6도에 배치하였는데, 고종 때 장어영에 합치기도 하였고, 별영, 총어영 따위로 고쳤다가 갑오개혁 때 없앴다.

(欽文閣) 터에 만수전[53]을 세웠으며, 7년에는 이를 다시 수리했다. 그 수리 보고서가 『창덕궁만수전수리도감의궤』다.[54] 이런 효성 때문에 묘호가 효종(孝宗)이 된 것이다.

효종은 인선왕후 장씨와의 사이에 왕자(현종)를 얻고, 많은 딸(공주)을 두었다. 그래서 네 공주를 위해 7년에 창경궁 북쪽에 요화당(瑤華堂), 난향각(蘭香閣), 취요헌(翠耀軒), 계월합(桂月閤) 등을 건설했다. 또 이 해에 경덕궁의 경화당(景和堂)을 철거하여 춘휘전(春輝殿)[55]을 지었다. 영화당 북쪽에 어수당(魚水堂)을 지은 것도 효종이다.

효종은 자질이 뛰어나고, 어려서 심양에 볼모로 잡혀갔다가 돌아오면서 중국의 선진문명을 많이 접하여 시야가 넓은 정치를 폈다. 인조 말년에 위세를 떨치던 김자점(金自點) 등 공서파(功西派, 인조반정에 가담했던 서인의 분파)를 제거하고, 청서파(淸西派, 인조반정에 가담하지 않은 서인의 분파, 공서파의 비판세력)에 속하는 학식과 덕망 높은 충청도 선비 송시열(宋時烈) 등을 등용하여 북벌(北伐)을 계획했다. 백성을 지극히 사랑하여 재위 2년 1월에 김육(金堉)의 건의로 호남에 대동법(大同法)을 시행했으며, 3년에 어영청(御營廳)[56]을 설치하여 국방을 강화했다.

네덜란드인 선원이자 포수(砲手)인 하멜과 그 일행 38명이 제주도에 표착한 것은 효종 4년(1653) 8월이다. 효종은 그를 훈련도감(訓鍊都監)에 고용하여 서양식 화포를 만들게 했다. 뒤에는 청과의 외교 문제로 전라도 남해안 지역으로 흩어져 살게 했는데, 하멜을 비롯한 생존자 여덟 명이 현종 7년(1666)에 탈출한 뒤 유명한 『표류기』(1668)를 지어 한국을 서양에 알렸다.

효종의 북벌운동은 청의 강세로 실현되지 못했다. 도리어 청의 요구로 5년 3월 조총부대를 보내 러시아 정벌에 나서 영고탑(길림)에서 승리를 거두고 돌아왔으며, 9년 5월에도 제2차 러시아 원정에 참여했다. 이 전쟁으로 조총을 이용한 전투 경험을 쌓은 것이 수확이었다. 청에 조총을 수출하여 무기수출국이 된 것도 기억해 둘 만하다.

호란 후의 국가 재건을 위해 분발하던 효종은 재위 10년(1659)이 되던 해 5월 4일 창덕궁 대조전에서

20. 『조선고적도보』에 실린 창경궁 통명전. 효종이 즉위 후 경덕궁에서 혼자 살고 있던 인조의 계비 장렬왕후 조씨를 이곳으로 모셔오기도 했다.

41세로 세상을 떠났다. 이경석(李景奭)은「효종행장」에서 왕의 죽음을 당하여 온 백성이 한결같이 슬퍼했다고 쓰고 있다. 능호는 영릉(寧陵)이며 경기도 여주시 세종대왕 영릉(英陵) 부근에 있다.

16. 현종—집상전, 건극당 건설

현종(顯宗, 재위 1659년 5월-1674년 8월)은 효종(봉림대군)이 볼모로 잡혀 있던 심양에서 효종과 인선왕후(仁宣王后) 장씨57 사이에 태어났다. 외국에서 태어난 유일한 임금으로서 네 살 되던 해 고국으로 돌아왔다. 효종이 창덕궁에서 타계했으므로 효종 10년 5월 9일 창덕궁 인정문에서 즉위했다.58 이때 나이 19세다.

현종은 처음에 창덕궁에 있다가 즉위년 12월 22일 신하들의 요청으로 경덕궁으로 이어했는데, 3년 2월 11일 다시 창덕궁으로 돌아왔다. 현종 5년 12월 허적(許積)은 자전(인선왕후 장씨)이 계시는 창경궁 통명전에 도깨비의 요변이 심하니 거처를 옮기자고 건의했다.

그리하여 7년 7월 경덕궁을 수리하고, 8년 겨울에는 인선왕후를 위해 경덕궁 집상전(集祥殿)을 헐어 창덕궁 집상당(集祥堂) 터에 새로 짓고 집상전(集祥殿)이라고 이름을 고쳤다. 이때 집상전 건설공사 보고서가 지금 장서각에 소장되어 있는『창덕궁집상전의궤(昌德宮集祥殿儀軌)』다.

한편 11년에는 창경궁에 건극당(建極堂)을 짓고, 12년 2월 2일 경덕궁으로 어처를 옮겼다가 12년 4월 28일에 다시 창덕궁으로 돌아왔다.

그러나 현종의 딸 명선공주(明善公主)가 두역(痘疫, 천연두)을 앓자 14년 7월 23일에 왕은 거처를 경덕궁으로 다시 옮겼다. 모후 인선왕후는 현종 15년 2월 24일 57세를 일기로 경덕궁 회상전(會祥殿)에서 타계했다.

왕은 15년 5월 30일 창덕궁으로 돌아와 집무하다가 이 해 8월 18일 창덕궁 양심합(養心閤)에서 34세를 일기로 승하했다. 4개월 뒤인 12월에 장례를 치렀다. 능은 숭릉(崇陵)으로 동구릉 안에 있다.

현종이 즉위한 후 조정에는 복상(服喪) 문제를 놓고 큰 논란이 일어났다. 아직 살아 있는 인조의 계비이자 효종의 계모인 자의대비 조씨가 아들 효종의 상을 당하여 상복을 얼마 동안 입어야 하는지의 문제였다. 이때 허목(許穆), 윤휴(尹鑴), 윤선도(尹善道) 등 남인은 3년복을 입어야 한다고 주장하고, 송시열, 송준길(宋浚吉) 등 서인은 왕과 사대부, 서민의 예가 같아야 하므로 1년을 입

---

57. 인선왕후(1618-1674)는 장유(張維, 본관은 덕수)의 따님으로 14세에 봉림대군과 가례를 올리고, 18세에 병자호란으로 봉림대군을 따라 심양(瀋陽)에 갔다. 그곳에서 현종(顯宗)을 낳았으며, 여섯 명의 공주를 생산했다. 귀국 후 세자빈이 되었다가 다시 32세에 왕비로 책봉되었다.

58.『현종실록』권1 즉위년 5월 9일조에는 왕이 인정문에서 즉위하는 의식이 상세하게 기록되어 있다. 그 요지를 소개하면 다음과 같다.
욕위(褥位, 자리)를 빈전(殯殿) 동쪽에 설치하고 막차(幕次, 의식이나 거둥 때에 임금이 머물도록 임시로 친 장막)는 돈례문(敦禮門) 동쪽 협문 안에다 설치한다. 왕세자는 평천관(平天冠, 임금이 쓰던 위가 평평한 관)을 쓰고 검정 곤룡포를 입고 규(圭, 옥으로 만든 홀로 임금이 제사드릴 때 들었다)를 들고 여차(廬次)에서 나와 서쪽 계단에서 동쪽 뜰로 나와 욕위로 간다. 여기서 꿇어앉아 분향 4배하고, 영좌 앞에서 북쪽을 향해 꿇어앉아 규를 도승지에게 주고, 영의정으로부터 상 위에 있는 대보(大寶)를 받아 내시에게 준다. 내시는 대보를 예방승지에게 주고, 예방승지는 다시 도승지에게 준다. 도승지는 대보를 욕위 뒤편 막차 동쪽 상 위에 안치한다. 도승지로부터 규를 다시 받은 임금은 욕위에 가서 4배하고, 막차로 들어갔다가 돈례문 서쪽 협문에서 선정문(宣政門) 동쪽 협문을 거쳐 나가서 연영(延英), 숙장(肅章) 두 문을 통과하여 인정문 어좌에 앉는다. 상서원(尙瑞院) 관원은 대보를 들고 먼저 간다. 임금은 어좌에 앉아 백관의 하례를 받은 후 인정문 동쪽 협문으로 걸어 들어가 인정전 동쪽 행각을 돌아 인화문(仁和門)을 거쳐 들어간다. 임금이 어좌에 앉고 들어갈 때 통곡하는 소리가 밖에까지 들렸다.

59. 명성왕후(1642-1683)는 김우명(金佑明, 본관 청풍)의 따님으로 10세에 세자빈으로 책봉되고, 18세에 왕비가 되었으며, 20세에 숙종을 낳았다. 숙종 9년에 42세로 별세했다.

60. 인경왕후(1661-1680)는 김만기(金萬基, 본관 광산)의 따님으로 11세에 세자빈이 되고, 14세에 왕비로 책봉되었다. 왕비는 원자를 낳지 못하다가, 숙종 6년 두창으로 요절했다. 능은 익릉(翼陵)이다.

61. 인현왕후(1667-1701)는 민유중(閔維重, 본관 여흥)의 따님이다. 인현왕후와 장희빈 사이의 갈등을 뒷날 어떤 궁인이 소설로 쓴 것이 『인현왕후전』이다.

어야 한다고 주장하며 맞섰다. 이것이 조선후기에 일어난 첫 번째 예송(禮訟) 논쟁으로, 서인의 주장이 받아들여져 남인이 다수 실각했다.

17. 숙종 — 대보단, 제정각 건설

현종이 타계한 뒤 왕위는 현종과 명성왕후(明聖王后) 김씨[59] 사이에서 태어난 숙종(肅宗, 재위 1674년 8월-1720년 6월)이 계승했다. 왕은 8월 23일 14세의 나이로 현종과 마찬가지로 창덕궁 인정문에서 즉위했다. 왕의 나이가 어렸으므로 모후이자 왕대비인 명성왕후와 증조할머니 장렬왕후(자의대비)가 정치에 간여했다.

숙종은 창덕궁에 전염병이 돌아 원년 5월 12일 경덕궁으로 이어했다가 다시 창덕궁으로 돌아왔다. 4년에는 창경궁 저승전으로 이어하고, 5년 11월 22일 창덕궁 대조전으로 환어했다.

숙종이 창덕궁에 거처하던 6년(1680) 4월 영의정 허적의 아들 허견(許堅), 윤휴 등 남인들이 모반을 꾀하다가 발각되어 대거 처형당하고 유배당하는 정변이 일어났다. 남인이 물러나고 서인이 집권한 이 사건을 경신대출척(庚申大黜陟) 혹은 경신환국(庚申換局)이라고 한다. 이때는 왕이 이미 20세로 장성하여 정국을 어느 정도 주도하는 위치에 섰다.

21. 『조선고적도보』에 실린 후원의 애련정. 숙종 때 창덕궁 후원에 여러 정자가 세워지면서 애련지와 함께 다시 지어졌다.

왕은 정변을 치른 뒤 6년 8월 11일 경덕궁으로 이어했다가 다시 서울에 전염병(천연두)이 번지자 6년 9월에 창덕궁에서 정시(庭試)를 치르기로 했다. 그런데 이 해 겨울 왕비인 인경왕후(仁敬王后) 김씨[60]가 두진(痘疹, 천연두)을 앓자 왕비를 경덕궁으로 보내고, 왕은 창경궁으로 이어했다. 왕후는 아깝게도 이 해 10월 26일 20세의 젊은 나이에 경덕궁에서 승하했다.

정비를 잃은 숙종은 7년에 계비로 인현왕후(仁顯王后) 민씨[61]를 취했다. 서인에 속하는 왕비를 얻은 것이다. 15세에 왕비가 된 인현왕후는 예의 바르고 성품이 어질었으나 소생이 없었다. 그래서 후궁 희빈(禧嬪) 장옥정의 소생인 균(뒤의 景宗)이 숙종 15년에 세자로 책봉되었다. 이 과정에서 기사환국(己巳換局, 1689)이 일어났고, 인현왕후는 장희빈의 무고로 왕비에서 폐위되었으나 숙종 20년 갑술옥사(甲戌獄事, 1694)로 복위되었다.[62] 왕비는 창경궁 경복당(景福堂)에서 살다가 27년 8월 14일 35세를 일기로 창경궁 경춘전에서 세상을 떠났다. 왕후가 타계한 뒤 왕은 김주신(金柱臣)의 딸을 두 번째 계비로 맞이했다. 이가 인원왕후(仁元王后)[63]다.

왕은 재위 7년 7월 24일 창경궁에서 창덕궁 대조전으로 환어했다가 9년에는 창경궁 저승전으로 이어했는데, 이 해 12월 28일 모후 명성왕후가 42세를 일기로 창경궁 저승전 별당에서 승하했다. 서인과 가까웠던 명성왕후는 숙종이 장희빈을 총애하는 것을 못마땅하게 여겨 숙종과 갈등을 일으키다가 세상을 떠났다.

숙종의 증조할머니 자의대비(장렬왕후, 인조의 계비) 조씨는 명성왕후보다 오래 살다가 숙종 14년 8월 창경궁 내반원(內班院, 내시들의 거처)에서 승하했다.[64] 숙종은 장희빈을 사랑한 장렬왕후와는 사이가 좋아 직접 행장(行狀)을 지어 애도했다.

숙종 10년 11월 12일 왕은 몸이 불편하여 다시 창덕궁의 후궁 거처인 태화당(泰和堂)으로 이어하고, 12월 12일에는 창경궁 요화당(瑤華堂)으로 이어했다. 이곳은 효종이 공주들을 위해 지은 집이다. 그리고 12년에는 창경궁에 취운정(翠雲亭)을 세웠다.

숙종은 이처럼 여러 궁전을 왕래했지만 가장 사랑한 것은 창덕궁이었다. 그래서 이곳에 여러 시설과 휴식 공간을 다시 건설했다. 13년에는 제정각(齊政閣)을 건설하여 선기(璇璣)와 옥형(玉衡) 등 천문기기를 설치하고, 14년에는 후원에 있는 폄우사 북쪽에 청심정(淸心亭)을, 15년에는 불로문(不老門) 밖 연못 남쪽에 영타정(靈鼉亭)을, 16년에는 옛 술성각 자리에 사정기비각(四井記碑閣)을 세웠다. 이 비각은 세조 때 이곳에서 네 개의 우물을 발견한 것을 기념하여 숙종이 세운 것이다. 17년에는 능허정(凌虛亭)을, 18년 5월에는 영화당을 개건하고, 그 북쪽에 애련지(愛蓮池)와 애련정(愛蓮亭)을 다시 지었으며, 인조 때 창건한 심추정도 개수했다. 33년에는 부용지 옆에 택수재(澤水齋)를 지었는데 정조 때 이를 부용정(芙蓉亭)으로 개명했다. 또 이 해 애련정 북쪽에 척뇌정(滌惱亭)을 건설했다.

숙종이 창덕궁 후원을 사랑한 것은 옥류천 돌에 새긴 다음과 같은 시에서도 엿보인다.

흩날리는 물은 3백 척인데　　　　　　　飛流三百尺

---

62. 인현왕후와 장희빈 사이의 갈등은 노론과 남인의 노선 차이와 정치적 대립이 배경에 있었다. 숙종이 희빈 장씨가 낳은 균을 원자로 책봉한 것에 반대한 서인을 사사하거나 귀양 보낸 사건이 기사환국(己巳換局)이다. 왕후가 물러나던 때 노론이 몰락하고, 남인이 집권했다. 숙종 20년에 장희빈과 남인이 몰락하고 남구만, 박세채 등 소론이 집권한 사건을 갑술옥사(甲戌獄事)라고 한다.

63. 인원왕후(1687-1757)는 김주신(金柱臣, 본관 경주)의 따님으로 숙종 28년에 16세의 나이로 왕비로 책봉되었으나 후사가 없이 살다가 영조 33년에 71세로 승하했다. 숙종의 명릉(明陵, 동구릉)에 합장되었다.

64. 자의대비 조씨는 아들이 없었으나 효종이 친어머니처럼 봉양하고 창덕궁에 만수전을 지어드려 여기서 거처했는데, 숙종 13년 9월 만수전이 불타서 창경궁 통명전으로 이거했다가 내반원에서 타계했다. 향년 65세.

65. 『경덕궁수리소의궤』는 지금 프랑스 파리 국립도서관에 소장되어 있다.

멀리 구천에서 내리네	遙落九天來
보고 있으면 흰 무지개 일고	看是白虹起
천둥소리 골짜기에 가득하네	翻成萬壑雷

또 왕은 19년에 쇠락한 경덕궁을 다시 수리했는데, 이때의 보고서가 『경덕궁수리소의궤』[65]다. 왕은 27년, 33년, 44년에 경덕궁으로 이어했다.

숙종 27년 10월 창경궁에서는 요사스런 일이 벌어졌다. 장희빈이 인현왕후를 모해(謀害)하다가 발각되어 사약을 받고 죽는 사건이 일어난 것이다.[66] 왕은 이 사건이 일어난 뒤 잠시 경덕궁으로 이어했다가 돌아왔다.

숙종 30년(1704) 12월 창덕궁에는 의미 있는 새로운 시설이 들어섰다. 후원에 건설된 대보단(大報壇)이 바로 그것이다. 이 해는 명나라가 망한 지 주갑(周甲, 61년)이 되는 해로, 이를 기념하여 왜란 때 우리나라를 도와준 은혜에 대한 보답으로 명나라 황제 신종(神宗)을 모시는 제단을 건설한 것이다.[67] 그 위치는 창덕궁 서북쪽의 별대영(別隊營)이 있던 자리다. 이 사업은 청을 자극하게 될 것이 두려워 조용하게 이루어졌는데, 영조 25년에는 이를 확장하여 대보단을 증수(增修)했다.

숙종 시대는 붕당간의 갈등이 격심했다. 경신대출척(6년)으로 서인을 등용하고, 기사환국(15년)으로 남인을 등용했다가, 갑술옥사(20년)로 다시 서인(소론)을 등용했다. 이후 남인은 영영 권력에서 소외되었다. 집권한 서인은 다시 노론과 소론으로 갈렸으나 병신처분(丙申處分, 42년 8월)으로 노론이 최종적으로 승리를 거두었다. 그러나 각 당파가 교대로 정권을 장악한 것은 조선후기 붕당정치가 내각제와 비슷한 모습으로 발전한 것을 의미한다.

숙종은 재위 46년 6월 8일 경덕궁 융복전(隆福殿)에서 승하했다. 향년 60세다. 10월 21일 지금 서오릉의 하나인 명릉(明陵, 고양시 용두동)에 안장되었다.

18. 경종―창경궁 환취정에서 승하

숙종의 뒤를 이은 것은 장희빈의 아들 경종(景宗, 재위 1720년 6월-1724년 8월)이다. 숙종은 왕비를 셋이나 얻었으나 모두 후사가 없어서 후궁의 소생이 왕위에 오른 것이다. 경종은 숙종 46년 6월 13일 33세의 나이로 경덕궁 숭정문(崇政門)에서 즉위했다. 숙종이 경덕궁에서 승하했기 때문에 경덕궁에서 즉위한 것이다. 경덕궁에서 즉위한 유일한 임금이다.

---

66. 장옥정(?-1701)은 역관의 딸로, 궁녀로 있다가 숙종의 총애를 받아 숙종 14년에 왕자 균을 낳았다. 숙종은 그를 다음 해 세자로 책봉했다. 장옥정은 소의(昭儀, 정2품)에서 희빈(禧嬪, 정1품)으로 봉해지고, 인현왕후가 폐위되어 궁에서 쫓겨나자 왕비가 되었다. 그리고 장희빈을 뒤에서 지원한 남인이 집권하고, 장희빈의 오라비 장희재(張希載)도 총융사로 발탁되었다. 그러나 숙종은 뒤에 인현왕후의 폐비를 반성하고 숙종 20년 남인을 숙청하고 남구만, 박세채 등 소론을 등용했으며, 인현왕후를 복위시켰다. 장희빈은 이미 14년에 세자(경종)를 낳았으므로 희빈으로 강등한 것에 대해 불만이 없을 수 없었다. 그래서 자신이 거처하던 창경궁 취선당(就善堂) 서쪽에 신당(神堂)을 세우고, 여러 비(婢)와 더불어 창경궁 통명전과 창덕궁 대조전 부근에 각시 인형과 참새, 그리고 쥐의 뼈가루 등을 묻어 인현왕후를 모해하다가 발각됐다. 이 사건이 발각되자 장희빈은 사사되고, 그 오라비 장희재는 복주(伏誅, 형벌을 받아 순순히 죽음)되었는데, 이 사건을 '무고(巫蠱)의 옥(獄)'이라 한다. 이 사건으로 남구만, 최석정 등 소론도 몰락했다.

67. 대보단은 담장 높이가 4척, 사방 넓이가 25척에 아홉 계단의 층계로 이루어졌다. 유(壝)와 단(壇)의 네 면은 37척이다. 단상에 황색 장막을 치고, 그 안에 신종 신위를 모시고 제사했다. 제사는 매년 3월에 행하고, 악(樂)은 팔일(八佾, 여덟 줄로 서서 추는 춤)로 하며, 사직제 악장을 따랐다.

68. 단의왕후(1686-1718)는 심호(沈浩, 본관 청송)의 따님으로 11세에 세자빈이 되었으나 경종이 왕위에 오르기 전 31세에 별세했다. 능호는 혜릉(惠陵)이다.

경종이 왕위에 올랐을 때 왕대비는 숙종의 두 번째 계비인 인원왕후 김씨만이 생존해 있었다. 경종은 대비를 창경궁 경복전(景福殿)에 모시고 왕 자신은 주로 창덕궁에서 정사를 보았다.

경종의 생모 장희빈은 노론과 사이가 나빴으므로 경종은 장희빈을 두둔한 소론을 우대하고 노론을 견제했다. 그리하여 원년 12월 노론 4대신으로 불리던 김창집(金昌集), 이이명(李頤命), 이건명(李健命), 조태채(趙泰采)가 탄핵을 받고 물러났다가 다음 해 사약을 받고 죽었다. 그 대신 소론의 영수였던 윤선거(尹宣擧)와 윤증(尹拯)의 관작이 다음 해 8월에 회복되었다.

그러나 경종은 재위 4년 만에 병이 깊어져 8월 6일 창덕궁 대조전에서 창경궁 환취정(環翠亭)으로 피접하여 치료를 받던 중 8월 25일 37세를 일기로 승하했다. 지금의 성북구 석관동 의릉(懿陵)에 안장되었다.

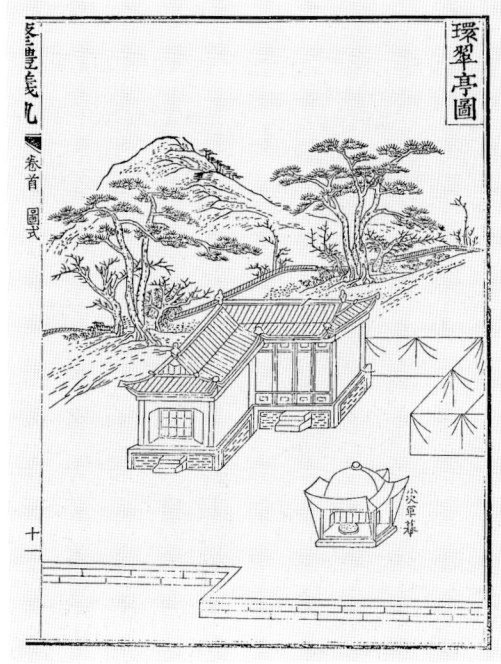

22. 『자경전진작정례의궤』(1827)에 보이는 〈창경궁 환취정도〉. 환취정은 자경전에서 서쪽으로 조금 떨어진 곳에 고즈넉이 자리하고 있다. 〈동궐도〉에 보이는 것과는 다른 각도에서 그려졌다.

19. 영조 — 대보단 증수, 사도세자의 비극, 창송헌·영모당 건설

경종은 세자 때 단의왕후(端懿王后)[68] 심씨를 얻었으나 후사가 없이 숙종 44년에 사별했다. 선의왕후(宣懿王后)[69] 어씨를 다시 맞이했으나 역시 후사가 없었다. 그래서 숙종과 무수리 출신의 후궁인 숙빈 최씨(淑嬪崔氏)[70] 사이에 태어난 연잉군(延礽君)이 왕세제(王世弟, 왕위를 물려받을 임금의 아우)로 책봉되었다가 경종의 뒤를 이어 왕위에 올랐다. 그이가 21대 임금 영조(英祖, 재위 1724년 8월-1776년 3월)다.

영조는 창덕궁 보경당에서 태어나, 인정전에서 왕세제로 책봉되었다. 창경궁 명정전 남랑(南廊)에서 거처하고, 창경궁 구용헌(九容軒)에서 독서하고 교육을 받는 서연(書筵, 왕세자에게 경서를 강론함)을 가졌다.

경종이 8월 25일 창경궁에서 타계한 후 닷새 만인 8월 30일 영조는 창경궁 빈전에서 대보를 받고 창덕궁 인정문에서 즉위했다. 31세 때다.

영조는 창덕궁에서 거처하면서 원년 3월에 경종 때 사사된 노론 4대신의 관작을 회복하고, 조태구(趙泰耉), 유봉휘(柳鳳輝), 조태억(趙泰億), 최석항(崔錫

69. 선의왕후(1705-1730)는 어유구(魚有龜, 본관 함종)의 따님으로, 숙종 44년에 14세로 세자빈이 되었다가 뒤에 왕비로 책봉되었다. 소생이 없이 영조 6년에 26세로 타계하여 경종의 의릉(懿陵, 석관동)에 합장되었다.

70. 영조의 생모(사친)인 숙빈 최씨는 남양주시 백석읍 영장동에 있는 소령원(昭寧園)에 안장되어 있으며, 그 사당은 청와대 옆에 있는 육상궁(毓祥宮)이다.

71. 정성왕후(1692-1757)는 서종제(徐宗悌, 본관 달성)의 따님으로 13세에 가례를 행하고, 30세에 세제빈이 되었으며, 33세에 왕비로 책봉되었다. 소생은 없고 능은 홍릉(弘陵)이다. 영조 33년에 66세로 별세했다.

72. 정순왕후(1745-1805)는 김한구(金漢耈, 본관은 청풍)의 따님으로 영조 33년에 정성왕후가 돌아가자 영조 35년(1759) 15세의 나이로 계비가 되었다. 정순왕후는 며느리인 혜경궁(惠慶宮, 사도세자빈) 홍씨보다 10세가 어렸으며, 노론에 속하여 소론과 가까운 사도세자와는 사이가 좋지 않았다. 아버지 김한구는 노론 벽파(辟派)로서 나언경(羅彦景)을 시켜 사도세자의 비행을 상소케 하여 사도세자를 죽음에 몰아넣었다. 따라서 왕후는 사도세자의 아들 정조와도 사이가 좋지 않았는데, 순조가 11세에 왕위에 오르자 대왕대비로서 수렴청정을 하면서 남인 시파와 천주교인을 심하게 탄압했다. 순조 5년에 61세로 타계하여 영조의 원릉(元陵, 동구릉)에 합장되었다.
73. 정빈 이씨는 죽은 뒤에 지금의 남양주시 백석면에 있는 수길원(綏吉園)에 안장되었으며, 그 사당을 연호궁(延祜宮)이라 했다.
74. 효장세자는 사후 진종(眞宗)에 추증되었으며, 그 무덤은 지금 파주시 장곡동에 있는 영릉(永陵)이다.
75. 영빈 이씨는 영조 40년(1764)에 별세했는데, 무덤은 지금의 서대문구 신촌에 있는 수경원(綏慶園)이요, 사당은 선희궁(宣禧宮)이다. 선희궁은 순화방에 있었다.
76. 사도세자는 고종 때 장조(莊祖)로 추존되었다.

---

23. 〈준천당랑시사연구도〉. 고려대학교 박물관.
영조 36년(1760) 4월, 준천 역사(役事)를 마치고 영조가 창덕궁 후원 춘당대에서 문무 신하들에게 노고를 치하하는 장면이다. 뒤편에 보이는 건물이 영화당이다.(위)

24. 〈창경궁 시민당〉. 1670년. 장서각. 사도세자가 청정을 시작한 무대의 하나다.(아래)

恒) 등 소론 4대신을 사사하여 노론을 우대했다. 그러나 3년 7월에는 김창집 등 노론의 관작을 다시 추탈하고 소론 이광좌(李光佐)를 영의정에 올려 다시 소론을 우대하는 정책을 폈다. 이를 정미환국(丁未換局)이라 한다.

영조는 처음에 정성왕후(貞聖王后)[71] 서씨를 왕비로 맞이했으나 후사 없이 영조 33년에 사별했다. 66세 되던 영조 35년(1759)에 왕은 15세의 계비 정순왕후(貞純王后) 김씨를[72] 맞이했다. 그러나 정순왕후도 후사가 없었다. 그래서 후궁인 정빈 이씨(靖嬪 李氏)[73] 소생의 효장세자(孝章世子)가 세자로 책봉되었는데,

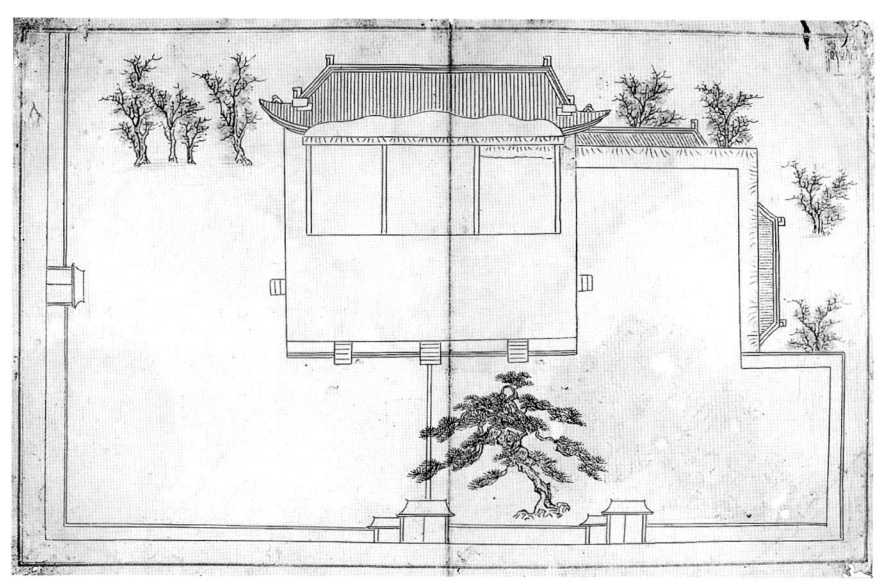

세자는 영조 4년에 10세로 창경궁 진수당(進修堂)에서 요절했다.[74] 그래서 후궁 영빈 이씨(暎嬪 李氏)[75]가 영조 11년에 창경궁 집복헌(集福軒)에서 낳은 사도세자(思悼世子)[76]가 다시 세자로 책봉되었다. 세자는 15세 되던 영조 25년부터 청정을 시작했고, 18세 되던 영조 28년 9월 혜경궁(惠慶宮) 홍씨[77] 사이에 정조를 낳았다. 정조가 출생한 곳은 창경궁 경춘전이다.

영조는 처음에 경덕궁을 조상의 신주(神主)를 모시는 사당으로 이용하다가, 6년에 경덕궁으로 이어했다. 왕비의 홍진(紅疹, 홍역)을 피하기 위해서였다. 이 해 경종의 계비 경순대비(敬純大妃, 선의왕후) 어씨가 경덕궁 어조당에서 26세로 승하했다.

왕은 주로 창덕궁 극수재(克綏齋)와 성정각(誠正閣)에서 집무하다가 대개 2, 3년을 걸러 경덕궁으로 이어하기를 반복했다. 창덕궁에 환자가 생겼다든지, 바람에 나무가 부러졌다든지, 또는 경덕궁을 너무 오래 비워 두었다든지 하는 경우에 이어했다. 영조 36년에는 경덕궁의 이름을 경희궁(慶熙宮)으로 개명했다. 경덕궁 이름이 장릉(章陵, 인조의 생부인 원종)의 시호와 같다는 것이 이유였다.

창덕궁에는 영조 대에 새로운 변화가 일어났다. 영조 즉위년에 생모인 숙빈 최씨를 위해 창덕궁 북쪽에 창송헌(蒼松軒)을 지어 사우(祠宇, 사당)로 삼았으며, 영조 25년(1749)에 대보단을 증수했다.[78] 대보단은 숙종이 왜란 때 군대를 보내준 신종(神宗)의 제사를 위해 건설했으나, 영조는 여기에 호란 때 군대를 보내 도와주려고 한 의종(毅宗)과 조선 건국초에 국호(國號)를 내려준 명 태조(太祖)에 대한 제사를 추가한 것이다.[79] 이러한 조치는 명나라의 은혜에 대한 보답이기도 하지만, 명나라의 정통이 우리나라로 이어졌다는, 곧 조선이 중화라는 사상의 발로인 동시에 청나라에 대한 멸시의 감정을 표현한 것이기도 했다.[80]

영조는 31년에 모후 인원왕후 김씨를 위해 창덕궁에 영모당(永慕堂)을 건설했다. 그러나 인원왕후는 영모당을 지은 지 2년 만에 이곳에서 쓸쓸하게 세상을 떠났다.

창경궁은 영조와 사도세자(처음엔 장헌세자, 1735-1762) 사이에 일어난 씻을 수 없는 비극의 장소가 되기도 했다. 영조 38년(1762) 윤5월 13일 사도세자는 정성왕후(영조의 정비)[81]의 신주를 모신 휘령전(徽寧殿, 文政殿) 앞뜰에서 칼을 가지고 자결하라는 명을 받았으나 이를 거부하자 뒤주에 갇혀 8일 만인 5월 21일 굶어 죽었다.[82] 이를 임오화변(壬午禍變)이라고 한다. 당시 세자는 28세였다. 11세의 어린 나이로 아버지의 비극을 옆에서 지켜보면서 한없는 회한을 가슴에 품은 정조는 왕세손을 거쳐 마침내 25세에 왕위에 올랐다.

사도세자는 15세 되던 영조 25년부터 왕을 대신하여 청정(聽政)을 시작했는

77. 혜경궁 홍씨(1735-1815)는 노론인 영의정 홍봉한(洪鳳漢, 본관 풍산)의 따님이다. 소론과 가까운 사도세자와 갈등 관계에 있었으므로 혜경궁은 남편의 죽음을 적극적으로 막을 수 있는 처지가 못 되었다. 아들 정조가 즉위하자 극진한 효성을 혜경궁에 바쳤다. 정조는 세자 순조가 15세 되는 1804년에 왕위를 물려주고, 혜경궁을 모시고 은거하기 위해 수원 화성(華城)을 건설했으나 1800년에 타계하여 은퇴의 뜻을 이루지 못했다. 정조가 죽고 순조가 즉위하여 사도세자를 죽음에 이끈 정순왕후가 수렴청정을 하자 혜경궁은 다시 외로운 처지가 되었다. 그러나 순조는 정조의 아들이었으므로 정순왕후가 죽은 뒤부터는 혜경궁에게 효성을 바쳤는데, 순조 9년(1809)에는 혜경궁의 관례 60년을 기념하여 잔치를 올렸다. 이때의 잔치를 기록한 것이 『기사년진표리진찬의궤(己巳年進表裏進饌儀軌)』로, 지금 영국 대영박물관에 있다. 순조 15년(1815) 82세로 타계했는데, 고종 때 사도세자가 장조로 추존되면서 홍씨도 경의왕후(敬懿王后)로 추존되었다. 60세 화갑 때부터 『한중록』을 쓰기 시작하여 순조 때 완성했는데, 여기에 사도세자의 죽음과 관련된 궁중 이야기가 기록돼 있다.

78. 영조 25년에 대보단을 증수한 사실은 『대보단증수소의궤』(규장각 도서 번호 14315)에 자세하게 기록되어 있다.

79. 『영조실록』 권69 영조 25년 3월 23일 辛未條. 이 기사에 뒤이어 사신(史臣)은 다음과 같이 대보단의 의미를 평했다. "대명(大明)의 일월(日月)이 홀로 우리 동방에만 비춘다." 이 말은 명나라의 문화적 정통이 조선으로 이어졌다는 뜻이며, 거꾸로 말하면 청나라는 정통이 아니라는 뜻이다.

데, 창경궁 공묵합(恭默閤)과 시민당(時敏堂), 그리고 창덕궁 옥화당을 무대로 삼았다. 왕은 세자가 청정을 시작한 다음 해에 오랜 숙원이던 균역법(均役法)[83]을 시행하기 위해 창경궁 홍화문(弘化門)에 나아가 직접 5부 방민(坊民)으로부터 여론을 들어 균역청(均役廳)을 설치한 다음 27년에 균역법을 시행했다.

어려서부터 영특했던 세자 주위에는 소론 세력이 모여 노론과 대립하는 형세를 이루었다. 이를 싫어한 김상로(金尙魯) 등 노론과 영조의 계비인 정순왕후 김씨와 아버지 김한구(金漢耈), 그리고 숙의 문씨(淑儀 文氏) 등이 왕과 세자 사이를 이간하여 세자는 영조의 노여움을 사게 되었다. 그것이 원인이 되어 세자는 병 아닌 병을 얻어 탈선을 자주 했다. 그러나 영조는 세자가 죽은 뒤 잘못을 뉘우치고 사도(思悼)라는 시호를 내렸으며, 「금등(金縢)」이라는 유언서를 휘령전 요 밑에 넣어두었다.

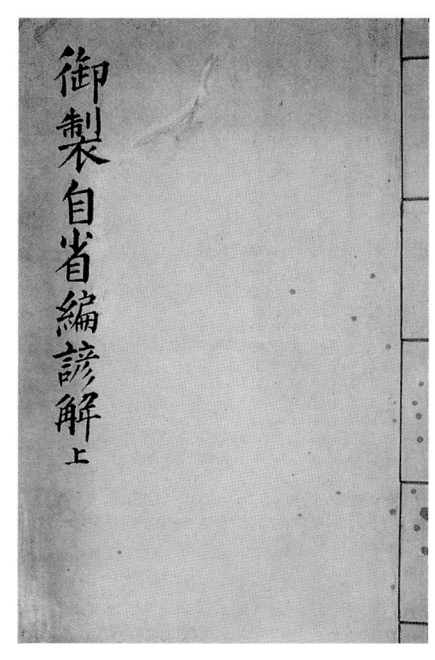

25. 『어제자성편언해』(상). 장서각. 영조가 역대 성군(聖君)들의 정치이념과 수양에 필요한 내용을 뽑아 집필한 『어제자성편』(1746)의 언해본이다.

조선왕조 임금 중에서 가장 오래 재위한 영조는 52년 3월 5일 경희궁 집경당(集慶堂)에서 승하했다. 향년 83세로서 수명도 최장수를 기록했다. 7월 27일 원릉(元陵)에 안장되었는데[84] 지금 동구릉에 있다. 원래의 시호는 영종(英宗)이었으나 고종 대에 영조(英祖)로 추존했다.

영조는 붕당을 없애고 왕권을 강화하면서 백성의 편익을 위해 균역법을 제정했으며, 현실적으로 세력이 강한 노론을 우대하면서도 신하들의 반역을 염려해 왕권강화를 지지하는 남인의 사상을 받아들여 군신관계를 부자관계로 만들기 위해 효제(孝悌)를 강조했다. 자신이 요순(堯舜)을 능가하는 성인군주(聖人君主)임을 자부하면서 신하와 세자, 세손을 교육했다. 그 교육용으로 쓴 것이 『자성편(自省篇)』을 비롯한 여러 어제서(御製書, 임금이 지은 글)다. 임금이면서 동시에 학문의 스승임을 자처한 이른바 군사(君師)의 군주상이 이때부터 나타나 정조에 와서 절정에 이른다.

---

80. 대보단 설치의 사상적 의미에 대해서는 정옥자, 『조선후기 문화운동사』(일조각, 1989년) 참고.
81. 정성왕후는 영조 33년에 향년 66세로 창덕궁 관리각(觀理閣)에서 승하했다.
82. 『영조실록』 권99 영조 38년 윤5월 13일.
83. 백성의 세금 부담을 줄이기 위하여 만든 납세제도. 종래의 군포를 두 필에서 한 필로 줄이고, 부족한 액수는 어업세, 염세, 선박세, 결작 따위를 징수해 보충했다.
84. 영조의 국장(國葬) 순서는 다음과 같다.
3월 5일 승하, 沐浴과 襲殮
3월 6일 小殮
3월 9일 大殮, 梓宮을 내림
3월 10일 成服
4월 11일 山陵을 정함
5월 19일 梓宮을 結裹(묶음)
7월 27일 元陵에 安葬

20. 정조—규장각, 중희당, 자경전 건설

정조(正祖, 재위 1776년 3월–1800년 6월)는 사도세자와 혜경궁 홍씨의 아들로서 영조 28년 9월 창경궁 경춘전에서 태어났다. 8세 되던 영조 35년 윤6월 세손으로 책봉되고, 10세에 효의왕후(孝懿王后) 김씨[85]를 빈으로 맞이하고,

2. 왕대별로 살펴본 창덕궁과 창경궁의 역사 61

11세에 아버지의 비참한 죽음을 목격했으며, 13세부터 경희궁 경현당(景賢堂)에서 청정을 하다가 25세에 영조의 뒤를 이어 1776년 3월 11일 경희궁 숭정문에서 즉위했다.

세손 때부터 학문이 뛰어났던 정조는 경희궁 흥정당(興政堂)에서 시사(視事, 임금이 신하들과 나랏일을 돌봄)했으나, 창덕궁에서 '학문정치'의 꿈을 펴려고 즉위 직후 새로운 시설을 건설하기 시작했다. 우선 즉위년 6월 학술·정책 연구기관으로 규장각을 설치했다.[86] 이를 위해 9월 25일 창덕궁 후원의 영화당 북쪽에 2층 누각을 세워 2층에는 주합루(宙合樓), 아래층에는 규장각(奎章閣)이라는 편액을 달고, 이곳에 정조의 어진(御眞), 어필(御筆), 어제(御製), 보책(寶册, 국새와 책문), 인장을 봉안하게 했다.

또 열무정(閱武亭) 터에는 봉모당(奉謨堂)을 세워 선왕들이 쓴 글씨와 글, 어령(御令, 어명), 고명(誥命, 임명장), 유교(遺誥, 선왕이 남긴 교훈), 밀교(密敎,

85. 효의왕후(1753-1821)는 김우명의 현손인 노론 김시묵(金時默, 본관 청풍)의 따님으로 10세 때 왕세손이었던 정조의 빈으로 가례를 올리고, 시어머니인 혜경궁을 잘 섬겨 영조에게 칭찬을 받았다. 24세 되던 해에 정조가 왕이 되자 왕비로 책봉되었다. 왕비가 된 뒤에도 영조의 계비인 정순왕후와 혜경궁을 잘 섬겨 궁중에서 칭송이 자자했으나 소생이 없었다. 순조 21년에 69세로 세상을 떠났고 정조의 건릉(健陵, 태안시)에 합장되었다.

86. 규장각은 본래 숙종이 선왕들의 어제와 어필을 보관하기 위해 종부시(宗簿寺, 조선시대에 왕실의 계보를 기록하고 종친의 허물을 살피던 관청)에 조그만 각을 짓고 국왕의 친필로 '규장각'이라는 현판을 써서 걸어놓은 데서 연유한다. 규장의 규(奎)는 문장(文章)을 주관하는 별인 규수(奎宿)에서 따온 것인데, 중국에서는 황제의 어필을 규장이라고 했다. 그러나 정조의 규장각은 단순히 어제와 어필을 보관하는 곳이 아니라, 여기에 제학 2명(종1품-종2품), 직제학 2명(종2품-종3품), 직각 1명(정3품-종6품), 대교 1명(정7품-정9품) 등 여섯 명의 각신을 두어 학문과 정책을 연구하여 정조 개혁정치의 두뇌 역할을 담당하고, 나아가서 홍문관, 승정원 등의 기능까지도 겸하게 하였다. 그리하여 규장각은 정조의 왕권을 강력하게 뒷받침하는 근시기구(近侍機構, 임금을 가까이 모시는 기구)가 되었다.

26. 김홍도 〈규장각도〉.
국립중앙박물관.
중앙의 2층 누각이 주합루와 규장각이고, 그 왼편이 서향각, 앞의 네모난 연못이 부용지, 부용지 남쪽에 부용정, 오른편에 영화당이 있다.

27. 『조선고적도보』에 실린 후원의 개유와 열고관. 규장각 학사들이 이용하는 중국 책을 보관하던 곳이다. (위)

28. 규장각 현판. (가운데)

29. 개유와 현판.
'개유(皆有)'는 『맹자(孟子)』 「고자(告子)·上」편에 있는 구절에서 취한 것으로, '인의예지(仁義禮智)의 마음은 사람마다 다(皆) 갖고 있다(有)'는 뜻이다. (아래)

임금의 은밀한 교서), 선원보략(璿源譜略, 왕실 족보), 세보(世譜, 왕실 역사), 국조보감(國朝寶鑑, 임금의 치적을 기록한 책), 장지(狀誌), 보갑(寶匣, 보책을 담는 함), 모훈(謨訓, 뒤의 임금에게 남긴 가르침) 등을 보관했다.

한편 규장각 학사들이 이용할 책을 보관하는 곳으로 개유와(皆有窩), 열고관(閱古觀), 서고(西庫), 서향각(書香閣) 등의 시설을 주합루 부근에 마련했다. 개유와와 열고관에는 중국 책[華本]을 보관하고, 서고에는 우리나라 책을 보관했다. 서향각은 이안각(移安閣)이라고도 불렸는데, 어진, 어제, 어필을 말리는 포쇄 장소로 이용했다.

이 밖에도 창덕궁 오위도총부(五衛都摠府)를 창경궁으로 옮기고, 그곳을 규장각 학사들이 근무하는 집무소로 만들어 이문원(摛文院) 혹은 내각(內閣)이라고 불렀다. 정조 9년에는 이문원 대유재(大酉齋) 동쪽에 동이루(東二樓)를 지어 서적을 보관하고, 19년에는 소유재(小酉齋)를 지었다. 왕은 이문원에 자주 들러 신하들과 학문을 토론하고, 초계문신(抄啓文臣)[87]의 시험을 보이기도 했다. 이문원은 돈화문 북쪽, 인정전 서쪽에 있었는데 지금 복원 중이다.

규장각의 기본 시설이 마련되자 정조는 원년 8월 6일 창덕궁으로 이어했다. 원년 5월에는 어머니 혜경궁 홍씨를 위해 영화당 동쪽, 창경궁 서편 언덕에 자경전(慈慶殿)을 새로 지었다. 또 아버지 사도세자를 위해 창경궁 동편, 지금의 서울대학교 병원 동편에 경모궁(景慕宮)[88]이라는 사당을 세워 부부가 서로 마주 볼 수 있게 했다. 창경궁 통화문 북쪽에는 월근문(月覲門)을 만들어 이 문을 통해 경모궁에 쉽게 접근할 수 있게 했다.

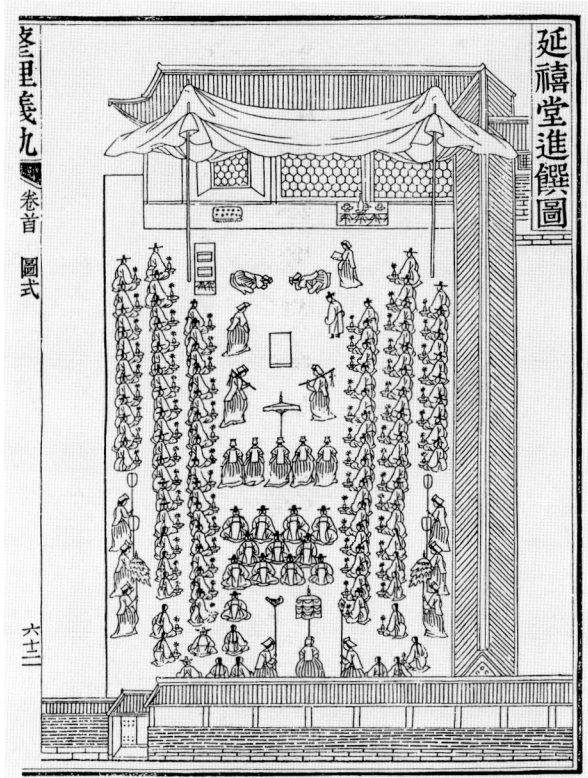

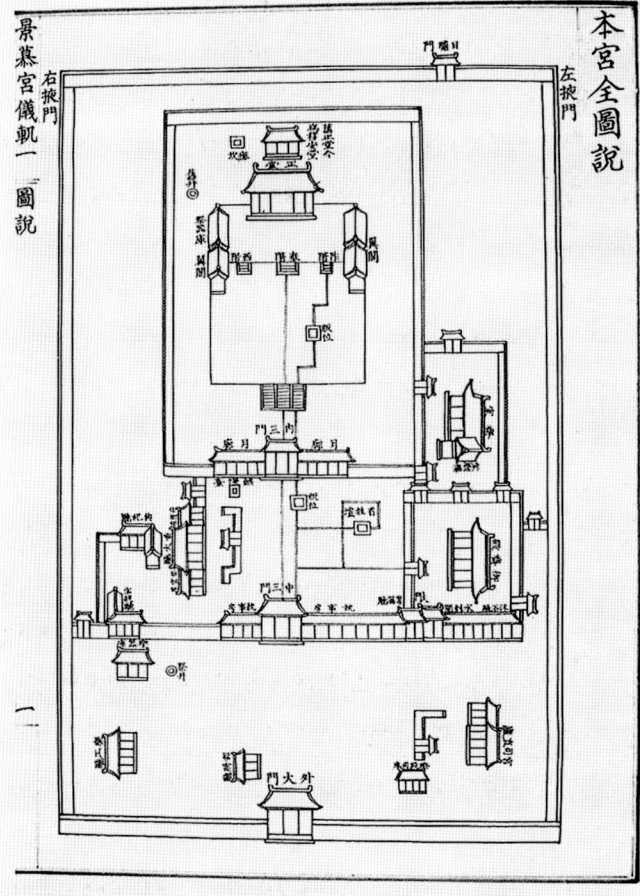

87. 당하관 문신 중에 인재를 뽑아 다시 시험을 보여 그 성적에 따라 중용한 제도가 초계문신제도(抄啓文臣制度)다. 초계문신은 시험 대상으로 뽑힌 문신을 말한다. 정조는 규장각을 중심으로 이른바 초계문신제도를 일반 하급문신들의 재교육정책으로 실시하여 자신의 통치철학을 따르도록 했다.
88. 경모궁은 처음에 수은묘(垂恩廟)라고 했다가 정조가 즉위하여 경모궁으로 이름을 바꿨다. 그 위치는 지금 서울대학교 의과대학병원 동편으로, 지금도 그 터가 남아 있다. 경모궁이 있던 일대는 함춘원(含春苑)이라고 하며 창경궁에 부속된 정원이었다. 그 경역은 지금 원남동 네거리까지 미쳐서 오늘날의 대학로 서편이 모두 함춘원에 속했으나 인조 때 그 남쪽 반을 잘라 태복시(太僕寺)에 넘겨주어 방목장(放牧場)으로 쓰게 했다.
89. 정조의 왕비 효의왕후는 후사가 없었으므로, 정조는 두 사람의 후궁을 두었다. 첫째 후궁인 의빈(宜嬪) 성씨가 문효세자(文孝世子)를 낳았다.
90. 중희당은 지금 창덕궁 낙선재 북쪽 승화당(承華堂) 옆에 있었으나 없어졌다.

30. 『원행을묘정리의궤』 중 〈홍화문사미도(弘化門賜米圖)〉. 정조가 혜경궁의 회갑을 기념하여 홍화문 밖에서 가난한 백성들에게 쌀을 나누어주는 그림이다. (p.64 위 왼쪽)

31. 『원행을묘정리의궤』 중 〈연희당진찬도〉. 창경궁 연희당에서 치러진 혜경궁의 회갑잔치 그림이다. (p.64 위 오른쪽)

32. 『경모궁의궤』에 보이는 경모궁 그림. 지금 서울대학교 의과대학과 대학병원 자리에 있었다. (p.64 아래)

정조는 6년에 창덕궁 성정각 부근에 문효세자(文孝世子)가[89] 서연할 장소로 중희당(重熙堂)[90]을 건설했다. 8년 8월 세자를 이곳에서 책봉하고, 가례(嘉禮)까지 치렀다. 정조는 9년(1785) 8월 27일 옛 창경궁의 수강궁 터에 수강재를 세워 세자의 독서처로 만들기도 했다. 그러나 세자가 정조 10년에 죽자 효창묘(孝昌墓)에 안장하고,[91] 경희궁 태령전(泰寧殿)에 혼궁(魂宮)을 마련한 후 이곳을 자주 찾아 작헌례(酌獻禮)를 치렀으며, 13년에는 문효세자의 사당인 문희묘(文禧廟)를 안국방(安國坊, 지금의 안국동)에 따로 지었다.

정조는 후궁인 수빈(綏嬪) 박씨가 14년 6월에 창경궁 집복헌에서 낳은 원자를 다시 세자로 책봉하여 왕위를 잇게 하니 그이가 바로 순조다.

정조 19년은 매우 뜻깊은 해였다. 이 해 6월 18일은 어머니 혜경궁이 회갑이 되고, 수원 남쪽 현륭원(顯隆園)[92]에 안장되어 있는 아버지 사도세자 역시 주갑(周甲, 환갑)이 되는 해로서, 이를 기념하여 윤2월 9일 혜경궁을 모시고 자신이 건설한 수원 화성에 8일간 행차했다. 사도세자의 무덤인 현륭원이 가까이 있는 화성은 장차 세자가 15세가 되면 왕위를 물려준 다음 혜경궁을 모시고 은퇴하여 살 행궁(行宮) 도시로 건설되었다. 그러나 정조는 그 4년 전인 1800년에 타계하여 뜻을 이루지 못했다.[93]

정조의 화성 건설과정은 『화성성역의궤(華城城役儀軌)』에 상세하게 기록되어 있으며, 화성 행차는 『원행을묘정리의궤(園幸乙卯整理儀軌)』에 또한 상세하게 기록되어 있어 정조 시대의 기록문화 수준이 얼마나 높은지를 보여준다.

화성 행차를 떠나기 전에 정조는 창덕궁 후원에서 미리 혜경궁이 타고 갈 가마를 메는 연습을 하고, 연습이 끝나자 후원의 농산정(籠山亭)에서 참가한 신하들에게 음식을 대접했다. 정조는 농산정을 사랑하여 자주 재숙(齋宿)했다.

이 해 3월 10일에는 창덕궁 내원(內苑, 후원)에서 꽃구경을 하고, 규장각 부근의 부용정에서 여러 신하들과 낚시를 한 뒤 잡은 물고기를 도로 연못에 넣어주었다. 정조는 침식을 잃을 정도로 정사에 몰두하는 임금이었으나 이 해는 특별한 경사(慶事)가 있었으므로 신하들과 꽃구경을 했다. 또 혜경궁의 회갑날인 6월 18일에는 창경궁 연희당(延禧堂)에서 회갑잔치를 열었다.

정조는 창덕궁 춘당대(영화당 옆)에서 자주 서총대시사를 행했다. 연산군 때 건설한 서총대에서 군사훈련과 무인들의 무예시험을 치르는 것이 관례가 되어, 어디서든 무예시험을 치르는 일을 '서총대시사'라고 부르게 되었다. 특히 정조는 장용영(壯勇營)이라는 친위부대를 새로 만들어 서울에는 창경궁 명정전 행각에 일부 군인을 주둔시키고, 지방에는 수원 화성에 주둔시켰다. 왕은 창경궁에 있는 장용영 군인들을 상대로 춘당대에서 자주 무예시험을 치렀다. 물론 문과

33. 『조선고적도보』에 실린 후원의 농산정. 정조는 이곳을 사랑하여 자주 머물렀다.

시험이나 초계문신들의 시험을 치르는 장소로도 춘당대를 자주 이용했다.

창덕궁을 왕조중흥과 문예중흥의 산실로 애용한 정조는 말년에 머리와 등에 난 종기가 악화되어 피고름이 흐르는 병을 앓았다. 정조는 자신의 병이 가슴에 맺힌 화 때문이라고 진단했다. 1백 책 분량의 『홍재전서(弘齋全書)』를 지을 만큼 학문이 뛰어나고, 군사, 음악, 미술, 과학 등 다방면에 뛰어난 재능을 보였던 왕은 스스로 임금이자 스승임을 자처하면서, 신하들을 복종시켜 붕당의 폐단을 없애려고 했다. 그러나 콧대 높은 노론의 기세를 꺾지 못해 가슴에 울화병이 생긴 것이다.

왕은 재위 24년 6월 28일 무더운 여름날 창경궁 영춘헌(迎春軒)에 거둥했다가 49세를 일기로 그곳에서 타계했다. 정조는 이 해 11월 6일 사도세자의 무덤이 있는 현륭원 서편의 건릉(健陵)에 안장되었다. 순조 21년 정조비인 효의왕후가 죽자 그 옆으로 천릉(遷陵)하여 합장했다.

정조는 학문을 사랑하고, 선비를 사랑하며, 백성을 사랑하는 성인(聖人)과 같은 임금이었다. 정조의 꿈은 민국(民國) 건설이었다. 정조에 대한 '행록'이나 '행장'을 보면, 일상생활도 비범하여 손에서 책을 놓는 일이 없었고, 평소 비단옷을 입지 않고 거친 무명베를 기워 입었으며, 하루에 두 끼를 먹고, 보통 때는 음식 종류가 세 가지를 넘지 않았다. 처소에는 아무런 장식도 없었으며, 비가 새도 개의치 않았다. 그 모습이 마치 한미한 선비 같았다고 한다.

91. 현재 용산구 효창동에 있는 효창공원이 바로 문효세자의 효창묘(孝昌墓)가 있는 곳이다.
92. 현륭원은 고종 때 사도세자가 장조(莊祖)로 추존되면서 융릉(隆陵)으로 이름을 바꾸었다.
93. 정조의 화성 건설과 화성 행차에 대해서는 한영우, 『정조의 화성 행차 그 8일』(효형출판, 1998) 참고.
94. 『인정전영건도감의궤』는 서울대학교 규장각에 네 권이 남아 있다.

21. 순조 — 대화재 후 창덕궁, 창경궁 중건

순조(純祖, 재위 1800년 6월-1834년 11월)는 11세에 왕위에 올랐다. 창경궁 집복헌에서 태어나 이곳에서 세자로 책봉되었으며, 창경궁에 차려진 정조의 빈전인 환경전에서 대보(국새)를 받은 후 창덕궁 인정문에서 즉위식을 가졌다. 정조가 서거한 지 닷새 되는 날이다.

순조는 어린 나이에 임금이 되었으므로 증조할머니인 영조의 계비 정순왕후 김씨가 대왕대비로서 수렴청정을 했다. 대왕대비는 사도세자의 죽음을 방조한 벽파(辟派)의 인물이었으므로 정조의 측근이었던 시파(時派)가 물러나고, 정조와 사이가 좋지 않았던 노론 벽파가 정권을 장악했다.

그런데 순조 3년 12월 13일 편전인 창덕궁 선정전에 불이 나서 법전인 인정전이 소실되는 사건이 일어났다. 이 사건을 계기로 대왕대비 김씨는 수렴을 거두고 물러나 순조 5년 1월 12일 창덕궁 경복전에서 승하했다. 이때부터 순조의 친정이 시작되었으며, 4년 12월 17일에 인정전도 재건되었다. 그 보고서가 『인정전영건도감의궤(仁政殿營建都監儀軌)』로 남아 있다.[94] 순조는 인정전이 중건될 때까지 창경궁 경춘전에서 정사를 보았다. 경춘전은 정조가 태어난 집이며, 혜경궁 홍씨가 자신이 거처하던 자경전을 며느리 효의왕후(정조의 비) 김씨에게 물려주고 나서 살던 집이기도 했는데, 이곳으로 순조가 이어한 것이다.

순조 4년 12월 인정전이 재건되자 왕은 창덕궁으로 다시 돌아와 이곳에 계

34. 『조선고적도보』에 실린 창경궁 경춘전. 정조가 탄생하고 혜경궁 홍씨가 승하한 집이다.

속 머물렀다. 순조 9년(1809) 1월 22일은 순조의 할머니 혜경궁이 관례(冠禮)를 올린 지 주갑이 되는 해로, 임금은 이를 기념하여 창경궁 경춘전에서 잔치를 벌이고 표리(表裏, 겉옷과 속옷)를 바쳤다.[95] 아버지 정조의 뜻을 계승한 순조는 수렴청정을 하던 증조할머니 정순왕후보다는 할머니 혜경궁을 더 좋아했다. 이 해 8월 세자 익종(처음에는 효명세자)이 창덕궁 대조전에서 탄생했다.

순조 10년 왕대비 효의왕후 김씨는 창경궁에 꺼리는 일이 있으니 경희궁으로 가자고 왕에게 요청하여 이 해 6월 6일 경희궁으로 잠시 이어했다가 돌아왔다. 당시 창경궁에는 혜경궁 홍씨가 경춘전에, 정조의 비 효의왕후 김씨가 자경전에, 그리고 순조의 생모 수빈 박씨[96]가 창덕궁 양심합에, 순조의 비 순원왕후(純元王后) 김씨[97]가 창덕궁 대조전에 살았는데, 외척 세력으로 새로 등장한 안동 김씨의 세도가 시작된 것이 효의왕후에게는 부담이 되었을 것이다.

혜경궁 홍씨는 순조 15년 12월 80세를 일기로 창경궁 경춘전에서 승하했는데, 여기서 유명한 『한중록(閑中錄)』을 썼다. 효의왕후 김씨는 창경궁 자경전에서 순조 21년 3월 69세로 승하했다.

정조의 정책을 계승한 순조는 처가인 안동 김씨 세도를 견제할 목적으로

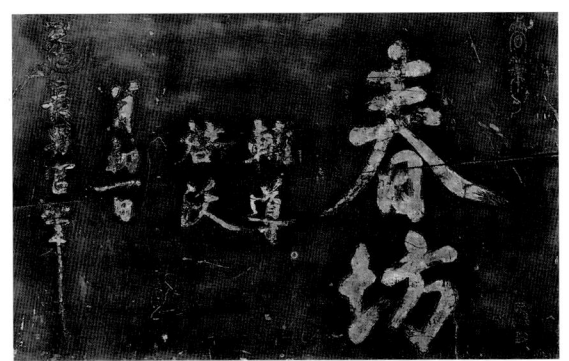

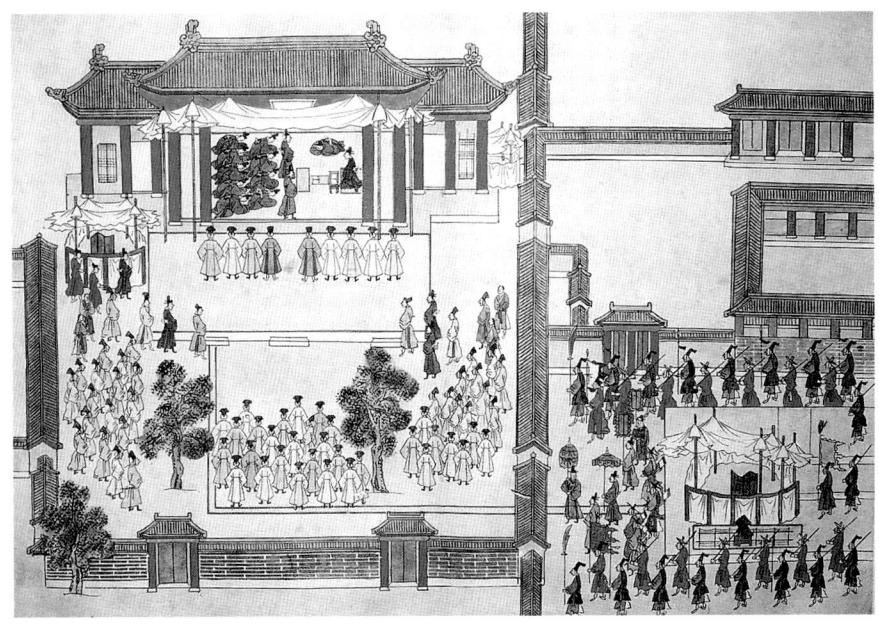

95. 이 잔치에 대한 보고서가 『기사년진표리진찬의궤』이며, 대영박물관 도서관과 한국정신문화연구원 장서각에 소장되어 있다.

96. 수빈 박씨는 순조 22년 12월 26일 양심합(養心閤)에서 향년 53세로 별세하여 다음 해 2월 27일 양주 배봉산 밑 옛 영우원(永祐園) 부근에 묘소를 썼다. 이것이 지금 남양주시 진접읍 부평동에 있는 휘경원(徽慶園)이다. 바로 이날부터 순조 25년 2월 4일까지 순조는 수빈 박씨의 혼궁(魂宮)인 현사궁(顯思宮)에 삭제(朔祭)와 망제(望祭)를 거르지 않고 지냈다. 현사궁은 창경궁 도총부 안에 세웠는데, 순조 25년 옛 용호영 터[北部 陽德坊]로 옮기면서 이름이 경우궁(景祐宮)으로 바뀌었다. 김영삼 대통령 시절 미테랑 프랑스 대통령이 한국을 방문할 때 『휘경원원소도감의궤(徽慶園園所都監儀軌)』라는 책을 가지고 와서 화제가 되었는데, 이 책은 수빈 박씨의 휘경원 안장을 기록한 것이다. 이 책은 강화도 외규장각에 있었는데, 1866년 병인양요 때 프랑스군이 약탈해갔다. 파리 국립도서관에 소장되어 있다.

35. 춘방 현판.(위)

36. 〈입학도〉. 『왕세자입학도첩』. 고려대학교 도서관. 순조의 아들 효명세자(익종)가 성균관에 입학하여 선생과 인사를 나누는 장면이다.(아래)

97. 순조비 순원왕후(1789-1857)는 안동 김씨 김조순(金祖淳)의 따님으로 14세 되던 순조 2년에 왕비로 책봉되었다. 원자를 낳아 세자를 삼으니 그이가 효명세자(익종)다. 익종의 아들 헌종이 즉위하자 왕대비로, 다시 대왕대비로 칭호가 높아졌다. 철종이 즉위하자 수렴청정을 하고, 김문근(金汶根)의 따님이 철종비로 되면서 안동 김씨의 세도는 절정에 달했다. 철종 8년에 69세로 세상을 떠난 뒤 순조의 인릉(仁陵, 강남구 내곡동)에 합장되었다.

98. 신정왕후(1808-1890)는 조만영(趙萬永)의 따님으로 12세에 효명세자의 세자빈으로 책봉되고, 아들 헌종이 즉위하자 왕대비가 되었으며, 뒤에 대왕대비가 되었다. 철종이 죽자 왕위 결정권을 갖게 되어 대원군의 둘째 아들 명복(고종)을 아들로 삼고 왕위에 올렸으며, 고종이 어렸으므로 대왕대비로서 수렴청정을 했다. 대원군은 신정왕후를 앞세워 안동 김씨를 견제했으며, 고종의 비를 여흥 민씨에서 간택하여 역시 안동 김씨를 견제했다. 후사가 없어 고종을 아들로 삼고 살다가 고종 27년 83세로 타계하여 수릉(綏陵)에 안장되었다. 수릉은 동구릉 안에 있다.

효명세자의 빈은 풍양 조씨로 맞이했다. 그가 고종 때까지 영향력을 미쳤던 유명한 신정왕후(神貞王后) 조씨, 즉 조대비[98]다.

효명세자는 매우 영특했다. 세자가 장성하면서 순조는 세자에게 큰 기대를 걸고 세자와 힘을 합해 세도가를 견제하려는 정책을 폈다. 그래서 세자가 세 살 되던 순조 12년 6월 2일 세자의 이름을 정해 주합루에 봉안하고, 네 살 되던 13년에는 희정당에서 세자로 책봉하고, 4월 3일에는 서연을 시작했다. 서연 장소는 창덕궁 관물헌(觀物軒)으로 정하고, 창덕궁 성정각에서 사부와 빈객에 대한 상견례를 행했다. 성정각은 원래 서연하는 곳이었으나, 선왕인 정조는 이곳에서 초계문신의 시험을 자주 치르기도 했다.

효명세자는 11세 되던 순조 19년 3월에는 경희궁 경현당에서 관례(冠禮)를 하고, 이 해 10월 가례(嘉禮)를 하여 조만영(趙萬永)의 딸을 빈으로 맞이했다. 15세 되던 순조 23년부터는 임금 옆에 시좌(侍坐)하여 정치를 견학하고, 19세 되던 순조 27년(1827)부터 대리청정을 시작했다.

순조 24년에는 창덕궁 경복전이 불타는 불상사가 일어났다. 정순왕후가 타계한 바로 그 집이다. 그러나 이 집은 재건되지 않았다.

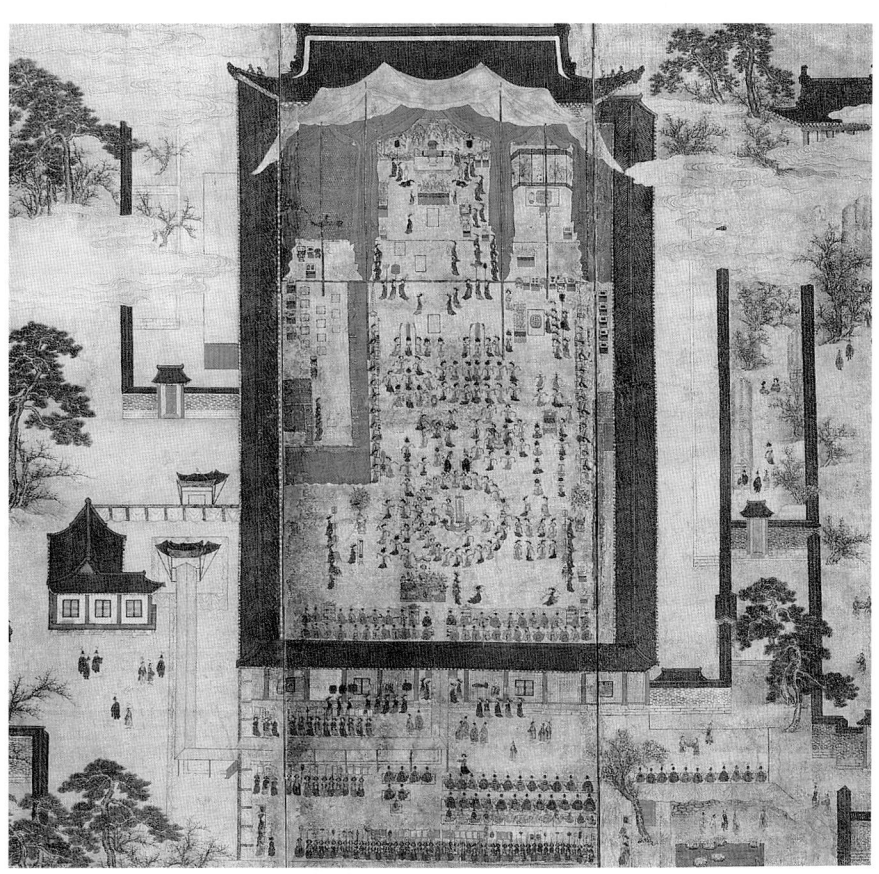

37. 〈기축년진찬도병〉. 1829년. 국립중앙박물관. 순조의 40세를 기념하여 창경궁에서 존호를 올리고 진찬을 행했다.

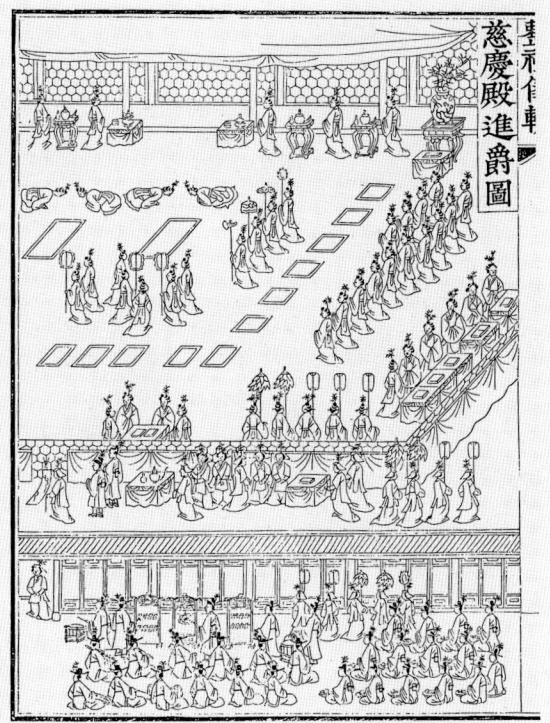

38. 『자경전진작정례의궤』 (1827)에 실린 〈자경전진작도〉. 순조의 비 순원왕후의 40세를 기념하는 행사의 장면을 그린 그림이다.

　순조 27년(1827) 2월 9일부터 대리청정을 시작한 세자는 중희당을 처소로 삼고, 중희당 동쪽의 수강재를 별당으로 삼아[99] 순조 30년(1830) 5월 6일 22세에 요절할 때까지 3년 3개월간 세도가를 누르고 왕권강화를 꾀하면서 민생을 안정시키는 여러 시책을 폈다.

　세자는 순조 27년(1827) 9월 10일 부왕 순조에게 존호(尊號)를 올리고 자경전에서 진작(進爵, 잔치)했다.[100] 다음 해인 순조 28년(1828) 2월에는 순조비 순원왕후의 40세를 기념하여 존호를 올리고, 자경전에서 진작하고, 연경당(演慶堂)에서도 진찬(進饌, 진연보다 소규모의 잔치)했다.[101] 따라서 연경당은 순조 28년 2월 이미 준공된 상태였던 것이다. 이 해 3월 21일 세자는 윤대관(輪對官)을 소대(召對, 정사에 관한 의견을 상주하던 일)하는 장소로도 연경당을 이용했다.[102] 29년 2월에는 순조의 40세를 기념하여 창경궁 명정전에서 진찬하고, 자경전에서도 진찬을 올렸다.[103]

　순조 28년 2월 순원왕후 40세를 기념하여 진찬을 행한 연경당은 창덕궁 후원의 진장각(珍藏閣) 터에 건설한 것이다.[104] 연경(演慶)이라는 말은 경사(慶事)를 행한다는 뜻이 있으므로, 연경당은 대체로 순조 27년에서 28년 2월 사이에 건설되었음을 알 수 있다.

　고려대학교 박물관에는 창덕궁과 창경궁을 함께 그린 방대한 〈동궐도〉가 소장

99. 『순조실록』 권28 순조 27년 2월 9일 乙卯條.
100. 순조 27년의 진작에 대한 보고서가 『자경전진작정례의궤(慈慶殿進爵整禮儀軌)』로, 서울대학교 규장각에 다섯 권이 전한다. 그 중에는 한글본 의궤도 있다. 한글본 의궤는 이것이 유일하다.
101. 순조 28년의 진작에 대한 보고서가 『진작의궤(進爵儀軌)』로, 서울대학교 규장각에 여러 권이 있다.
102. 『일성록』 권20 순조 28년 3월 21일 庚申條.
103. 순조 29년의 진찬에 대한 보고서가 『순조기축진찬의궤(純祖己丑進饌儀軌)』로, 서울대학교 규장각 장서각에 여러 권 전한다.

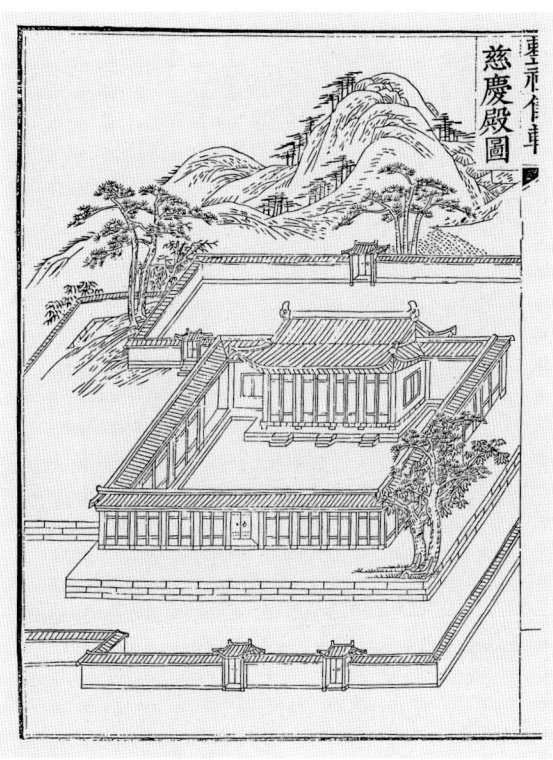

39. 『자경전진작정례의궤』(1827)에 실린 〈자경전도〉. 자경전은 정조가 혜경궁 홍씨를 위해 지은 집으로, 대규모이며 짜임새 있게 되어 있다.

104. 헌종 초 『궁궐지』(서울특별시사편찬위원회 간)
105. 익종 문집은 1998년에 한국정신문화연구원에서 『익종문집』(전 2권)으로 간행했다.
106. 익종은 지금 구리시 인창동에 있는 동구릉 가운데 하나인 수릉(綏陵)에 안장되었다. 익종의 왕비인 신정왕후 조씨(조대비)도 고종 때 별세하여 수릉에 합장되었다.
107. 학석(鶴石)이라는 호는 세자가 거처하던 전각 마당에 두 마리의 학이 내려앉고 괴석(怪石)이 놓여 있는 데서 따온 것이다. 익종이 쓴 「학석소회서(鶴石小會序)」라는 시(詩) 중에 "쌍학은 선회하여 뜰에 있고, 늙은 바위는 문 앞에 있어 이 때문에 학석으로 이름짓는 것이 마땅하다"는 구절이 있다.

되어 있는데, 그림이 너무 좋아 국보로 지정되어 있다. 이 그림은 바로 세자(익종)가 대리청정을 하던 시기에 부왕과 모후에게 존호를 올리고 진작한 사실을 기념하여 제작한 것으로 보인다. 〈동궐도〉에 대해서는 뒤에 다시 자세하게 소개할 것이다.

문집(文集)을 낼 정도로 학문도 뛰어나고,[105] 백성을 위한 시책도 의욕적으로 추진했던 세자는 청정 3년 만인 순조 30년 5월 6일 창덕궁 희정당 서협실(西夾室)에서 갑자기 피를 토하는 병으로 죽었다.[106] 향년 22세, 호는 학석(鶴石)이다.[107] 김조순이 지은 「익종지문(翼宗誌文)」에 따르면, 익종은 곤궁하게 사는 사람을 무척 동정하고, 농사의 어려움을 몸소 체험하고자 했으며, 자신도 비단옷을 입지 않고, 아들 헌종(憲宗)이 세손으로 있을 때 비단옷을 입는 것을 금지했다. 그리고 궁 안에 집을 짓고 나서 이를 매우 후회했다고 한다.[108]

익종의 죽음도 비극적이었지만, 죽은 뒤에도 비참한 사건이 발생했다. 익종의 시신을 모신 빈궁을 창경궁 환경전으로 정했는데, 순조 30년 8월 뜻밖에도 환경전에 화재가 나서 환경전은 물론 경춘전, 양화당, 함인정, 숭문당, 영춘헌, 체원합(體元閤), 연희당, 연경당, 집복헌 등 대내(大內)가 모두 타버렸다. 이 대화재로 익종의 시신이 불에 탈 뻔했으나, 재궁(梓宮, 관)을 불 속에서 구하여 가까스로 위기를 면했다.

창경궁 화재 후 임금은 경희궁을 보수하고,[109] 32년 7월 20일 경희궁으로 이어했다. 그런데 순조 33년 10월 17일 창덕궁마저 대화재에 휩싸였다. 이때 불 탄 건물은 왕비 침소인 대조전, 임금의 편전인 희정당, 징광루, 경훈각(景薰閣), 옥화당, 양심합, 융경헌(隆慶軒), 흥복헌(興福軒), 제정각, 정묵당, 극수재, 청향각(淸香閣), 집상문(集祥門), 관광청(觀光廳), 소주방(燒廚房), 행각문(行閣門) 등이었다.

순조 30년과 33년의 화재는 왜란 후 최대의 궁궐 화재사건이다. 하지만 궁궐 복원은 시급한 과제였으므로 바로 중건 사업에 착수하여 33년에 창경궁을 먼저 중수하고, 이 해 10월 창덕궁 영건 사업도 시역하여 34년 9월 28일 준공했다.[110] 1년 만에 복원된 전각은 모두 370여 칸이다.

창덕궁을 복원하는 동안 왕은 경희궁에 있었는데, 준공을 마친 두 달 뒤인

2. 왕대별로 살펴본 창덕궁과 창경궁의 역사 71

40. 『학석집』. 조선 19세기초. 장서각. 효명세자(익종)의 시집으로 장서각에는 한문본과 한글본이 함께 소장되어 있다.(왼쪽)

41. 『순재고』. 조선 19세기초. 장서각. 순조의 시문집으로, 통치자로서의 순조의 모습과 재위기간에 벌어졌던 여러 정치적 사건을 살필 수 있는 자료이다.(오른쪽)

34년 11월 13일 우연히 부스럼을 앓기 시작한 지 한 달도 안 되어 경희궁 회상전에서 승하했다. 춘추 45세였다. 순조는 연이은 화재에 충격을 받고 자신의 부덕을 한탄했는데, 아마 여기서 받은 충격과 스트레스가 수명을 단축한 것으로 보인다. 다음 해 4월 교하의 인릉(仁陵)에 안장되었으나 철종(哲宗) 7년, 풍수상 불길하다 하여 지금의 서울시 강남구 내곡동에 있는 태종릉인 헌릉 옆으로 옮겨졌다.

22. 헌종—중희당에서 훙서

헌종(憲宗, 재위 1834년 11월-1849년 6월)은 순조 27년 7월 창경궁 경춘전에서 익종과 신정왕후의 아들로 태어났다. 4세 때 창덕궁 중희당에서 세자로 책봉되고, 8세에 경현당에서 사부와 상견례를 하고 서연을 시작했다. 순조 34년 11월 18일 순조가 죽은 지 닷새 후 8세의 어린 나이에 경희궁의 숭정문에서 즉위했다. 역대 임금 중에서 가장 어린 나이에 왕이 된 것이다.

왕이 어렸으므로 왕대비인 신정왕후 조씨가 수렴청정을 했다. 순조의 비 순원왕후는 대왕대비가 되었다. 왕은 처음에 경희궁에 있다가 원년에 창덕궁으로 돌아왔는데, 주로 경연(經筵)을 통해 신하들로부터 교육을 받는 것이 일과였다. 세자 교육을 받기도 전에 왕이 되었기 때문이다. 경희궁에서는 경현당

108. 『순조실록』 권31 순조 30년 7월 15일 庚午條.
109. 이때 경희궁을 보수한 기록이 『서궐영건도감의궤(西闕營建都監儀軌)』다.
110. 순조 34년 창덕궁영건에 대한 보고서가 『창덕궁영건도감의궤(昌德宮營建都監儀軌)』다.
111. 명헌왕후(1831-1904)는 홍재룡(洪在龍, 본관 남양)의 딸이다. 1897년에 태후(太后)의 칭호를 받았으며, 1904년 1월 2일(양력) 춘추 74세로 승하하여 헌종의 능인 경릉에 합장되었다. 왕후는 생전에 열네 차례나 존호를 받았는데, 최종 존호가 효정(孝定)이기에 사후에 효정왕후로 추존되었다.

이, 창덕궁에서는 희정당이 경연 장소였다.

헌종은 11세가 되는 3년에 안동 김씨 김조근(金祖根)의 딸을 비로 맞이하니 그이가 효현왕후다. 당시 나이 10세다. 그러나 불행하게도 왕비는 16세가 되는 헌종 9년에 요절했다. 왕은 10년 10월 명헌왕후(明憲王后) 홍씨[11]를 계비로 맞이했다.

재위 7년간 군주 노릇을 제대로 하지 못한 왕은 15세가 되는 7년 1월에 이르러 비로소 친정을 시작했다. 그러나 15세 왕의 권위가 설 리 없었다. 따라서 권력은 왕대비인 신정왕후의 풍양 조씨와 왕비족인 안동 김씨를 비롯한 세도가의 손으로 넘어갔다.

헌종은 10년 9월 경희궁으로 이어했다. 이곳을 너무 오랫동안 비워두기 어려웠던 것이다. 그러나 경희궁은 이미 전부터 영정(影幀)이나 신주(神主)를 모시는 기능이 중심이었으므로 뒤에 다시 창덕궁으로 돌아왔다. 창덕궁으로 돌아온 임금은 중희당에서 대신들을 소대(召對)하는 것이 일과였고, 춘당대에서 자주 서총대시사를 했다.

임금으로서의 권위를 세우지 못한 헌종은 별다른 업적을 내지 못한 가운데 재위 15년 6월 6일 중희당에서 23세를 일기로 승하했다. 얼굴에 부기가 있는 병이었으나 특별한 징후가 없는 가운데 타계했다. 장례 뒤처리는 대왕대비 순원왕후 김씨(순조의 비)가 맡았으며, 10월 28일 경릉(景陵)에 안장되었다. 동구릉 안에 있다.

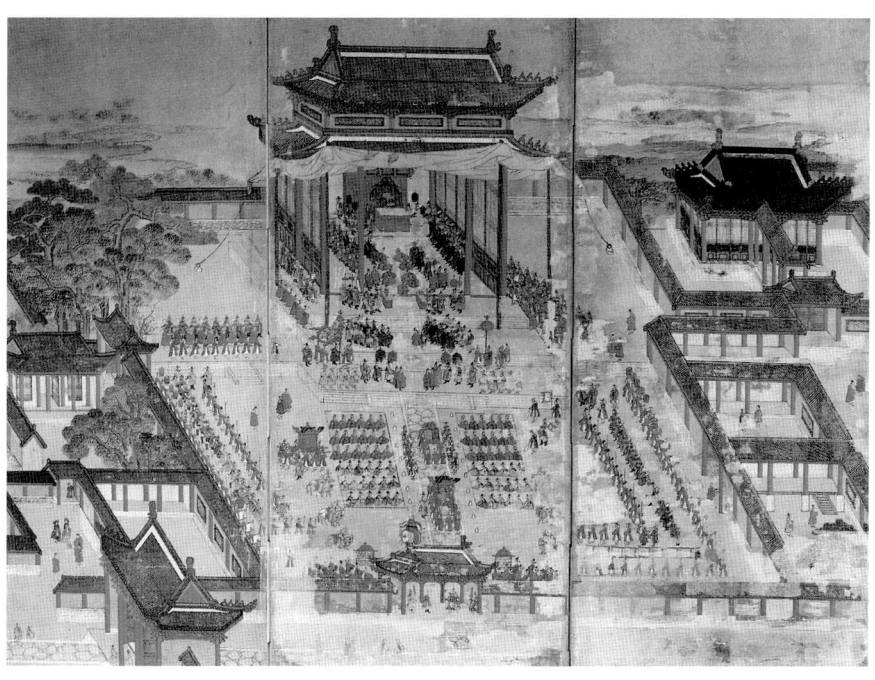

42. 〈헌종가례도병〉. 1844년.
동아대학교 박물관.
8곡 중 3곡. 보물 733호.
헌종이 1844년 명헌왕후
홍씨를 계비로 맞이할 때
그 혼례식 광경을 그린 것이다.

23. 철종—인정전 중수

헌종은 후사가 없이 돌아갔으므로, 정조의 혈통이 여기서 끊어졌다. 대왕대비 순원왕후(순조비)는 영조의 혈통을 다시 잇기 위해 헌종이 죽던 날 강화(江華)에 있는 19세의 덕완군(德完君)을 임금으로 맞이하라고 대신들에게 명했다. 그가 철종(哲宗, 재위 1849년 6월-1863년 12월)이다. 철종은 사도세자와 숙빈(淑嬪) 임씨 사이에서 출생한 은언군(恩彥君)의 손자로, 헌종과 철종은 종형제 간이다. 철종의 아버지 전계군(全溪君)은 대원군으로 책봉되었다.

철종은 헌종이 타계한 지 사흘 뒤인 6월 9일 빈전인 창경궁 환경전에서 대보를 받고 창덕궁 인정문에서 즉위했다. 사흘 만에 즉위한 것도 이례적이다.

철종은 나이로는 수렴청정을 하지 않아도 될 처지였으나 왕자 수업을 받은 일이 없어서 대왕대비가 수렴청정을 했다. 철종은 왕이 된 뒤로 경연에 주력했다. 대왕대비는 안동 김씨 김문근(金汶根)의 딸을 철종의 비로 맞이했는데, 그가 철인왕후(哲仁王后) 김씨[112]다. 대왕대비에 이어 왕비도 안동 김씨에서 나와, 안동 김씨의 세도는 절정에 이르렀다. 그러나 대왕대비 순원왕후는 철종 8년에 양심합에서 타계했다. 향년 69세다.

철종이 일상적으로 집무한 곳은 창덕궁이었다. 그런데 순조 3년에 화재로 다시 지은 법전인 인정전이 50년이 지나 퇴락하여 다시 중수하지 않으면 안 되었다. 철종 5년 9월 23일 시작된 중수 공사는 8년 윤5월 6일에 마쳤다.[113] 2년간 공사가 중단되어 3년의 세월이 걸린 것이다. 철종 시대에도 춘당대에서 서총대시사와 문신 시험은 계속되었다. 그리고 규장각신의 집무소인 이문원에도 자주 들러 강제문신(講製文臣)들의 시험을 보았다.

그러나 철종 시대에 이른바 삼정의 문란이 극에 달하면서 철종 13년 진주(晋州)에서 일어난 민란을 효시로 삼남 전체에 소요가 퍼져 나라가 극도로 어수선했다. 나라가 어지러운 가운데 철종은 다음 해 12월 8일 대조전에서 승하했다. 춘추 33세다. 4개월 뒤인 다음 해 고종(高宗) 즉위년 4월 7일 예릉(睿陵)에 안장되었다. 지금 고양시 원당동에 있다.

24. 고종

창덕궁에서 즉위

철종은 후사 없이 죽었다. 그래서 종친 중에서 또 후사를 정할 수밖에 없었

112. 철인왕후(1837-1878)는 15세 되던 철종 2년에 왕비로 책봉되었다. 고종이 즉위하자 대비로 진호(進號)되었으며, 고종 15년에 42세로 별세했다. 철종의 예릉(睿陵)에 합장되었다.
113. 철종 8년 필역된 인정전 중수 공사에 대한 자세한 내용은 『인정전중수도감의궤(仁政殿重修都監儀軌)』에 기록되어 있다. 서울대 규장각에 여섯 권, 장서각에 한 권이 소장되어 있다.
114. 명복은 아명이다. 고종의 본명은 재황(載晃), 호는 주연(珠淵)이다.

다. 당시 대왕대비는 익종비인 신정왕후 조씨였고, 철종비 철인왕후 김씨는 왕대비가 되었다. 따라서 후사를 결정할 권한은 대왕대비 조씨가 쥐고 있었다.

대왕대비는 철종이 죽던 날 흥선군 이하응(李昰應)의 둘째 아들 명복(命福)[114]을 왕으로 지목하고 대신들로 하여금 모셔 오라고 명했다. 그이가 26대 임금 고종(高宗, 재위 1863년 12월-1907년 7월)이다. 이하응은 사도세자와 숙빈(淑嬪) 임씨 사이에 태어난 은신군(恩信君)의 손자이므로, 영조의 정통을 다시 잇게 된 것이다. 은신군은 철종의 조부인 은언군(恩彦君)의 친아우다. 그러므로 철종과 고종은 숙질간이다. 고종을 왕으로 지목하면서 대왕대비 조씨의 양자(養子)를 삼았으므로 고종은 정조의 정통을 이은 것이 되었다.

고종은 철종이 돌아간 지 닷새 뒤인 12월 13일 성복을 마치자 철종 빈전에서 대보를 받고, 이어 창덕궁 인정문에서 즉위식을 가졌다. 나이 12세였으므로 대왕대비 조씨가 수렴청정을 했다. 이때 대왕대비의 나이 56세였고, 흥선대원군의 나이 44세였는데, 대왕대비는 대원군에게 섭정권을 부여하여 실권은 대원군이 장악했다. 고종 3년부터는 수렴도 중지했다.

경복궁 이어

대원군은 고종 2년 4월부터 경복궁 중건을 시작했다. 재위 5년(1868) 7월 2일 왕은 중건된 경복궁으로 이어했다. 왜란 때 타버린 후 276년 만에 복원된 것이다. 앞에서 말한 바와 같이, 경복궁은 태조가 창건한 정궁으로서의 권위가

43. 『조선고적도보』에 실린 일제 강점기의 경복궁 근정전. 경복궁의 정전으로 태조 3년(1394)에 창건되었는데, 임진왜란 때 불탄 것을 고종 때 재건했다. 조선시대 여러 국왕들이 이곳에서 즉위했다.

있고, 한양의 도시 구조가 경복궁을 축으로 종묘와 사직을 좌우로 배치했을 뿐 아니라, 규모도 가장 커서 대외적으로 왕조의 권위를 과시하는 데는 좋은 점이 있었다. 그러나 생활 공간으로서는 지나치게 개방되고, 대왕대비나 왕대비 등 임금이 모셔야 할 여성들의 생활 공간이 좁아 적합하지 못할 뿐만 아니라, 풍수적으로도 흠이 있다는 것이 지적되어 왜란 후 그 복원을 서두르지 않았던 것이다.

대원군은 왕실의 권위를 회복하는 데 역점을 두고 경복궁을 복원했으나, 그곳에서 살아야 하는 고종 자신은 경복궁을 그다지 선호하지 않았다. 더욱이 경복궁은 대원군의 작품이었기에 그 그늘에서 벗어나고자 하는 고종에게는 부담이 되었다.

경복궁으로 이어하기 전에 고종은 창덕궁에서 즉위하고, 3년에 16세의 왕비 명성황후(明成皇后) 민씨[115]도 창덕궁에서 맞이했다. 왕비를 간택한 장소는 창덕궁 중희당으로, 여기서 초간택, 재간택, 삼간택, 동뢰연(同牢宴, 전통 혼례에서 신랑과 신부가 교배를 마치고 술잔을 서로 나누는 잔치)이 모두 이루어졌다.

경복궁에 있는 동안 고종은 경복궁 후원에 있는 경무대(景武臺, 지금 청와대 자리)에서 많은 행사를 치렀다. 일차유생(日次儒生), 성균관 유생, 4부학당(서울에 세워진 네 곳의 교육기관) 유생, 선파유생(璿派儒生, 전주 이씨 유생)들에 대한 시험을 치르고, 전시, 별시(別試), 증광시(增廣試), 경과(慶科)를 이곳에서 행했다. 그리고 무인들의 무예를 시험하는 서총대시사도 이곳에서 행했다. 경복궁 중건 후 1894년 과거제도가 폐지될 때까지 경무대에서 실시한 시험이 218회나 되며, 김옥균(金玉均) 등 저명인사들이 여기서 과거에 합격했다.

한편 고종은 10년(1873) 8월 19일 경복궁에 창덕궁의 주합루와 서향각을 모방하여 건청궁(乾淸宮)을 지었다고 한다.[116] 그만큼 정조에 대한 애정과 관심이 깊었음을 보여준다. 사실 고종은 11년(1874) 10월 1일 규장각의 제반절차를 모두 옛 규례(規例)대로 복구하라고 지시했다.[117] 이는 정조 사후 위축되었던 규장각의 기능을 원래대로 복구하여 국왕의 근시기구(近侍機構)로서 다시 격상하겠다는 의지가 반영된 것이다. 고종의 자주적 근대화 정책이 정조를 모델로 하고 있다는 중요한 징표다.

경복궁 화재와 창덕궁 이어

경복궁을 꺼려한 고종은 10년(1873) 11월 5일 대원군이 하야하고 실권을 장악하자 12월에 창덕궁으로 이어했다. 이 해 12월 10일 신정왕후가 거처하던 경복궁의 자경전 부속건물인 순희당(純熙堂)에서 화약이 폭발해 큰불이 나고,

---

115. 명성황후(1851–1895)는 숙종의 계비 인현왕후의 후손으로서 민치록(閔致祿)의 외동딸이다. 황후는 대원군의 부인 민씨(민치구의 따님)와도 친척 자매간이었다. 원래 숙종 때 정승을 지낸 민유중(閔維重)의 후손으로서 당당한 노론 가문이었지만, 민치록에 와서는 거의 몰락한 집안이 되었다. 대원군의 처가와 가깝다는 점이 고려되어 왕비로 간택된 것이다. 대원군의 어머니도 여흥 민씨 민경혁의 따님이다. 명성황후는 고종을 보필하여 자주외교를 추진하다가 1895년 8월 10일 을미지변으로 경복궁 곤녕합에서 참혹하게 숨졌다. 춘추 45세다. 1897년 11월 22일 청량리 홍릉(洪陵)에 안장되었다가 뒤에 고종이 1919년 1월 21일 타계하여 지금 남양주시 금곡동 홍릉(洪陵)에 안장되자 청량리 홍릉을 이곳으로 이장했다. 명성황후에 대한 더 자세한 정보는 한영우, 『명성황후와 대한제국』(효형출판, 2001년) 참고.

116. 『고종실록』 권10 고종 10년 8월 19일 乙未條.

117. 『고종실록』 권11 고종 11년 10월 1일 庚午條.

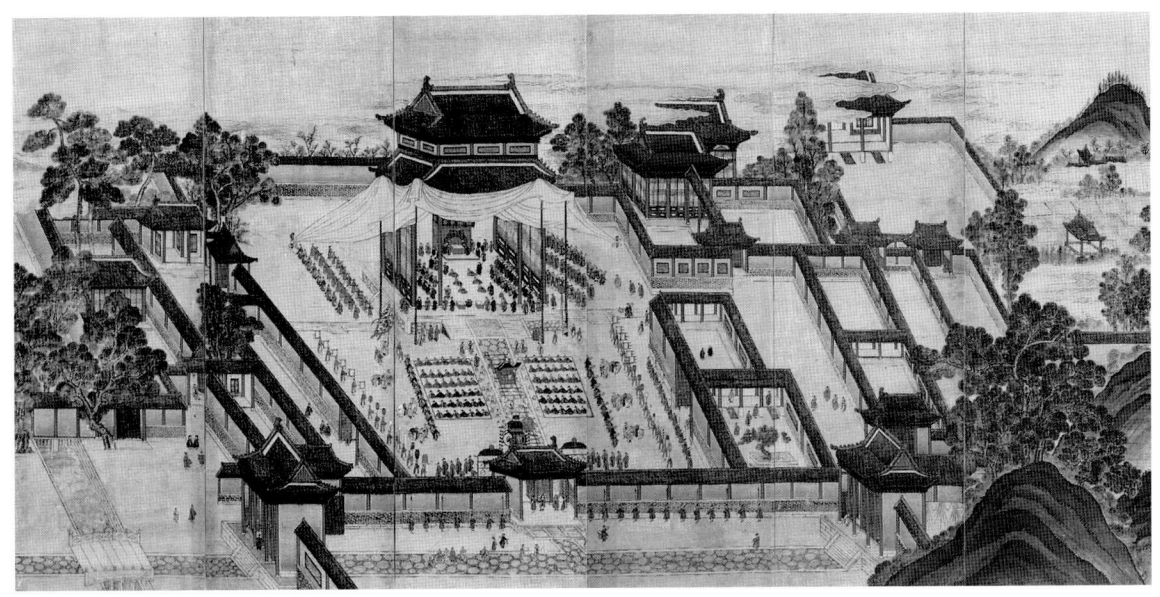

44. 〈왕세자탄강진하계병〉.
1874년. 궁중유물전시관.
순종의 탄생을 축하하여
창덕궁 인정전에서 신하들이
고종에게 하례를 올리는
장면이다.

이 화재로 자경전을 비롯한 4백여 칸이 소실되었으므로 피접이 불가피하기도 했겠지만 고종은 실제 경복궁을 그다지 선호하지 않았던 것 같다.

왜 경복궁에서 화약이 터졌을까? 그것도 신정왕후가 거처하던 자경전 부속 건물에서 일어났다는 것은 다분히 의도적인 것이다. 마침 신정왕후와 사이가 좋지 않았던 대원군이 실각한 직후라서 대원군에게 혐의가 돌아갔지만 이를 밝혀낼 수는 없었다.

창덕궁으로 이어한 고종은 11년 2월 8일 창덕궁 관물헌(觀物軒)에서 원자 순종(純宗)을 얻었다. 결혼한 지 8년 만에 얻은 귀중한 원자였다. 이 해 5월 19일에는 백일이 된 원자를 관물헌에서 대신들에게 보여주었다.

경복궁 이어와 대화재

고종이 창덕궁을 선호했다 해도 경복궁을 오래 비워둘 수는 없는 일이었다. 이는 대원군에 대한 예의도 아닐 것이고, 신하들이 원하는 바도 아니었다. 더욱이 고종 10년에 불탄 경복궁 전각들이 중수되었다. 그래서 고종 12년(1875) 5월 27일 경복궁으로 이어했다. 대왕대비 조씨(익종비)와 왕대비 김씨(철종비), 왕비 민씨, 그리고 세자도 함께 이어했다. 이곳에 있을 때 일본의 '운양호(雲揚號) 사건'이 일어나고 일본과 강화도조약을 맺었다(13년 2월 2일).

그러나 강화도조약을 맺은 지 9개월 뒤인 고종 13년(1876) 11월 4일 왕비 침전인 교태전(交泰殿)에서 또 불이 나 교태전은 물론, 인지당(麟趾堂), 건순각(健順閣), 자미당(紫薇堂), 덕선당(德善堂), 자경전, 협경당(協慶堂), 복안당(福

安堂), 순희당, 연생전(延生殿), 경성전(慶成殿), 함원전, 흠경각, 홍월각(虹月閣), 강녕전 등 830여 칸이 모두 불탔다. 이때 임금의 옥새와 세자의 옥인장(玉印章)만을 구하고 나머지는 모두 불탔다고 한다. 결국 근정전, 사정전 등 외전만 남고 내전(內殿)은 거의 없어지고 말았다. 경복궁을 중건한 지 8년 만에 일어난 대화재다.

창덕궁 이어와 임오군란, 갑신정변

경복궁 화재 후 고종은 다시 창덕궁으로 이어했다. 이때부터 고종 22년(1885) 1월 17일 경복궁으로 다시 이어할 때까지 9년간 고종은 창덕궁을 지켰다. 그 사이 경복궁은 수리 공사에 들어갔다.

고종 15년(1877) 5월 12일 철종비 철인왕후 김씨가 창경궁 양화당에서 별세하여 빈전을 환경전에 차리고, 혼전은 문정전(文政殿)으로 했다. 향년 42세다.

창덕궁 시절에 청나라 및 서양 여러 나라와 통상조약이 맺어지면서 창덕궁은 세계 각국 사절들이 드나드는 곳이 되었다. 고종 17년(1880) 11월 26일에는 국서를 가지고 온 일본 판리공사 하나부사 요시모토(花房義質)를 중희당에서 접견했다. 19년(1882) 1월 20일에는 아홉 살이 된 왕세자의 관례를 역시 중희당에서 치르고, 혼례도 2월 21일 여기서 거행하여 민태호(閔台鎬)의 딸을 세자빈으로 맞이했다. 그가 뒷날 순명효황후(純明孝皇后)가 되었다.

고종 시대의 창덕궁은 좋은 일만 있었던 것은 아니었다. 임오군란(壬午軍亂)과 갑신정변(甲申政變)의 후유증이 창덕궁에도 밀어닥쳐 비극의 현장이 되기도 했다.

신식 군대의 창설과 급료 지급에 불만을 가진 무위영(武衛營, 조선말기 대궐 수비를 맡아보던 관아) 군인들이 고종 19년(1882) 6월 9일 폭동을 일으켰다. 임오군란 다음 날 반란군들은 창덕궁을 침범하여 원성을 듣고 있던 선혜청 당상 민겸호(閔謙鎬)를 비롯하여 여러 대신들을 죽였다. 이때 반란군들은 강화도 조약 이후 개화 정책을 추진하는 데 주역으로 등장한 명성황후와 민씨 세력에 대한 불만이 있었으므로 황후는 궁녀 옷을 입고 급히 무예별감 홍계훈(洪啓薰)의 등에 업혀 장호원까지 피신하는 사태가 벌어졌다. 임오군란의 배후에는 명성황후의 정치 간여와 개화 정책을 견제하려는 대원군의 의중도 작용하고 있었으므로 황후는 더욱 신변의 위협을 느꼈던 것이다.

명성황후가 종적을 감추자 대원군은 다시 권력을 잡았다. 황후가 반란군에 의해 살해되었다고 서둘러 선포하고 국장(國葬)을 준비하는 웃지 못할 일도 벌어졌다. 그리하여 망곡처(望哭處)는 창경궁 명정전으로, 빈전은 창경궁 환경전

45. 『조선고적도보』에 실린 창덕궁 낙선재. 갑신정변 직후 고종의 집무소이기도 했다.

으로 정했다. 이러한 조치는 한편으로 반란군을 달래면서, 다른 한편으로는 황후가 궁으로 돌아오지 못하게 하려는 이중의 목적이 담겼다고 볼 수 있다.

그러나 대원군은 청의 군사적 개입으로 7월 13일 천진(天津)으로 납치당하고, 친정을 회복한 고종도 우 창칭(吳長慶), 위안 스카이(袁世凱) 등에게 압박당했다. 이런 가운데 고종 20년(1883) 1월 2일과 2월 7일 왕은 청나라 제독 우 창칭을 중희당에서 접견했다. 다음 해 1월 1일에는 새해 인사를 올리기 위해 찾아온 청나라 관찰 천 수탕(陳樹棠), 일본공사 다케소에 신이치로(竹添進一郎), 미국 공사 복덕(福德, 미국 이름 푸트)을 역시 중희당에서 접견했다.

임오군란의 여파가 채 진정되기도 전에 또 한 차례의 비극적 사건이 창덕궁에서 일어났다. 고종 21년(1884) 10월 17일 일어난 갑신정변이 그것이다. 임오군란 후 세력이 커진 청에 불안을 느낀 일본과 그 추종세력 김옥균, 박영효(朴泳孝), 서광범(徐光範) 등 개화파는 쿠데타를 일으켜 정권을 장악하고, 일본의 메이지 유신 같은 개혁을 시도했다. 그리하여 우정국(郵政局) 낙성연에서 거사하고 나서 바로 창덕궁으로 들어가 청나라 군대가 난을 일으켰다고 고종을 속였다. 개화파는 지금 창덕궁 옆 계동에 있는 경우궁(景祐宮)[118]으로 고종을 급히 이어시키고, 일본군으로 하여금 창덕궁을 포위하게 한 다음, 왕명을 빙자하여 이조연(李祖淵), 민태호 등 대신들을 창덕궁으로 불러들여 처단했다. 다음 날 임금은 경우궁에서 나와 종친 이재원(李載元)의 집으로 피신했다가 창덕궁 관물헌으로 돌아왔다.

그러나 갑신정변은 사흘 만에 끝났다. 10월 19일 오후 4시경 위안 스카이는 2천 명의 군대를 이끌고 창덕궁으로 들어가 창덕궁과 창경궁 후원에서 일본 군인들과 총격전을 벌였다. 고종은 창경궁의 연경당으로 피접했다가 다시 옥류천을 거쳐 북쪽 담문을 열고 북묘(北廟)로 갔는데, 이때 무예청 군인들이 고종을 호위하기 시작했다. 무예청 군인들은 임금이 나가는 것을 만류하던 홍영식(洪英植), 박영교(朴泳敎), 사관생도 등을 죽였다. 밤 12시경 고종은 다시 북묘에서 나와 창경궁 남쪽 선인문(宣仁門) 밖에서 우 자오유(吳兆有)가 거느리고

118. 경우궁은 순조의 생모인 수빈 박씨를 위한 사당이다. 뒤에 영조의 생모인 숙빈 최씨를 위한 사당인 육상궁에 합사(合祠)했다.

있는 청나라 군영으로 피했다가 10월 23일 창덕궁으로 환궁했다. 대왕대비와 왕대비 등은 정변 중에 노원(蘆原)으로 피신했다가 24일 돌아왔다.

개화파 정권이 '3일천하'로 무너진 뒤 고종은 창경궁의 낙선재(樂善齋)를 집무소로 정했다. 낙선재에서 고종은 갑신정변의 뒤처리를 위해 대신들을 소견(召見)하고, 일본 공사 이노우에 가오루(井上馨), 청나라 사신 우 다청(吳大澂)과 수 창(續昌) 등 외국 공사들을 접견했다.

경복궁 이어와 갑오경장, 을미사변

고종 22년(1885) 1월 17일 고종은 경복궁으로 이어했다. 임오군란과 갑신정변의 악몽을 씻기 위함일 것이다. 그리고 이 해 8월, 천진으로 납치되었던 대원군이 3년 만에 돌아왔다. 경복궁 이어 후 고종은 개혁적인 조치를 잇달아 시행했다. 고종 22년 2월 19일에는 근대적인 의료기관으로 광혜원(廣惠院, 뒤에 제중원으로 고침)을 설치하고, 23년(1886) 2월에는 노비세습제를 폐지했으며, 23년 8월 1일에는 근대적인 학교로 육영공원(育英公院)을 설치했다. 그 밖에 이탈리아, 프랑스 등과 통상조약을 맺은 것도 이 시기다.

고종 27년(1890) 4월 17일 대왕대비 신정왕후 조씨가 83세를 일기로 경복궁 흥복전(興福殿)에서 타계했다. 순조의 며느리로서 참으로 긴 세월 동안 순조, 익종, 헌종, 철종, 고종의 여러 임금을 지켜 보고 대비로서 영향력을 미쳤던 큰 여인이 세상을 떠난 것이다. 특히 고종의 양모(養母)로서 고종을 왕위에 앉히고, 대원군과 적지 않은 갈등도 있었던 대비의 죽음은 고종에게도 큰 슬픔이었다. 고종은 28년(1891) 4월 7일 신정왕후의 신주를 창경궁 명정전에 봉안했다.

고종 28년(1891) 5월 3일 왕은 창덕궁의 중희당을 경복궁에 옮겨 지으라고 중건소(重建所)에 지시했다. 정조가 짓고, 자신도 애용했던 중희당에 대한 애정이 있어서일 것이다. 그것이 실현되었는지는 알 수 없다.

46. 『조선고적도보』에 실린 후원의 연경당. 익종이 순조와 순원왕후의 진찬(進饌)을 위해 지은 연경당은 고종 대에 들어서면서 중요한 정치 공간이 되기도 했다.(위)

47. 연경당 현판.(아래)

그러나 중희당이 그후 없어진 것은 사실이다.

고종 31년(1894) 3월 21일 전라도 고부에서 전봉준(全奉準)이 봉기했다. 이른바 동학란(東學亂)을 일으켜, 4월 27일에는 전주(全州)를 점령했다. 이보다 앞서 4월 3일 고종은 경복궁을 떠나 창덕궁으로 이어했다. 왜 다시 창덕궁으로 돌아왔는지 이유는 알 수 없으나, 이어한 다음 날 고종이 대신들에게 "창덕궁이 좀 좁기는 하지만 익숙하고 편하다"고 말한 것을 그대로 믿어야 할 것이다. 다음 달인 5월 5일 청군(淸軍)이 아산만에 도착하고, 5월 9일 일본군이 인천에 상륙하여 전운이 감돌았다. 5월 10일 정부군은 전주감영을 다시 회복했다. 그런데 5월 24일 고종은 경복궁으로 다시 이어했다. 고종이 창덕궁을 떠나면서 창덕궁과의 인연은 마지막이 되었다.

왜 고종은 경복궁을 떠난 지 두 달도 안 되어 경복궁으로 다시 이어했을까? 그 이유는 알 수 없다. 그러나 이때부터 경복궁에서는 엄청난 비극이 시작되었다. 고종이 경복궁으로 이어하기 하루 전인 5월 23일 일본 공사 오토리 게이스케(大鳥圭介)는 고종을 알현하고 강도 높은 개혁을 요구했다. 그러나 고종은 자주적이고 점진적인 개혁을 추구했으므로 일본의 요구에 응하지 않았다. 이에 일본은 강제로 일을 추진하기 위해 6월 21일 새벽 2개 대대의 병력을 투입하여 경복궁 영추문(迎秋門)으로 들어가 경복궁을 점령했다. 그리고 대원군을 입궐시켜 권력을 쥐게 하고, 7월 15일 김홍집 내각을 출범시켜 수백 건의 개혁안을 통과시켰다. 이것이 이른바 갑오경장이다. 그리고 6월 24일 드디어 청일전쟁이 터졌다. 전쟁은 일본의 승리로 끝나고, 다음 해 3월 23일 청과 일본은 시모노세키조약(下關條約)을 맺었다.

갑오경장은 형식적으로 조선의 자주독립을 높이는 듯했다. 청나라 연호를 폐지하고 개국기원을 쓰기 시작한 것이다. 고종도 대군주폐하(大君主陛下)로 호칭이 격상되었다. 얼핏 보면 고종의 위상이 높아진 듯했다. 그러나 이는 착각이었다. 조선과 청의 관계를 끊기 위한 술책에 지나지 않은 것이다. 실제로 고종은 자율권을 잃었고, 일본의 조종을 받는 친일 내각이 실권을 쥐었다.

고종 32년(1895) 5월 14일 고종은 청국의 간섭을 끊어버리고 자주독립한 것을 축하하여 창경궁 연경당에서 원유회(園遊會)를 열었다. 정부의 대신들과 각국의 사신, 그리고 신사와 상인들이 참석했다. 이 원유회는 실제로 일본의 승리를 자축하는 모임이었다.

일본에 의한 자주독립이 얼마나 허구인지를 드러내는 엄청난 사건이 이 해 8월 20일(양력 10월 8일) 경복궁 곤녕합(坤寧閤)에서 벌어졌다. 일본 훈련대 군인들과 낭인(浪人)들이 새벽에 경복궁을 습격하여 명성황후를 시해하는 국제적

만행을 저지른 것이다. 일본을 견제하기 위해 러시아와 손을 잡은 황후를 제거한 것이다. 이것이 이른바 을미지변(乙未之變, 또는 을미사변)이다. 다음은 자신이 죽을 차례라고 판단한 고종은 다음 해(1896) 2월 11일 새벽 궁녀들의 가마를 타고 몰래 경복궁을 빠져나와 정동(貞洞)에 있는 러시아 공사관으로 피신하고, 김홍집 등 친일파를 처단했다.

경운궁 건설

을미지변 이후 고종은 경복궁과 창덕궁을 모두 버리기로 결심했다. 청군과 일본군이 총격전을 벌인 창덕궁이나, 일본군이 황후를 시해한 경복궁이나 모두 혐오스러웠을 것이다. 그래서 이제 정치의 중심지를 서울의 한복판이면서 서양 공사관들이 가깝게 모여 있는 경운궁으로 선택한 것이다. 이곳은 일본의 손길이 쉽게 닿을 수 없는 곳이었다. 러시아 공사관에 있는 동안 경복궁에 있는 황후의 시신을 경운궁으로 모셔오고, 경운궁에 여러 시설을 짓기 시작했다.[119]

고종이 경운궁을 주목하기 시작한 것은 훨씬 오래전이었다. 고종 19년 임오군란 당시 경운궁에 침전인 함녕전(咸寧殿)을 짓는 공사가 진행되고 있었다. 이는 장차 경운궁을 정궁으로 사용하겠다는 원대한 계획이 있었음을 말해준다. 서양의 경우, 왕궁은 교통이 편리하고 시민들이 모여 사는 도심에 있기 때문에 외국인이 왕궁을 쉽게 침범하기 어려웠다. 이런 점에서 볼 때 경복궁이나 창경궁은 너무 외진 곳에 있어서 궁중에서 일어나는 변란을 일반 시민들이나 외국 사절들이 감지하기 어려웠다.

경운궁 건설 공사는 순조롭게 진행되어 고종 33년(1897) 2월 20일 고종은 러시아 공사관을 떠나 경운궁으로 환어했다.[120] 이때부터 경운궁 시대가 열린 것이다. 경운궁에는 근대 서양식 건물도 여러 채 들어서서 종전의 궁궐과는 다른 모습이었으며, 르네상스 양식의 장엄한 석조전(石造殿)도 건설되기 시작했다.

10년 5개월간 이어진 경운궁 시대는 고종이 진정한 자주독립과 근대화를 추진하던 시대이기도 했다. 이 해 10월 12일 고종은 국민들의 열화와 같은 요청에 부응하여 경운궁 즉조당에서 대한제국(大韓帝國)을 선포하고 황제의 자리에 올랐다. 또 자주독립을 상징하는 제천단인 원구단(圜丘壇)을 경운궁 동편에 세웠다. 지금의 조선호텔 자리다. 1900년에는 을미지변 때 순국한 홍계훈, 이경직(李景稷) 등 애국열사를 추모하기 위해 장충단(獎忠壇)을 세웠다.

고종은 경운궁에 있으면서도 경복궁과 창덕궁의 상징성을 살리기 위해 1900년 7월 26일 두 궁에 선원전(璿源殿) 제1실을 증건했다. 태조의 어진을 다시 제작하여 봉안하기 위해서였다. 그 보고서가 지금 남아 있는 『경복궁창덕궁증

---

119. 을미지변과 명성황후의 장례식, 그리고 대한제국 성립 과정에 대해서는 한영우, 『명성황후와 대한제국』(효형출판, 2001년) 참고.
120. 고종의 경운궁 건설에 대한 자세한 내용은 한영우, 「1904~1906년 경운궁 중건과 경운궁 중건도감의궤」, 『한국학보』107(일지사, 2002년) 및 「중화전 영건도감의궤 해제」, 『규장각 영인본』(2002년) 참고.
121. 1905(광무 9)년 일본이 한국의 외교권을 박탈하기 위해 한국 정부를 강압하여 체결한 조약. 흔히들 을사조약으로 알고 있는 그것이다. 그러나 황제가 재가하지 않은 불법조약이기 때문에 '을사늑약'이라고 부름이 마땅하다.

48. 원구단(오른쪽)과 황궁우(왼쪽). 원구단은 둥근 하늘과 네모난 땅을 상징하며, 황궁우는 하늘과 땅의 신위(神位)를 봉안했다. 1914년 원구단을 헐고 철도조선호텔(지금의 조선호텔)을 세웠다.

건도감의궤(景福宮昌德宮增建都監儀軌)』(1900)다.

고종은 1905년 을사늑약(乙巳勒約)[121]이 무효임을 전세계에 알리려고 저항하다가 일본의 강요로 1907년 순종에게 대리청정을 시키는 형식으로 양위했다. 이때부터 고종은 태황제(太皇帝)로 불렸으며, 태황제의 관부로 승녕부(承寧府)를 두었다. 옛날 태조가 양위한 뒤 승녕부를 둔 선례를 따랐다. 순종은 경운궁 돈덕전(惇德殿)에서 즉위한 다음 창덕궁으로 옮겨갔다.

고종은 1919년 1월 21일 밤 덕수궁(경운궁을 개명) 함녕전에서 식혜를 들고 갑자기 타계했다. 향년 68세였다. 당시 국민들은 일본이 독살했다고 믿고 분노했으며, 그 분노가 3·1운동의 결정적 계기가 되었다. 고종은 지금 남양주시 홍릉(洪陵)에 안장되고, 이때 청량리 홍릉에 모셔졌던 명성황후를 이곳으로 옮겨 합장했다.

25. 순종 — 창덕궁의 공원화

1907년 8월 27일 순종(純宗, 재위 1907년 8월-1910년 8월)은 34세에 경운궁 돈덕전에서 즉위했다. 이름은 척(坧)이다. 새 황제는 태황제 고종과 같은 궁에 있을 수 없어서 창덕궁으로 이어하기로 하고, 이 해 10월 7일부터 창덕궁 수리에 들어갔다. 창덕궁 이어는 고종과 순종을 멀리 떼어놓기 위한 통감부의 계략도 작용했을 것이다.

49. 『조선고적도보』에 실린 후원의 반도지와 관람정. 〈동궐도〉에는 관람정이 없고, 연못의 모양도 전혀 다르다. 왼편 언덕에 보이는 정자가 승재정이다.

　창덕궁이 어떤 모양으로 수리되었는지는 자세한 기록이 없다. 그러나 이때 반도지(半島池), 관람정(觀纜亭, 혹은 扇子亭), 승재정(勝在亭) 등이 새로 꾸며지고, 자동차가 드나들게 하기 위해 많은 전당이 헐려나갔다. 인정전 용마루에 황실 문양인 오얏꽃 무늬를 넣은 것도 이 무렵일 것으로 추측된다. 아마 일본의 취향과 의도가 많이 작용했을 것이다. 일본은 왕궁을 일반 시민들의 휴식 공간, 즉 시민공원으로 만들려는 의도를 가지고 있었음이 명백하게 드러나기 때문이다. 순종은 드디어 1907년 11월 13일 창덕궁으로 이어했다. 또한 태황제의 장수를 비는 뜻으로 경운궁을 덕수궁으로 이름을 바꾸었다.

　순종이 창덕궁으로 이어한 이후 창덕궁은 왕궁의 존엄성을 잃고 친일 대신들과 일본인들의 놀이 공간으로 전락했다. 1908년 4월 17일부터 창덕궁 후원은 비원(秘苑)이라고 불리기 시작했다. 1908년 4월 21일 순종은 연경당에서 통감 이토 히로부미(伊藤博文)를 접견하고 함께 식사했다. 4월 29일에는 일본인인 대한의원 원장, 육군 군의감, 대한의원 의관(醫官) 등을 연경당에서 접견하고 오찬을 나누었다. 이 해 5월 21일에는 각급 소학교 학생들의 연합운동회가 비원에서 열렸는데, 대신들은 부부동반하여 이 운동회를 참관했다. 궁궐이 운동장으로도 이용된 것이다.

　1908년 7월 12일에는 순종이 통감 이토 히로부미를 접견하고 주합루에서 음식을 대접했다. 이때 여러 종친들과 대신들도 함께 참석했다. 규장각의 주건물로서 임금의 어진, 어제, 어필을 모시던 신성한 장소가 연회장으로 변한 것이

50. 일제에 의해 동물원으로 바뀐 창경궁.(위)

51. 왕비가 손수 누에 치는 것을 시범하던 창덕궁 안의 친잠실. 원래 서향각이었던 것이 일제시대에 친잠실로 바뀌었다.(아래)

다. 7월 20일에는 부통감이 데리고 온 일본인 화가를 접견했는데, 그가 비원을 그려서 바치자 순종은 동석한 대신들에게 7언절구로 된 시(詩) 한 편씩을 지어 바치게 했다. 이때 참석한 대신은 이완용(李完用)을 비롯하여 송병준, 임선준, 이병무 등이었다.

1909년에 들어서 궁궐 파괴와 공원화는 본격적으로 추진되었다. 가장 피해가 큰 것은 창경궁이었다. 이 해 11월 1일 창경궁 안에 동물원과 식물원을 설치하고 개원식을 가진 다음 일반인에게 관람을 허락했다. 이 과정에서 명정전 등 일부 전각만이 남고 나머지 전당들이 대부분 헐려나간 것은 물론이다.

이미 통감부의 그늘 아래 자주권을 잃은 순종은 나라가 망한 뒤에도 창덕궁에서 살았다. 원해서 살았다기보다 그렇게 하도록 강요받은 것이다. 호칭도 황제에서 왕으로 격하되고, 고종도 태황제에서 태왕으로 격하되었다. 순종은 1926년 4월 25일 창덕궁 대조전에서 53세를 일기로 세상을 떠났다. 순종의 장례식을 계기로 또다시 거족적인 항일운동이 일어난 것이 6·10만세운동이다.

순종은 고종과 명성황후가 안치된 홍릉 옆 유릉(裕陵)에 안장되었다.

26. 일제 강점기—1917년의 대화재와 변개

1910년 8월 29일 이른바 한일합방조약이 창덕궁 인정전에서 체결되었다. 대한제국을 강제로 합병한 일본은 서울의 왕궁을 모두 자신들의 목적과 취향대로 부수고 변개했다. 20만 평 남짓한 경복궁도 헐려나가고 그곳에 총독부가 세워졌으며,[122] 경희궁은 완전히 헐리고 그 부지에 일본인 학교인 경성중학교가 들어섰다. 덕수궁도 크게 훼손되고 경역이 대폭 축소되었다.

창경궁이 이미 1909년에 동물원과 식물원으로 변개되었음은 앞에서 말했다. 1911년 4월 26일 창경궁은 창경원으로 명칭이 바뀌었다. 일본은 1911년 11월 30일 창경궁 자경전을 헐고, 그 자리에 이왕직박물관 겸 도서관으로 일본식 건물인 장서각(藏書閣)을 지었다. 그리고 이곳에 벚꽃 동산을 만들어 일본혼이 넘치는 공원을 만들었다.

창덕궁은 일제 강점기에 어떻게 되었는가? 이곳은 순종이 살던 곳이므로 완전히 부수지는 못했다. 순종은 1912년 6월 14일 거처를 낙선재로 옮겼다. 1917년 11월 10일 창덕궁에는 큰 화재가 또 일어났다. 오후 2시경 대조전 서쪽 온돌로 이어진 나인(內人)들의 갱의실에서 불이 나서 대조전, 흥복헌, 통명전, 양심합, 희정당, 찬시실, 내전 창고, 경훈각, 징광루, 옥화당, 정묵당, 요

52. 창경궁 장서각 본관. 정조가 모후 혜경궁을 위해 지은 자경전을 헐고, 그 자리에 총독부가 일본식 건축으로 지은 것이다. 지금은 철거되었다.

122. 1911년 5월 17일 총독부는 면적 19만 8624평의 경복궁을 빼앗아 자신들의 목적에 따라 파괴하기 시작했다. 이곳에 총독부가 세워진 것은 1916-1926년이다.

123. 1895년 을미지변으로 명성황후가 시해된 뒤 고종은 황후를 다시 맞이하지 않았다. 대신 후궁인 귀인 엄씨(貴人 嚴氏)를 가까이하여 아들을 낳으니 그이가 이은(李垠, 1897-1970)이다. 고종은 또 귀인 장씨(貴人 張氏)를 일찍이 총애하여 아들 이강(李堈, 1877-1955)을 낳은 바 있으나 어머니 귀인 장씨가 궁 밖으로 쫓겨나고, 이강의 나이가 순종보다 세 살 아래여서 순종이 황태자가 되었다. 순종은 뒤를 이을 후사가 없었으므로 이복동생 중에서 황태자를 삼을 수밖에 없었는데, 그 중에서 엄씨 소생의 이은이 황태자로 봉해지고, 엄씨는 귀인(貴人)에서 순빈(淳嬪)으로, 순빈에서 순비(淳妃)로 승격되었다. 이은은 11세 되던 1908년 통감 이토 히로부미의 강요로 일본으로 건너가 사관학교에 입학하고, 일본 귀족인 방자(方子, 마사코)와 결혼하여 이구(李玖, 1931-)를 낳았다. 나라가 망하자 황태자에서 영친왕(英親王)으로 격하되었다. 해방이 되자 영친왕과 방자 여사는 귀국하여 창덕궁 낙선재에서 거처하다가 세상을 떠났다. 한편 이강은 1900년 의친왕(義親王)으로 책봉되었는데, 일제 강점기에 항일운동을 하다가 1955년 작고했다. 이강은 많은 아들을 두었는데 현재 국내외 곳곳에 살고 있다.

화당, 요휘문, 함광문 등이 탔다. 불은 저녁 8시경 진화되었다. 이날 밤 순종은 영왕(英王) 이은(李垠)[123]과 함께 잠시 연경당으로 피신했다가 뒤에 처소를 성정각으로 정했다.

창덕궁 화재 나흘 뒤인 11월 14일 이왕직(李王職) 장관 민병석(閔丙奭)과 고등관들은 화재 이후의 처리 방법을 논의한 결과 임시 궁전인 낙선재를 먼저 수리하고, 나머지는 1919년까지 차례로 건설하되, 조선식과 서양식을 참조하기로 했다. 새로 지을 건평은 약 7백 평으로 잡고, 총 비용은 54만 6천 3백 원으로 계상되었다.

그런데 이 해(1917년) 11월 27일 이왕직은 경복궁의 여러 전각을 헐어 창덕궁에 옮겨 짓는 방침을 총독부와 협의하여 결정했다. 어차피 총독부 청사를 짓기 위해 경복궁을 헐고 있으므로 헐린 전각의 재목을 창덕궁으로 옮겨 이용하자는 것이다. 그리하여 경복궁의 교태전, 강녕전, 동행각(東行閣), 서행각(西行閣), 정길당(廷吉堂), 경성전, 연생전, 응사당(鷹社堂), 흠경각, 함원전, 만경전(萬慶殿), 흥복전을 헐고, 그 재목을 창덕궁으로 옮겼다. 이 중에서 교태전, 강녕전, 경성전, 함원전, 연생전, 흠경각은 고종 13년(1876) 화재로 불탄 후 다시 지은 것이므로, 새로 지은 지 40년도 안 되어 다시 헐리는 비운을 맞은 것이다.

경복궁 재목을 이용한 창덕궁의 재건으로 창덕궁의 원래 모습은 크게 바뀌었다. 1921년 3월 22일에는 덕수궁의 선원전을 헐어 창덕궁 후원에 옮겨 짓고, 여기에 태조, 세조, 원종, 숙종, 영조, 정조, 순조, 문조(익종), 헌종, 철종, 고종의 어진을 옮겨왔다.

또 창덕궁에 자동차가 드나들 수 있도록 돈화문 앞의 돌계단에 흙을 쌓아 평지를 만들고, 비원으로 통하는 자동찻길을 만들기 위해 인정전 남쪽과 서쪽의 전당들을 모두 헐었다. 그뿐 아니라 창덕궁에서 가장 상징성이 큰 법전인 인정전 주변 행각들도 총독부 전시실로 쓰기 위해 크게 왜곡시켜놓았다.

이와 같은 파괴행위로 인해 지금 남아 있는 창덕궁의 전각에서 옛 모습을 찾기는 매우 어려워졌다.

1994년 창덕궁 복원공사가 비로소 시작되어 돈화문 돌계단이 복원되고, 인정전 남쪽과 서편의 전당들이 복원되었다. 즉 지금 복원된 것은 인정전 행각, 인정문, 진선문, 숙장문, 홍문관, 이문원, 대유재, 소유재 등이다.

3. 창덕궁과 창경궁의 연구자료

앞에서는 창덕궁과 창경궁의 역사를 시대별로 정리해보았다. 이제는 두 궁궐에 건설된 각 전당들의 역사와 그 모습을 개별적으로 살펴볼 차례다. 그런데 궁궐의 역사와 건축적인 특징을 현재 남아 있는 건물을 대상으로 살펴보는 것은 문제가 있다. 왜냐하면 앞에서도 설명한 바와 같이, 조선말과 일제 강점기를 거치면서 두 궁궐의 원래 모습이 심하게 왜곡되었기 때문이다. 따라서 왜곡되기 이전 궁궐의 역사와 건축적 특징을 다른 문헌자료를 토대로 복원하는 절차가 필요하다. 그런 다음 현재의 모습과 비교하면서 무엇이 어떻게 파괴되고 왜곡되었는지를 알아보아야 할 것이다.

1. 『조선왕조실록』

궁궐의 역사와 기능을 살피려면 우선 『조선왕조실록』을 참고하는 것이 중요하다. '실록'에는 각 왕대별로 어느 시기에 어느 궁궐로 이동하면서 어떤 공간을 이용했는지를 알려주는 기록이 많다. 그리고 언제 어떤 전당이 화재로 소실되고, 언제 중건되었는지, 어떤 왕이 어디서 탄생하고 훙서했으며, 왕비나 대비 혹은 세자들이 어디서 거처했는지도 알 수 있다.

그러나 '실록'은 약점도 있다. 즉 각 전당의 공간 배치나 건축적 특징을 살피는 데는 도움이 되지 않는다. 따라서 '실록'만으로 궁궐의 역사를 이해하는 것은 한계가 있다. 그러면 두 궁궐의 원래의 공간 배치를 알려주는 자료로는 무엇이 있을까?

124. 주남철·김동현, 「동궐도로 본 창덕·창경궁의 건축구조」, 『동궐도』(한국문화재보호협회, 1991년)

2. 〈동궐도〉

 다행히도 창덕궁과 창경궁의 본래 모습을 아름답고 사실적으로 그려놓은 그림자료가 남아 있다. 그것이 지금 고려대학교와 동아대학교 박물관에 소장되어 있는 〈동궐도(東闕圖)〉(1828년 2월 무렵)다. 특히 고려대학교 소장 자료는 국보로 지정되어 있을 만큼 문화재로서 가치가 높다.

 〈동궐도〉는 열여섯 폭의 비단에 부감법(높은 곳에서 내려다봄)을 이용하여 창덕궁과 창경궁을 세밀하게 묘사했다. 이를 연결하여 붙여놓으면 높이 273센티미터, 너비 584센티미터가 된다. 왕조시대의 궁궐도로는 가장 크다. 특히 각 건물의 편액글씨까지 그려져 있어서 동궐의 공간 배치와 구조를 이해하는 데 결정적으로 도움을 준다. 이 그림에 그려진 전당(殿堂)은 542채로 알려져 있다.[124]

 그러면 〈동궐도〉는 언제 누가 제작한 것인지, 즉 어느 시기의 궁궐 모습을 담고 있는지 우선 궁금하다. 그러나 〈동궐도〉 제작에 관한 문헌 기록은 유감스럽게도 없다. 따라서 우리는 〈동궐도〉에 그린 전당 이름과 화재로 불타 없어져 터만 그린 전당의 이름을 통해서 이 그림의 제작 시기와 제작 주체를 더듬을 수밖에 없다.

 우선 〈동궐도〉를 보면, 창덕궁 경복전이 터만 그려져 있다. 인정전 서쪽에 있는 경복전은 대비전(大妃殿)으로 사용한 건물인데, 순조 24년(1824) 화재로 소실되었다. 따라서 〈동궐도〉는 1824년 화재 이후에 제작되었음을 알 수 있다. 또 순조 30년(1830) 대화재로 창경궁의 환경전을 비롯한 여러 전당이 불탔는데, 〈동궐도〉에는 이들 전당이 그려져 있다. 그렇다면 〈동궐도〉는 화재가 난 1830년 이전에 제작된 것이다.

 〈동궐도〉의 제작 연대를 1824년에서 1830년 사이로 일단 잡아놓고, 여기서

53. 〈동궐도〉 국보 249호. 고려대학교 박물관. 우리가 흔히 보는 동궐도는 이들 열여섯 폭의 그림을 모두 펼쳐서 이어놓은 모습이다.

제작 연대를 더욱 좁혀서 추적하면 어떻게 될까. 이때 가장 주목해야 할 건물이 창경궁 연경당이다. 연경당은 헌종 초에 편찬된 『궁궐지』에 "순조 28년(1828) 익종이 춘저(春邸, 세자)에 있을 때 고쳐 지었다"고 기록되어 있고,[125] 고종 2년 이후 만든 『동국여지비고(東國輿地備攷)』에는 "순조 27년 익종이 춘궁에 있을 때 진장각 터에 창건했는데, 그때 마침 대조(大朝, 왕세자가 섭정하고 있을 때의 임금을 칭하는 말로, 순조를 이름)에게 존호를 올리고 경례를 할 때에 완성되어 이름을 연경당이라고 붙이게 되었다"고 되어 있다.[126]

『동국여지비고』에서 순조 27년 대조에게 존호를 올리고 경례를 했다는 것은 구체적으로 순조 27년 9월 10일 순조에게 존호를 올리고, 창경궁 자경전에서 진작한 사실을 말하는 것이다. 그런데 이때 연경당에서 잔치를 했다는 기록이 없는 것으로 보아 연경당이 아직 준공 단계에는 이르지 못한 것으로 보인다. 연경당이라는 이름은 경사(慶事)를 베푼다는 뜻이 담겨 있어서 순조의 경사를 위해 지은 것이 확실한데 아직 27년 9월 당시로는 준공을 보지 못한 것 같다.

그런데 『자경전진작정례의궤』를 보면, 순조 28년(1828) 2월 순조비 순원왕후의 40세를 기념하여 창경궁 자경전에서 진작하고, 이어 연경당에서도 진찬한 것으로 되어 있다. 따라서 연경당은 늦어도 순조 28년 2월에는 준공을 본 것이다. 『일성록』을 보면, 순조 28년 3월 21일 익종이 연경당에서 윤대관(輪對官)을 소견했다는 기록이 보인다.[127] 따라서 연경당은 순조 28년(1828) 2월 이전에 완공되어 잔치를 치른 뒤에는 익종이 신하들을 만나 정치를 논하는 장소로 이용하고 있었음을 알 수 있다.

이상 여러 기록을 종합해보면, 연경당은 순조 27년 공사가 진행되어 늦어도 순조 28년 2월 이전에 준공되었다. 이 건물이 완공된 이후 이곳에서의 잔치를 기념하여 〈동궐도〉를 그렸다고 한다면, 〈동궐도〉의 제작 연대는 연경당에서 잔치가 벌어진 1828년 2월에서 그리 멀지 않은 시기일 가능성이 높다.[128]

그러면 누가 왜 〈동궐도〉를 제작했을까? 제작자와 제작 목적은 제작 연대가 1828년 2월경이라는 사실에서 자연스럽게 드러난다. 순조 27년(1827) 2월 9일부터 순조는 19세가 되는 세자 익종에게 대리청정을 맡겼는데, 청정을 맡은 익종은 27년 9월 10일 순조에게 존호를 올리고 자경전에서 진작했다.[129] 28년 2월에는 모후 순원왕후의 40세를 기념하여 존호를 올리고 자경전에서 진작하고, 연경당에서 진찬했으며,[130] 29년 2월에는 순조의 등극 30년과 탄신 40년을 기념하여 진찬을 했다.[131] 이와 같이 순조 27년 9월부터 29년 2월 사이에 세 번이나 창경궁에서 잔치를 벌인 일은 왕실의 크나큰 경사가 아닐 수 없다.

왕실에 큰 경사가 있을 때는 이를 '의궤'로 제작하여 남기기도 하고, 그림으

---

125. 『궁궐지』(서울특별시사편찬위원회, 2000년) 67쪽.
126. 『동국여지비고』(서울특별시사편찬위원회, 2000년) 17쪽.
127. 『일성록』(서울대 규장각 간행) 권20 순조 28년 3월 21일 庚申條.
128. 〈동궐도〉의 제작 연대를 1824년에서 1827년 사이로 보는 견해도 있다(주남철, 『연경당』, 일지사, 2003년, 11쪽). 이는 〈동궐도〉에 1828년에 세운 연경당이 그려져 있지 않고, 그 전에 있던 진장각(珍藏閣)이 그려져 있다는 데에 근거를 둔다. 즉 연경당을 짓기 전에 〈동궐도〉가 제작되었다는 것이다. 그런데 〈동궐도〉에 그려진 집을 진장각이라고 보는 것은 이 집이 지금 남아 있는 연경당과 모습이 다르다는 데에 근거한다. 하지만 이런 견해는 재고의 여지가 있다. 어떻게 〈동궐도〉에 진장각을 그려놓고 감히 연경당이라고 써넣을 수 있는지 의문이다. 따라서 〈동궐도〉의 집은 진장각이 아니고 연경당으로 보는 것이 합리적이다. 그렇게 본다면 〈동궐도〉의 제작 연대는 자연히 1828년 이후가 된다.
129. 순조 27년 9월 10일의 행사를 정리한 것이 『자경전진작정례의궤』다.
130. 순조 28년 2월의 행사를 정리한 기록이 『진작의궤』다.
131. 순조 29년 2월의 행사를 기록한 것이 『순조기축진찬의궤』다.
132. 안휘준, 「한국의 궁궐도」, 『동궐도』(한국문화재보호협회, 1992년) 50쪽.

로 남기기도 하는 것이 관례다. 정조가 혜경궁의 회갑을 기념하여 수원 행차를 마친 후 『원행을묘정리의궤』를 남기고 〈능행도〉를 병풍으로 제작한 것이 좋은 예다. 순조와 익종은 정조의 정책을 충실하게 계승하고자 했으므로 왕실의 경사를 '의궤'와 〈동궐도〉로 남긴 것은 극히 자연스러운 일이다. 아마 〈동궐도〉는 병풍으로 만들 것을 염두에 두고 그린 것으로 보인다.

그러면 〈동궐도〉는 왜 창경궁만 그리지 않고 창덕궁을 함께 그렸을까? 이는 창경궁이 독립된 궁궐이 아니라 창덕궁과 연계되어 있는 궁궐이기 때문이다. 창덕궁이 주로 남성 공간이라면, 창경궁은 여성 공간이자 세자 공간으로서 주로 대비와 세자들이 살았으므로 임금과 멀리 떨어져 있을 수가 없었다. 그래서 두 궁궐을 동궐(東闕)이라고 통칭하게 된 것이다.

또 순조 때 왕실의 잔치는 창경궁에서 이루어졌지만, 순조와 익종의 정치 공간은 창덕궁이었다. 특히 익종은 창덕궁 연영합(延英閤)에서 세자 시절을 보냈고, 중희당을 청정소(聽政所, 정사에 관해 신하가 아뢰는 말을 듣고 처리하는 장소)로 이용했는데, 연영합 남쪽에 있는 학금(鶴禁, 왕세자가 사는 궁전) 건물 마당에는 두 마리의 학(鶴)과 괴석(怪石)이 놓여 있음이 〈동궐도〉에 보인다. 익종이 자신의 호(號)를 학석(鶴石)이라고 한 것은 바로 이 건물에서 따온 것이다. 이런 사정을 고려할 때, 〈동궐도〉에 창덕궁을 함께 그려넣는 것은 너무나 당연한 일이다.

그러면 〈동궐도〉는 누가 그렸을까? 〈동궐도〉를 그린 화원(畫員)을 정확하게 말하기는 어려우나, 당시 『진작의궤』나 『진찬의궤』 등의 그림을 그리는 데 참여한 화원을 통해 추리해보면 이수민(李壽民), 이윤민(李潤民) 형제와 이윤민의 아들 이형록(李亨祿) 등이 가장 유력하다.[132]

3. 『한경지략』

『한경지략(漢京識略)』은 순조 30년(1830) 유득공의 아들 유본예(柳本藝)가 지었다. 이 책은 궁궐만을 소개한 것이 아니라 서울의 각종 제단(祭壇), 신전(神殿), 원유(苑囿, 정원), 정자, 관청, 역원(驛院), 교량, 고적, 산천, 명승, 동(洞), 시전(市廛) 등 서울에 관한 종합적인 내용을 담고 있다. 개인이 수집한 자료를 토대로 편찬하여 서울에 관한 연구자료로는 가치가 있으나, 궁궐의 변천이나 궁궐 안에서 이루어진 역사가 소략하고, 정확하지 못한 것도 적지 않다.

4. 『궁궐지』(헌종 대)

『궁궐지(宮闕志)』라는 이름의 책은 두 종류가 있다. 하나는 헌종 때 편찬한 것이고, 다른 것은 순종 때 편찬한 것이다. 전자는 5권 5책으로 도성지(都城志), 경복궁, 창덕궁, 창경궁, 경희궁의 순으로 되어 있다. 작자는 불명이다.

이 책은 순조 33년에 궁궐이 불탔다가 순조 34년 중건된 사실이 기록되어 있고, 연경당에 관한 기록에 "지금 익종의 영진(影眞)을 봉안하고 있다"고 한 것으로 볼 때 헌종이 즉위한 이후 편찬했으며, 연경당에 봉안된 익종의 어진을 헌종 3년 경우궁 성일헌으로 옮겨 봉안했는데도 이 책에서는 여전히 연경당에 봉안하고 있다고 한 것으로 보아 헌종 3년 이전에 편찬했음을 알 수 있다.[133] 그러나 본문 가운데 원(原)과 증(增)이 구별되어 있어서 원래는 헌종 이전에 편찬되었다가 헌종 초에 증보된 것임을 알 수 있다.

이 책은 각 전당별로 그 위치를 소개하고, 다음에 각 전당에서 펼쳐진 중요한 정치적 사건과 문화적 사건들을 기록하고 있다. 이를테면 각 전당의 상량문이라든가, 각 전당에서 태어났거나 죽은 사람, 각 전당의 아름다움을 읊은 임금이나 세자들의 시문(詩文) 등이 기록되어 있다. 이러한 왕실 자료들을 모을

54. 『궁궐지』(헌종 대) 중 창덕궁 수정전, 희정당 부분.

수 있었다는 것은 이 책이 관에서 편찬한 것임을 말해준다. 글자가 깨끗한 것도 관찬임을 암시한다.

특히 일제 강점기에 사라져버린 경희궁에 관한 기록이 자세한 것은 이 책의 가치를 높인다.

5. 『동국여지비고』

이 밖에 궁궐을 소개한 책자로 『동국여지비고(東國輿地備攷)』가 있다. 이 책은 순전히 궁궐에 관한 기록은 아니고, 서울의 성곽, 단묘, 원유, 관청, 한성부의 직제 등을 포괄적으로 읍지(邑誌) 형식으로 서술하는 가운데 '궁궐' 항을 넣어 경복궁, 창덕궁, 창경궁, 경희궁의 각 전당을 소개하고 있다. 말하자면 유본예의 『한경지략』과 비슷한 성격의 책이다.

이 책은 작자를 알 수 없으나, 편찬 시기는 "지금의 임금 2년에 경복궁을 다시 중건했다"는 기록으로 보아 고종 2년 이후 편찬된 것으로 보인다. 그러나 경운궁에 대해 선조 때 이궁이라는 정도로 간단하게 기록한 것으로 보아 고종이 경운궁으로 이어한 1896년 이전에 편찬된 것이다.

또 낙선재 등 중요한 전당이 빠진 것이 적지 않으며, 연대를 잘못 파악한 것이 더러 있고, 각 전당이 현재 있는지 없는지를 기록하고 있지 않아 관찬서는 아닌 것으로 보인다. 그렇지만 어떤 전당은 『궁궐지』보다 자세하게 그 내력을 기록하여 참고할 가치가 있다.

6. 『궁궐지』(1908년경)

또다른 『궁궐지(宮闕志)』는 서울대학교 규장각에 소장되어 있는데, 경복궁, 창덕궁, 창경궁만을 대상으로 하여 각 전당, 문, 행각, 복도, 궁장, 심지어 측간(廁間)에 이르기까지 모든 건물의 칸수와 척량(尺量)이 자세하게 기록되어 있는 것이 특색이다. 그 대신 헌종 대 『궁궐지』에 보이는 각 전당의 창건 연대라든가 각 전당의 기능에 대해서는 전혀 언급이 없다. 다시 말해 궁궐의 건축적 사항만을 기록한 책이다.

이 책의 정확한 편찬 연대는 알 수 없으나, 전에 있었던 전당들이 "지금은 없다"고 한 기록이 많은 것으로 보아 순종 때 창덕궁과 창경궁을 개조하던 무

133. 『헌종실록』 권4 헌종 3년 4월 17일 甲子條.

55-56. 『궁궐지』(순종 대) 중 창경궁과 창덕궁의 앞부분. 서울대학교 규장각.

렵에 편찬한 것으로 추정된다.

"지금 없다"고 한 건물은 창덕궁의 영모당, 경추문 안의 수문장청, 후원에 있는 수궁(守宮), 대보단 동편의 한려청(漢旅廳) 등이고, 창경궁에서는 홍화문 남측의 영군직소(營軍直所), 문정전의 외복도(外複道), 천오문(千五門) 및 행각, 만팔문(萬八門) 및 행각, 사각문, 통덕문(通德門), 중희당, 석류실(錫類室), 수덕당(綏德堂), 고문관(考文館), 선인문 부근의 영군직소 등이다. 이 중에서 중희당은 고종 28년(1891)에 헐렸으므로 이 책은 고종 28년 이후에 편찬된 것이다.

그리고 전에 없던 전당이 새로 보이는 것도 있다. 예컨대 창경궁의 낙선재(열일곱 칸 반), 평원루(平遠樓, 열여섯 칸 반), 관람정 등이 그것이다. 여기서 헌종 말년에 건설된 낙선재가 보이고, 순종 때 건설된 것으로 보이는 관람정, 즉 부채꼴 모양의 선자정이 새로 등장하는 것으로 보아 이 책은 1907년 이후 순종 때 편찬된 것이 아닌가 짐작된다. 이 책이 고종 때 편찬된 것이 아니라는 또다른 증거로는 경운궁에 대한 기록이 없다는 것이다. 만약 고종 때 편찬되었다면 경운궁을 빠뜨리지 않았을 것이다.

그렇다면 이 책은 순종이 1907년 황제위를 물려받은 뒤 경운궁(덕수궁)에서 창덕궁으로 이어하면서 창덕궁을 개조하기 시작했는데, 아마 개조 사업을 끝

134. 규장각 도서번호 9980.
135. 규장각 도서번호 14915, 14322, 14355, 14356.
136. 장서각 도서번호 2-3599, 파리 국립도서관 도서번호 2622.

내고 나서 편찬한 것으로 추정된다. 각 전당의 칸수를 세밀하게 기록한 것은 개조 후의 결과를 정리해둘 필요 때문이었을 것이다.

7. 『동궐도형』

『동궐도형(東闕圖形)』은 창덕궁과 창경궁의 각 전당의 배치도를 평면적으로 그린 평면설계도에 해당한다. 크기는 세로 442.5센티미터, 가로 276센티미터나 된다. 모눈을 그려넣고 그 위에 각 건물과 연못 등의 평면도를 그리고, 각 내부 공간의 용도를 써넣었다. 서울대학교 규장각에 소장되어 있다.[134]

그런데 그 내용은 순종 때 편찬된 『궁궐지』의 내용과 거의 일치한다. 예를 들면, 창덕궁 후원에 순종 때 새로 만든 반도지(半島池)와 그 옆에 세운 관람정 등이 그려져 있는 것이 그렇다. 그래서 이 책은 순종 때 『궁궐지』를 편찬하면서 이를 보완하는 자료로 작성된 것으로 보인다.

8. 의궤

창덕궁, 창경궁 연구자료로서 의궤(儀軌)의 가치도 매우 중요하다. 의궤는 궁궐의 영건 혹은 중수(重修)에 관련된 물자, 인력, 진행 과정, 비용, 그리고 후기의 의궤에는 도설(圖說) 등을 종합적으로 기록하고 있어서 궁궐과 관련된 재정적 측면과 건축적 측면, 그리고 건축 기술자 등을 세밀하게 알려준다. 지금 10종의 의궤가 남아 있는데, 이를 소개하면 다음과 같다.

『창경궁수리도감의궤(昌慶宮修理都監儀軌)』[135]

이 의궤는 인조 원년(1633) 8월 시작된 창경궁 수리사업을 정리한 것이다. 현재 서울대 규장각에 네 권이 소장되어 있으며, 장수는 모두 75-76장이다. 도설이 없다.

『창덕궁수리도감의궤(昌德宮修理都監儀軌)』[136]

인조 25년(1647) 4월에 시작한 창덕궁 수리사업에 관한 보고서다. 광해군 때 지은 인경궁을 헐어다가 창덕궁 대조전, 선정전, 희정당, 저승전 등을 수리하는 데 재목으로 썼다. 지금 장서각(국립문화재연구소 대출)과 파리 국립도서관

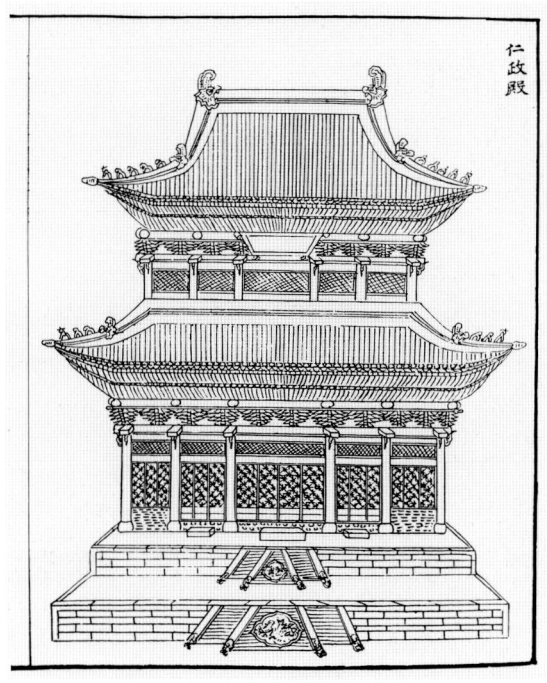 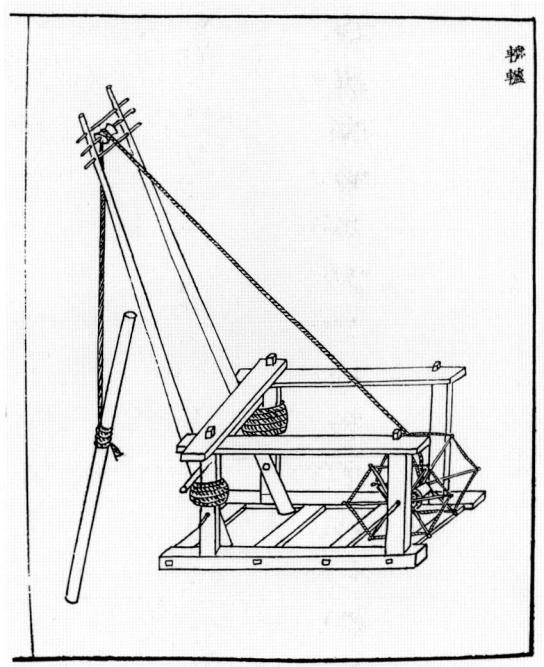

57-58. 『창덕궁인정전영건도감의궤』(1805) 중 인정전(왼쪽)과 녹로(轆轤, 오른쪽).
서울대학교 규장각.

에 각각 한 권씩 소장되어 있으며, 도설이 없다. 장수는 184장(장서각)과 189장(파리)인데, 파리 소장본은 임금이 보기 위한 것이었다.

『창덕궁저승전의궤(昌德宮儲承殿儀軌)』[137]

인조 26년(1647) 시작된 창덕궁(뒤에 창경궁 소속)의 동궁 처소인 저승전을 수리한 사실을 정리한 것이다. 모두 90장이며, 현재 장서각에 소장되어 있다. 저승전은 영조 40년(1764) 화재로 소실된 뒤 중건되지 않아 〈동궐도〉에는 터만 그려져 있다.

『창덕궁창경궁수리도감의궤(昌德宮昌慶宮修理都監儀軌)』[138]

효종 3년(1652) 3월부터 시작된 창덕궁과 창경궁 수리사업에 관한 보고서다. 현재 규장각에 한 권(66장), 파리에 한 권(92장)이 소장되어 있는데, 파리본이 완질본이고 규장각본은 낙질본이다. 도설이 없다.

『창덕궁만수전수리도감의궤(昌德宮萬壽殿修理都監儀軌)』[139]

효종 6년(1655) 11월부터 대비인 장렬왕후 조씨를 위해 창덕궁 인정전 뒤에 만수전을 건설하고 그 전말을 기록한 것이다. 현재 장서각(국립문화재연구소 대출)에 한 권이 소장되어 있다. 장수는 175장이다.

137. 장서각 도서번호 2-2485.
138. 규장각 도서번호 14912, 파리 국립도서관 도서번호 2611.
139. 장서각 도서번호 2-3598.

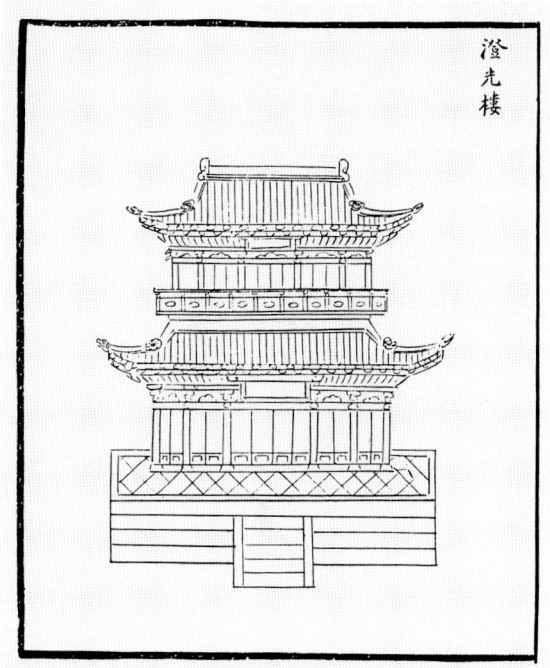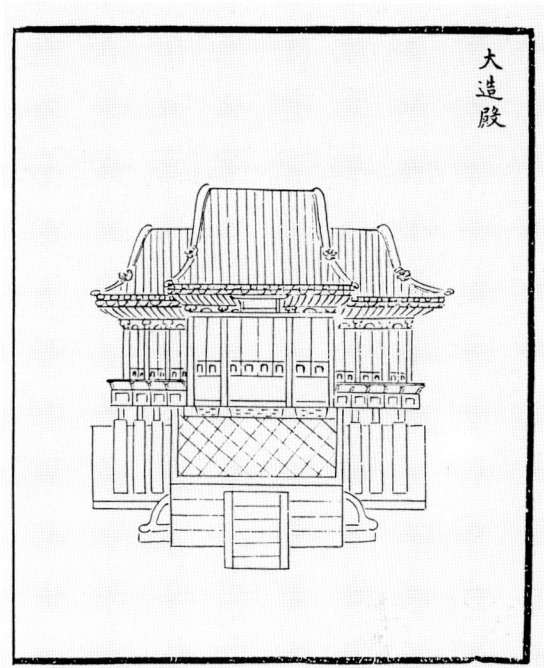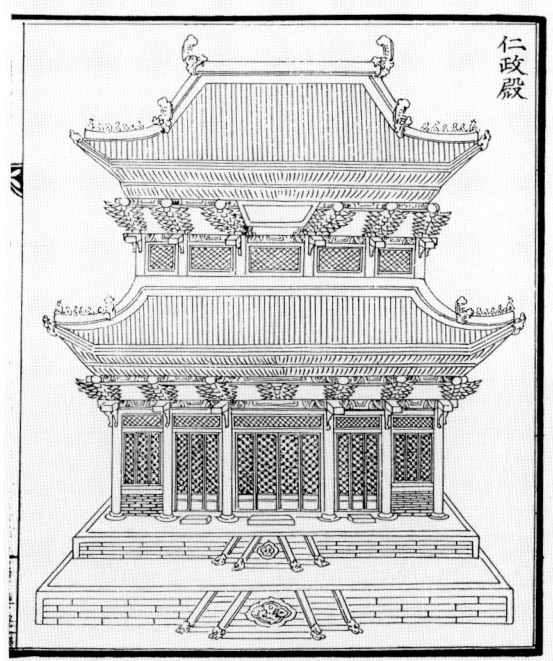

59-60. 『창덕궁영건도감의궤』(1833) 중 징광루(위 왼쪽)와 대조전(위 오른쪽). 서울대학교 규장각.

61-62. 『창덕궁인정전중수도감의궤』(1857) 중 인정전(아래 왼쪽)과 당가(唐家, 아래 오른쪽). 서울대학교 규장각.

『창덕궁인정전영건도감의궤(昌德宮仁政殿營建都監儀軌)』[140]

순조 3년(1803) 화재로 소실된 창덕궁 인정전을 순조 5년(1805) 4월에 재건하기 시작하여 준공할 때까지의 보고서다. 규장각에 모두 네 권이 있으며, 156장이다. 궁궐 도설(圖說)이 보이는 것이 앞의 의궤와 다른 점이다.

『창경궁영건도감의궤(昌慶宮營建都監儀軌)』[141]

순조 30년(1830) 8월 익종의 빈전인 창경궁 환경전에서 불이 일어나 소실된 후 순조 33년 영건을 시작하여 다음 해 준공하기까지의 공사 보고서다. 장수는 123장 또는 124장이고, 궁궐 도설이 들어 있다. 현재 규장각에 네 권, 장서각에 한 권, 그리고 일본 궁내청에 한 권이 있다.

『창덕궁영건도감의궤(昌德宮營建都監儀軌)』[142]

순조 33년(1833) 창덕궁에서 대화재가 일어나 대조전을 비롯한 수십 채의 전각이 소실되었는데, 이 책은 그 해 시작되어 다음 해 준공된 370여 칸의 영건 사업에 대한 보고서다. 장수는 134장 혹은 135장이며, 흑백 도설이 들어 있다. 현재 규장각에 네 권이 있고, 장서각에 한 권이 남아 있다.

『창덕궁인정전중수도감의궤(昌德宮仁政殿重修都監儀軌)』[143]

순조 5년(1805) 영건된 창덕궁 인정전이 지은 지 50년이 되어 철종 5년(1854)부터 중수가 시작되었다. 철종 8년(1857) 준공했는데, 그 전말을 기록한 것이다. 흑백 도설이 실려 있다. 현재 규장각에 여섯 권, 장서각에 한 권이 소장되어 있다.

『경복궁창덕궁증건도감의궤(景福宮昌德宮增建都監儀軌)』[144]

1900년에 경복궁과 창덕궁에 선원전을 짓고, 그 전말을 기록한 것으로, 73장이다. 현재 규장각에 일곱 권, 장서각에 두 권, 그리고 일본 궁내청에 한 권이 소장되어 있다.

---

140. 규장각 도서번호 14334, 14335, 14336, 14337.
141. 규장각 도서번호 14324, 14325, 14326, 14327, 장서각 2-3597, 궁내청 도서번호 305-116이다.
142. 규장각 도서번호 14318, 14319, 14320, 14321, 장서각 도서번호 2-3600이다.
143. 규장각 도서번호 14338, 14339, 14340, 14341, 14342, 14343, 장서각 도서번호 2-3577이다.
144. 규장각 도서번호 14230, 14231, 14232, 14233, 14234, 14235, 14919, 장서각 도서번호 2-3558, 2-3592, 궁내성 도서번호 305-96.

창덕궁·창경궁의 전당과 후원 — 제2부

1. 창덕궁의 전당들

모든 궁궐은 연조(燕朝), 치조(治朝), 외조(外朝)의 세 구역으로 구성되어 있다. 그리고 각 구역마다 담을 쳐서 경계를 나누고 작은 문을 통해 각 구역을 연결한다.

연조는 침전(寢殿)이라고도 하며, 왕과 왕비 및 왕실 일족의 생활 공간이다. 치조는 임금이 신하들과 정치를 행하는 공간으로, 임금과 신하가 조회하는 정전(正殿, 혹은 法殿)과 임금의 일상적인 집무소인 편전(便殿)이 여기에 속한다. 외조는 일반 신하들이 집무하는 공간으로서 궐내각사(闕內各司)라고도 한다.

궁궐 중앙에는 치조를 배치하고, 치조 뒤에 연조를 배치하며, 외조는 치조의 동서에 배치하는 것이 원칙이다. 창덕궁도 대체로 이 원칙을 따르고 있으나, 구릉이 많은 지형을 고려하여 약간의 변형을 보여준다.

창덕궁의 치조에 해당하는 건물은 법전인 인정전을 비롯하여 편전인 선정전, 희정당 등이며, 연조에 해당하는 대표적 건물은 대조전이다. 외조로는 빈청(賓廳), 예문관, 홍문관, 승정원, 내의원(內醫院), 상서원(尙瑞院), 사옹원(司饔院), 상의원(尙衣院), 내반원, 내병조(內兵曹), 선전관청(宣傳官廳), 전설사(典設司), 전연사(典涓司) 등이 있다.

창덕궁에 현재 남아 있는 건물은 왕조시대의 모습과 많이 다르다. 조선말에서 일제 강점기 사이에 헐려나갔거나 경복궁 건물을 옮겨다 지은 것이 있으며, 원래의 건물이 없어진 것도 매우 많다.

여기서는 순조 28년(1828)경 제작된 것으로 추정되는 〈동궐도〉의 그림을 참고하여 창덕궁의 원래 모습과 지금의 모습을 비교하면서 각 전당의 역사와 기능을 더듬어보기로 한다.

64. 〈동궐도〉에 나타난 돈화문과 그 주변 지역. 돈화문이 중층 팔작집으로 되어 있는데, 이는 화원이 잘못 그린 것으로 보인다.
1 돈화문. 2-3 돈화문 수문장청. 4 금호문. 5 금호문 수문장청. 6 위장소. 7 남소. 8 훈국군 파수직소. 9 무비사. 10 의장고. 11 교자고. 12 상의원. 13 연치미.
14 금천교. 15 옥당(홍문관). 16 대유재. 17 이문원(내각).

63. 창덕궁의 전경.(pp.102-103)

1. 돈화문과 그 부근

돈화문(敦化門)은 창덕궁의 정문이다. 궁궐의 모든 문에는 화(化)라는 글자가 들어가 있는데,[1] 돈화문도 마찬가지다. 태종 12년(1412) 5월에 처음으로 세우고, 13년 1월에 대종(大鐘)을 조성하여 걸었다. 시간을 알리기 위함이다. 돈화문에는 종과 쇠북을 함께 걸어 매일 정오와 2경(밤 10시)의 인정(人定, 통행금지)에는 종을 울리고, 통행금지를 해제하는 새벽 2시 파루(罷漏)에는 북을 쳤다고 한다.[2]

연산군 12년 6월 22일 연산군은 돈화문을 더 높고 크게 지으라고 명했는데, 이 해 9월 2일 연산군이 인조반정으로 궁에서 쫓겨났으므로 돈화문 재건이 실현되었는지 여부는 알 수 없다. 왜란으로 창덕궁이 불탈 때 돈화문도 소실되었다가 선조 40년(1607)에 중건에 착수하여 광해군 원년(1609) 창덕궁이 재건되면서 돈화문도 복원되었다. 그후 다시 지었다는 기록은 없으므로, 현존하는 돈화문은 광해군 원년에 지은 것이다.[3]

현존하는 돈화문은 다섯 칸이고, 지붕은 우진각(네 개의 추녀마루가 동마루에 몰려 붙은 지붕)이다. 그런데 〈동궐도〉에는 중층 팔작집(네 귀에 모두 추녀

1. 경복궁의 광화문(光化門), 창경궁의 홍화문(弘化門), 경희궁의 흥화문(興化門), 경운궁(덕수궁)의 인화문(仁化門)이 그렇다. 다만 덕수궁의 정문은 1906년에 동문인 대한문(大漢門)으로 바뀌었다.
2. 『동국여지비고(東國輿地備攷)』(서울특별시사편찬위원회, 2000년), 6쪽.
3. 돈화문은 현존하는 궁궐 대문 가운데 가장 오래된 것으로, 보물 383호로 지정되어 있다.

65. 돈화문. 다섯 칸이고 우진각 지붕이다. 제후는 다섯 칸 문을 쓸 수 없어 좌우 각 한 칸은 폐쇄했다.

를 달아 지은 집)으로 되어 있는데, 이는 화원이 잘못 그린 것으로 보인다. 돈화문 앞 돌계단은 일제 강점기에 자동찻길을 만들면서 땅 속에 묻혔던 것을 최근 원형대로 복원했다.

〈동궐도〉에 따르면, 돈화문 좌우에 수문장청(守門將廳)이 있다. 궁문을 지키는 수문장이 근무하는 곳[4]인데, 지금은 담으로 바뀌었다.

돈화문을 들어가면 북으로 뻗은 어도(御道)가 있다. 원래 어도는 평지보다 약간 높게 돌을 깔았으나, 지금은 평지로 되어 있다. 어도 왼편에는 긴 행각(行閣, 줄 행랑)이 있는데, 창덕궁 서문인 금호문(金虎門)이 있다. 오행사상(五行思想)에 따르면, 서쪽은 금(金)이고 호랑이(虎)다. 그래서 서문을 금호문이라고 한 것이다. 금호문을 경계로 북쪽에는 훈국군 파수직소(訓局軍把守直所),[5] 남소(南所), 위장소(衛將所), 수문장청이 차례로 있다. 서문을 지키는 군인들이 근무하는 곳이다. 금호문 남쪽에는 무비사(武備司)와 의장고(儀仗庫)가 있다. 무기와 의장(儀仗)[6]을 보관하는 곳이다.

돈화문 오른쪽 수문장청 동편에는 교자고(轎子庫), 상의원(尙衣院),[7] 연치미(輦致美, 혹은 致美閣) 등의 건물이 있다. 임금이 탈 교자나 연(輦)[8] 등을 관리하고 의복을 관장하는 관청들이다. 참고로 상의원 일대에는 여섯 칸짜리 측간(厠間)이 있다고 순종 대 『궁궐지(宮闕志)』에 기록되어 있다.

『동국여지비고(東國輿地備攷)』에 따르면, 정조 6년에 교서관(校書館)을 돈화문에 설치하여 규장각(奎章閣) 속사(屬司)로 삼고 이를 외각(外閣)으로 불렀다.[9] 그러나 〈동궐도〉에는 외각이 보이지 않는다.

4. 『동국여지비고』에 따르면 수문장청에는 장(將)이 29명, 참상(종6품)이 15명, 참외(종9품)가 14명 있었다.
5. 훈국군은 훈련도감 군인을 말한다.
6. 의장은 임금이 거둥할 때 쓰이는 각종 도구들로 부(斧, 작은 도끼), 월(鉞, 큰 도끼), 개(盖, 둥근 모양의 양산), 선(扇, 부채 모양의 양산) 등을 말하며, 병조에서 관리했다.
7. 상의원(尙衣院)은 임금의 의복과 금, 보화 등을 공급하는 일을 맡았다.
8. 임금이 거둥할 때 타는 가마는 여(輿)와 연(輦)이 있다. 여는 가마 위에 덮개 없이 노출된 가마고, 연은 가마 위에 덮개가 있는 폐쇄된 가마다. 궁 안에서는 여를 타고, 궁 밖에 나갈 때는 연을 탔다.
9. 앞의 책, 45쪽.

66. 돈화문 앞의 석계. 일제 강점기에 차도에 묻혔던 것을 최근 원형대로 복원했다.

2. 인정전—조하의 공간

인정전(仁政殿)은 임금이 신하들의 조하(朝賀)[10]를 받는 곳으로 치조(治朝) 중에서 가장 높게 지으며, 법전(法殿) 혹은 정전(正殿)이라고 한다. 그러니까 의식을 치르는 공간이지 정치를 논하는 곳은 아니다. 그러나 간혹 종친들을 불러 잔치도 베풀고, 문과 전시(殿試)를 이곳에서 행하기도 한다. 경복궁의 근정전(勤政殿), 창경궁의 명정전(明政殿), 경희궁의 숭정전(崇政殿), 덕수궁의 중화전

67. 인정전과 주변 건물들. 오른쪽에 보이는 희정당은 2003년 현재 보수공사 중이어서 천막으로 지붕이 가려져 있다.

(中和殿)에 해당한다. 인정전은 국보 225호로 지정되어 있다.

   인정전의 크기는 전면 다섯 칸, 측면 네 칸, 도합 스무 칸이며, 2층 팔작지붕이다. 그런데 같은 법전이지만, 인정전과 경복궁의 근정전은 차이가 있다. 근정전은 스물다섯 칸으로, 앞의 월대(月臺, 층계의 윗마당)에는 돌난간이 있으나, 인정전 월대에는 그것이 없다. 그래서 근정전이 더 위엄 있어 보인다.

   인정전은 태종 5년(1405)에 건립된 이후 여러 차례 고쳐 지었다. 1차로 태종 18년(1418) 왕은 인정전이 좁다는 이유로 다시 지었다. 그후 임진왜란 때 불탔다가 광해군 원년(1609)에 중건되었는데, 순조 3년(1803) 12월 13일 수렴청정하던 정순왕후(貞純王后, 영조의 계비) 김씨의 편전(便殿)인 선정전(宣政殿)에서 불이 난 것이 번져 인정전까지 타버리고 말았다. 이 화재로 충격을 받은 정순왕후는 수렴청정을 그만두고 물러났다가 2년 뒤에 타계했다.

   불탄 인정전은 바로 재건을 시작하여 1년 만인 순조 4년(1804) 12월 17일에 공사를 마쳤다.[11] 철종 5년(1854) 9월 23일에는 인정전이 지은 지 50년이 되어 낡았다는 이유로 다시 중수(重修) 공사를 시작하여 8년(1857) 윤5월 6일에 공사를 마쳤다.¹² 이렇게 공사가 3년이나 걸린 것은 중간에 2년간 공사를 중단했기 때문이다. 이것이 인정전의 네 번째 건설이다.

그후 인정전은 순종이 1907년 창덕궁으로 이어하면서 지붕 용마루에 이 왕가의 왕실 문양인 오얏문양을 넣고, 실내 바닥을 전돌에서 마루로 바꾸었으며, 안으로 미는 창문을 밖으로 열도록 하는 등 부분적인 손질이 있었으나 큰 변화 없이 오늘에 이른다. 1910년 8월 29일 저 경술국치(庚戌國恥)의 망국 조약을 맺은 곳도 여기다.

인정전 주변의 행각과 정문인 인정문은 일제 강점기에 총독부 전시실을 만들면서 원래의 모습을 잃었다. 순종은 이곳을 총독을 비롯한 일본인들을 접견하고 오찬을 베푸는 곳으로도 사용했다. 이렇게 왜곡된 인정전 주변은 1994년부터 복원공사를 시작하여 완료했으나, 내삼청, 관광청, 육선루, 악기고 등이 열린 공간으로 되어 있어서 닫힌 공간으로 그려진 〈동궐도〉의 모습과 다르다. 관청은 당연히 닫힌 공간이어야 할 것이다.

인정전 앞 넓은 마당을 조정(朝廷)이라고 한다. 여기에는 신하들이 품계에 따라 줄을 서는 품계석(品階石)이 동서로 놓여 있다.¹³ 문반은 동쪽에, 무반은 서쪽에 서기 때문에 문반과 무반을 동반(東班)과 서반(西班)이라고도 한다. 조정에는 중앙에 임금이 다니는 어도가 있고, 어도 좌우에는 다소 거친 박석(薄石)을 깔아 신하들이 조정을 조심스럽게 걷도록 했다. 그러나 지금은 네모 반

10. 조하는 몇 종류가 있다. 첫째, 매년 정월 초하룻날, 동지, 중국 황제의 탄일인 성절(聖節), 황후와 황태자의 탄일인 천추절(千秋節)에 왕이 세자와 백관을 거느리고 북쪽을 향해 4배하고 나서 만세를 부르는 망궐례(望闕禮)가 있다. 둘째, 정월 초하룻날, 동지, 그리고 왕과 왕비(왕대비도 포함)의 탄일에 왕세자 내외와 백관들이 경축의 전문(箋文)을 올리고 천세를 부르면서 하례를 올리는 일. 셋째, 매달 초하룻날과 보름에 왕세자와 백관들이 왕에게 하례를 올리는 일. 넷째, 왕세자의 생신에 백관들이 하례를 올리는 일 등이다. 그 밖에 매달 5일, 11일, 21일, 25일에는 신하들 중 6품 이상의 참상관(參上官)이 조참(朝參) 혹은 조회(朝會)라 하여 왕에게 등청을 알리는 의식을 치른다. 이때 왕과 신하는 상복(常服) 차림으로 참석한다.

11. 순조 4년의 인정전 재건 공사 기록이 『인정전영건도감의궤(仁政殿營建都監儀軌)』다.

12. 철종 8년의 인정전 중수 공사 기록이 『인정전중수도감의궤(仁政殿重修都監儀軌)』다.

13. 품계석은 1품에서 3품까지는 정품(正品)과 종품(從品)을 다 세웠으나, 4품부터는 종품을 생략하여 정4품, 정5품, 정6품, 정7품, 정8품, 정9품만을 세웠다.

68. 〈동궐도〉에 나타난 인정전 주변. 인정전 앞의 넓은 마당인 조정에는 신하들이 품계에 따라 줄을 서는 품계석이 놓여 있다.
1 인정문. 2 인정전. 3 내삼청.
4 숭범문. 5 향실. 6 관광청.
7 서방색. 8 선전관청. 9 광범문.
10 승정원. 11 육선루. 12 악기고.
13 숙장문. 14 예문관. 15 양지당.
16 구선원전.

69. 인정전과 그 앞의 조정. 조정에는 중앙에 임금이 다니는 어도가 있고, 어도 좌우에는 다소 거친 박석을 깔아 신하들이 조정을 조심스럽게 걷도록 했다.(위)

70. 인정전 지붕. 인정전은 순종이 1907년 창덕궁으로 이어하면서 지붕의 용마루에 왕실 문양인 오얏문양을 넣어 오늘날까지 큰 변화 없이 이르고 있다.(아래)

1. 창덕궁의 전당들 109

71. 인정전 내부의 용상(龍床)과 나무로 만든 곡병(曲屛). 그 뒤로 일월오봉병(日月五峯屛)이 둘러쳐 있다.(왼쪽)

72. 인정전 내부 천장. 목각으로 만든 봉황새 두 마리가 날고 있다. 용, 봉황, 해와 달, 오봉 등은 모두 임금을 상징하는 장식물이다.(오른쪽)

73. 인정전 내부. 원래는 바닥에 전돌을 깔았으나 연회 장소로 사용하기 위해 순조 대에 마루를 깔았다.(p.111)

듯한 돌을 깔아 본래의 모습과 다르다.

인정전 내부에는 용상(龍床)이 있고, 그 뒤에는 나무로 만든 곡병(曲屛)이 있으며, 곡병 뒤에는 일월오봉병(日月五峯屛)[14]이 둘러쳐 있다. 용상 위에는 화려한 당가(唐家)[15]가 설치되어 있고, 천장에는 목각으로 만든 봉황새 두 마리가 날고 있다. 용, 봉황, 해와 달, 오봉 등은 모두 임금을 상징하는 장식물이다. 인정전의 편액은 순조 대의 서영보(徐榮輔)가 썼다.

인정전의 남문은 인정문(仁政門)이고, 서문은 숭범문(崇範門), 동문은 광범문(光範門)이다. 서문을 나서면 예문관(藝文館), 내의원(內醫院) 등과 통하고, 동문을 나서면 선전관청(宣傳官廳), 승정원(承政院), 내반원(內班院) 등과 통한다. 인정전 좌우에는 남북으로 기다란 행각이 있는데, 동쪽 행각을 동월랑(東月廊), 서쪽 행각을 서월랑이라고 한다. 동월랑에는 남에서 북으로 악기고(樂器庫), 육선루(六仙樓), 광범문, 서방색(書房色), 제의문(制義門), 관광청(觀光廳)이 차례로 들어서 있다.

악기고는 인정전에서 의식이 있을 때 필요한 악기를 손쉽게 옮기기 위해 가까이 둔 것인데, 〈동궐도〉에는 2층 누집으로 되어 있으나 지금은 단층 회랑으로 되어 있다. 육선루는 승정원 부속건물로서, 이, 호, 예, 병, 형, 공의 6방(六房)을 두고 있는 데서 육선(六仙)이라 부르게 되었다. 〈동궐도〉에는 2층 누집으로 그려져 있다. 광범문은 동문이다. 서방색은 액정서(掖庭署)의 한 부속기관으로, 임금이 쓰는 붓과 벼루 등을 공급하는 곳이다. 관광청은 과거시험을 관광이라고 부른 것으로 보아 궁중 과거를 관장하는 곳으로 보인다. 〈동궐도〉에는 일곱 칸

14. 일월오봉병은 해와 달, 그리고 다섯 산봉우리를 그린 그림 병풍이다. 해와 달은 양과 음을 상징하며, 다섯 산봉우리는 오행(五行, 수화목금토)을 상징하는 동시에 우리나라의 동서남북중(東西南北中)을 상징하는 산을 가리키기도 한다. 임금이 중앙에서 사방을 다스리고, 음양오행의 자연이치에 따라 정치를 한다는 뜻을 담고 있다.

15. 궁전 안의 옥좌 위나 법당의 불좌 위에 만들어 다는 집 모형. 임금이나 불상의 머리를 덮어서 비, 이슬, 먼지 따위를 막는다. 닫집, 보개(寶蓋)라고도 한다.

74. 인정전 서월랑의 향실. 향실에서는 제사에 쓰는 축문을 쓰고 향(香)을 관리했는데, 그 책임자를 충의(忠義)라고 불러 공신의 자손을 임명했으며, 향관(香官)은 참하관으로 하여 이틀에 한 번씩 숙직하게 했다.(위)

75. 인정전 서월랑. 내삼청, 숭범문, 예문관이 자리잡고 있던 곳이다. 〈동궐도〉에는 닫힌 공간으로 그려져 있다.(아래)

으로 남향하고 있는데, 지금은 복도로 쓰이고 있어 의문을 자아낸다.

　인정전 서월랑에는 내삼청(內三廳), 숭범문, 향실(香室), 예문관(藝文館)이 자리잡고 있다. 내삼청은 내금위(內禁衛), 겸사복(兼司僕), 우림위(羽林衛)를 총칭하는데, 현종 7년(1666)에 금군청(禁軍廳)으로 통합되었다. 군사들은 1백 명씩 일곱 번(番)으로 나뉘어 궁궐을 수비했다. 〈동궐도〉에는 열한 칸의 닫힌 공간으로 그려져 있으나, 지금은 열린 회랑으로 복원되어 있다. 향실은 제사에 쓰는 축문(祝文)을 쓰고 향(香)을 관리했는데, 그 책임자를 충의(忠義)라고 불러 공신의 자손을 임명했으며, 향관(香官)은 참하관으로 하여 이틀에 한 번씩 숙직하게 했다. 예문관은 임금의 명령인 사명(辭命)을 대신 짓는 관청으로, 하급 관리인 한림(翰林, 7-9품)은 사관(史官)의 임무를 맡았다. 〈동궐도〉에 의하면 예문관은 숭범문 밖에도 있는데, 최근 복원되었다.

　인정전에서 일어난 특이한 일로는 선조 24년 여름 일본 사신 다이라노 시게노부(平調信)와 겐소(玄蘇) 등을 접견한 것, 인조 11년에 인정전 기둥에 벼락이 떨어진 것, 숙종 16년 겨울 밤에 여우가 인정전에 들어와 울고 간 것, 1910년 8월 29일 한일합방 조약이 맺어진 것 등을 들 수 있다.

3. 인정문―즉위의 공간

　인정문(仁政門)은 인정전의 정문으로, 그 역할이 매우 컸다. 무엇보다 임금의 즉위식이 이곳에서 행해졌다는 점에서 매우 중요한 곳이다. 인정문에서 즉위한 임금은 연산군을 비롯하여 효종, 현종, 숙종, 영조, 순조, 철종, 고종 등 여덟 임금이다. 임금의 즉위 장소는 마음대로 정하는 것이 아니라, 앞 임금이 훙서한 궁궐의 빈전(殯殿)에서 대보(大寶, 옥새)를 받고 그 궁궐의 법전 정문에서 하는 것이 관례다. 따라서 앞 임금이 창덕궁에서 별세하면 다음 임금은 반드시 인정문에서 즉위하게 되어 있다. 즉위 날짜는 성복(成服)하는 날로 하는데, 대개 선왕이 별세하고 나서 닷새 뒤에 하는 것이 상례다. 그러나 사흘이나 엿새 뒤에 하는 경우도 가끔 있다.

　즉위식은 이렇듯 상중에 이루어지므로 슬픔과 통곡 속에 간소하게 치러진다. 먼저 빈전 옆에서 대보를 받는 의식을 치르고, 인정문 앞으로 들어와 옥좌에 앉아 신하들의 축하를 받는다. 다시 대보를 앞세우고 인정문 동쪽 협문을 통해 들어간 뒤 인정전 동편 행각을 따라 걸어가서 동편의 인화문(仁和門)을 거쳐 나와 편전으로 간다.

〈동궐도〉를 보면, 인정문은 즉위식을 행하는 곳이기 때문에 그 앞마당에는 나무가 없다. 돈화문에서 인정전으로 가려면 어도를 따라 북으로 가다가 오른편으로 직각으로 돌아 금천교(錦川橋)를 건너게 되어 있다.16 금천교를 건너면 바로 진선문(進善門)이 나온다. 진선문을 통과하면 정면에 숙장문(肅章門)이 나오고 여기서 어도는 끝나며, 북쪽으로 방향을 틀면 인정문이 나온다. 진선문, 숙장문, 인정문 좌우에는 행각이 들어서 있어서 장방형의 마당을 이룬다. 바로 이 마당이 즉위식을 갖는 곳이기 때문에 나무를 심지 않고, 조경(造景)을 하지 않은 것이다.

진선문과 숙장문 남쪽의 동서 행각에는 내병조(內兵曹), 호위청(扈衛廳), 상서원(尙瑞院)이 자리잡고 있다. 내병조는 궁 안에 있는 병조로 궁중에서 각 문의 자물쇠를 관리하고, 시위(侍衛), 의장 때 떠드는 사람을 잡아 곤장 치는 일 등을 맡았다.17 내병조에는 스무 명의 근장군사(近仗軍士)가 소속되어 있었는데, 건장한 사람을 뽑아 채찍을 들고 궐문을 출입하는 사람들을 감시했으며, 대신들이 입궐할 때는 길을 인도했다. 그리고 왕이 행차할 때는 어가 앞에 가면서 선도했다.

호위청은 인조 원년(1623)에 궁중을 수호하기 위해 설치한 군대로서 대장은 공신이나 척신(戚臣) 혹은 국구(國舅, 임금의 장인)가 맡았다.18 상서원은 임금의 옥새와 절월(節鉞, 임금을 상징하는 符節과 도끼), 마패(馬牌) 등을 관장하

16. 〈동궐도〉나 일제 강점기에 편찬된 『조선고적도보(朝鮮古蹟圖譜)』의 창덕궁 배치도를 보면 금천교는 남북 어도에서 직각으로 놓여 있으나, 현재의 금천교는 방향이 다르다. 이는 일제 강점기의 어느 시기에 고쳐 지은 것으로 보인다.

17. 『한경지략』에 따르면, 내병조에는 건장한 근장군사(近仗軍士) 스무 명을 소속시켜 채찍을 들고 다니면서 궐문을 출입하는 자를 살피고, 왕이 행차할 때에는 필로(蹕路, 사람들의 통행을 막고 임금의 수레가 지나가던 길)에 늘어서고, 대신이 입궐할 때에는 전도(前導, 앞길을 인도함)를 맡았다.

18. 『한경지략』에 따르면, 호위청은 인조반정 이후 궁궐 수비를 위해 설치했다. 각 군문의 무사들을 뽑아서 배속시켰는데, 함경도에서도 우수한 무사들을 뽑아 올렸다. 그후 궁궐 수비가 강화되면서 호위청을 폐지하자는 논의가 일어났으나, 왕이 반대해 조선말까지 유지되었다.

76. 〈동궐도〉에 나타난 인정문 앞마당. 인정문은 즉위식이 행해지는 곳이기 때문에 그 앞마당에는 나무가 없다.(p.114)
1 진선문. **2** 정청. **3** 인정문. **4** 숙장문. **5** 배설방. **6** 상서원. **7** 호위청. **8** 내병조. **9** 결속색. **10** 정색. **11** 전설사. **12** 원역처소.

77. 진선문, 숙장문과 인정문 사이에 있는 장방형 공간. 여기서 왕의 즉위식 등의 행사가 이루어졌다. 왼쪽으로 인정문, 정면으로 숙장문이 보인다.(위)

78. 인정문. 임금의 즉위식이 이곳에서 행해졌다는 점에서 매우 중요한 곳이다.(아래)

1. 창덕궁의 전당들 115

79. 북쪽에서 바라본 금천교. 북쪽을 지키는 돌거북(玄武) 한 마리가 앉아 있다.(p.116)

80. 진선문 앞 금천교. 돈화문에서 인정전으로 가려면 어도를 따라 북으로 가다가 오른편으로 직각으로 돌아 금천교를 건너게 되어 있다. 진선문과 연결된 남북 행각에는 결속색, 정색, 무비사, 전설사가 있다.(위)

81. 금천교 남쪽에 있는 해태상. 아치 사이에 서 있는 석물로, 반대편의 돌거북과 대비된다. 해태상 뒤 위쪽에는 역삼각형의 석재에 벽사(辟邪)의 의미를 담은 귀면(鬼面)이 새겨져 있다.(아래)

1. 창덕궁의 전당들   117

는 관청이다.

　진선문과 연결된 남북 행각에는 결속색(結束色), 정색(政色), 무비사(武備司), 전설사(典設司)가 있고, 숙장문과 연결된 남북 행각에는 배설방(排設房)이 자리 잡고 있다. 결속색은 기능을 확실히 알 수 없으나, 의식에 쓰는 각종 줄[끈]을 관장하는 곳으로 보인다. 정색은 궁궐 안의 군장비를 관리하는 곳이고, 전설사는 의식 때 장막(帳幕) 등을 공급하며, 배설방은 임금의 장막 설치를 관장한다. 인정문 가까이에 이러한 관아를 둔 것은 인정전에서 조하의식이 있고 이곳에서 즉위식이 있기 때문이다. 인정문과 그 일대의 행각은 일제 강점기에 자동찻길을 내기 위해 헐려나가고, 인정문과 그에 연결된 좌우 월랑은 총독부 전시실로 개조된 것을 최근 원상태로 중건했다. 그러나 결속색, 정색, 호위청, 상서원, 배설방 등 관서들이 열린 공간으로 복원되어 〈동궐도〉의 모습과 다르다. 앞으로 닫힌 공간으로 보수되어야 할 것이다.

4. 인정전 서편―선원전과 양지당

　〈동궐도〉를 보면 인정전 서편에 많은 집들이 들어서 있다. 이곳은 궐내각사(闕內各司)가 들어선 곳이다. 가장 북쪽에 정면 다섯 칸, 측면 네 칸에다 팔작지붕을 한 H자형의 선원전(璿源殿)이 있다. 일명 진전(眞殿)이라고도 한다. 순

82. 〈동궐도〉에 나타난 선원전과 양지당 주변.
1 선원전. **2** 양지당. **3** 만복문. **4** 영의사. **5** 억석루.

83. 인정전 서편에 위치한 구선원전. 정면 다섯 칸, 측면 네 칸에 팔작지붕으로, 최근 복원되었다. 어진을 모시는 용도로 쓰였으나, 일제가 신선원전을 짓고 그곳에 어진을 옮겨가면서 빈 집이 되었다.

종 대 편찬된 『궁궐지』에는 서른여섯 칸으로 되어 있어 큰 차이가 난다. 이는 진설청과 내재실 등 부속건물을 합친 것으로 보인다. 선원전은 임금의 초상화인 어진(御眞)을 모시고 있는 집으로서 매우 신성한 곳이다. 선원전 주변에 방화용수(防火用水)를 담아놓고 악귀를 쫓는 드므(豆牟)를 앞뒤로 네 개나 설치한 것을 보면 얼마나 화재에 신경을 썼는지 알 수 있다. 궁궐에 화재가 났을 경우 가장 먼저 건져내는 것이 바로 어진이다.

선원전 전후좌우에는 행각이 붙어 있는데, 동서북으로 제물을 준비하는 진설청(陳設廳, 세 칸, 네 칸, 네 칸 반)이 있고, 북쪽 동편에 제관(祭官)이 머무는 재실(齋室, 네 칸 반)이 있다. 선원전 남쪽에는 따로 남행각이 동서로 뻗어 있는데, 그 안에 연경문(衍慶門), 승안문(承安門), 억석루(憶昔樓)가 있다.

선원전은 원래 효종 7년(1656)에 경덕궁 경화당(景華堂)을 헐어다 옮겨 지은 것인데, 숙종 21년(1695)에 선원전으로 이름을 바꾸고 어진을 봉안하기 시작했다. 순조 2년(1802) 8월 15일에는 숙종, 영조의 어진을 양지당(養志堂)에서, 정조의 어진을 주합루에서 옮겨 봉안했다. 1900년에는 경복궁의 선원전과 함께 창덕궁 선원전도 1실(室)을 증건했다. 그 공사보고서가 『경복궁창덕궁증건도감의궤(景福宮昌德宮增建都監儀軌)』다.

그런데 1921년 총독부가 창덕궁 후원의 대보단 앞에 신선원전(新璿源殿)을 짓고, 선원전의 어진들과 덕수궁 선원전에 있던 어진들을 모두 옮겨놓아 선원전은 빈집으로 남게 되었는데, 해방 뒤 한동안 유물 보관창고로 쓰였다. 신선원전에 모셔졌던 어진들은 한국전쟁 때 부산으로 피난하였다가 화재로 소실되어 지금은 빈집으로 남아 있다. 선원전 본채는 지금도 남아 있으나, 주변의 진설청과 내재실은 일제 강점기에 헐린 것을 최근 복원했다.

선원전과 인정전 사이에는 양지당(열 칸)이 있다. 양지당 남쪽에는 행각이 있는데, 그 중앙에 남문인 만복문(萬福門)이 있다. 인정전에서 양지당으로 가려면 만안문(萬安門)을 지나야 한다. 양지당은 어진이나 어서(御書)를 담은 궤를 보관하는 곳인 동시에, 임금이 선원전에 전배하러 갈 때 이곳에 들러 재숙(齋宿)[19]하던 집이다. 일제 강점기에 없어졌으나 최근 복원했다.

5. 인정전 남편과 동편의 궐내각사
— 빈청, 승정원, 대청, 선전관청, 내반원, 사옹원 등

〈동궐도〉에 따르면, 인정전 서편과 동편, 선원전 남쪽에는 외조(外朝), 즉 궐내각사(闕內各司)로 불리는 여러 관청이 있었다. 원래 조선왕조의 관청 중에서 육조(六曹)는 궁궐 밖에 있었으나, 정승급 대신들이 회의하는 빈청(賓廳, 혹은 匪躬廳), 임금의 비서인 승지들이 근무하는 승정원, 언관(言官)들이 모여서 의논하는 대청(臺廳), 문한을 담당하는 홍문관(弘文館), 제찬(制撰)과 사관(史官)의 임무를 담당한 예문관, 옥새와 인장을 관리하는 상서원, 의복과 용품을 담당하는 상의원, 음식과 그릇을 담당하는 사옹원(司饔院), 의식을 치를 때 장막 등을 공급하는 전설사, 궁궐의 청소를 담당하는 전연사(典涓司), 말을 관장하는 태복시(太僕寺), 내관(內官, 宦官, 內侍)들이 거처하는 내반원(內班院), 세자가 공부하는 시강원(侍講院), 임금의 병을 치료하는 내의원 등은 궁궐 안에 있었다. 이를 궐내각사라고 한다. 경복궁의 경우, 궐내각사는 근정문과 홍례문 서편에 있었는데, 지금은 이곳에 국립박물관과 국립문화재연구소가 들어서 있다.

〈동궐도〉에 따르면, 먼저 2품 이상의 대신과 비변사 당상, 그리고 삼사(三司)의 여러 신하들이 모여 회의하는 빈청은 인정전 서편이 아니라 동남방에 있었다. 정면 다섯 칸, 측면 네 칸 정도의 비교적 큰 집이다. 원래는 온돌이 있었으나, 숙종 때 온돌을 철거하고 판헌(板軒, 마루)으로 바꾸었다고 한다. 일

19. 임금은 나라의 제사를 지내기 위해 전날 밤에 재실에 미리 나와 재계를 했다.

84. 〈동궐도〉에 나타난 빈청과 연영문 좌우 궐내각사. 이곳은 지금 빈 터와 소나무 숲으로 변해 있다.
1 빈청. 2 연영문. 3 상서성.
4 문서고. 5 선전관청. 6 장방.
7 궁방. 8 주원(사옹원).
9 공상청. 10 측간.

반 신하들이 사용하는 궐내각사 중에서는 가장 규모가 큰 편이고, 한적한 곳에 독립되어 있어서 특별히 예우하고 있었음을 알 수 있다. 그런데 순종 대 이후 이 건물은 어차고(御車庫)로 이용되었다. 어차고 안에는 순종이 일제 강점기에 타던 자동차와 왕조시대의 각종 가마들이 전시되어 있다. 가마 중에는 정조가 수원 화성에 행차할 때 탔다는 가마도 보인다. 우리가 「수원능행도」 병풍이나 「능행반차도」에서 보는 가마와 그 모습이 같다. 어쨌든 어차고는 궁 안에서 자동차를 타고 다녔다는 것을 보여주는 동시에 자동찻길을 만들기 위해 인정전 남쪽 전당들이 헐려나갔다는 것을 말해준다. 창덕궁이 순종 재위기간과 일제 강점기에 어떻게 변용되었는지를 보여주는 좋은 사례다.

〈동궐도〉를 보면 빈청 뒤쪽에 한 칸짜리 조그만 집이 있다. 화장실인 측간(厠間)이다. 그리고 빈청 담 밖에 우물이 있다. 신하들이 근무하는 곳이므로 물과 화장실은 필수였을 것이다.

빈청에서 나와 북으로 올라가면 연영문(延英門)을 거쳐 임금의 편전인 선정전으로 가는 길이 나온다. 빈청에서 회의를 마친 대신들은 이 길을 따라 임금

1. 창덕궁의 전당들　121

을 만나기 위해 선정전으로 갔던 것이다. 그런데 연영문을 중심에 두고 서편으로 대청(臺廳), 은대(銀臺), 상서성(尙書省), 문서고(文書庫), 당후(堂后), 우사(右史), 선전관청(宣傳官廳)이 차례로 있다. 대청은 사헌부(司憲府)와 사간원(司諫院)의 관원들이 임금에게 상소를 올리기 위해 궁궐에 들어왔을 때 대기하면서 서로 협의하는 회의 장소다. 대청 바로 위에는 은대가 있다. 은대는 승정원의 별칭이다. 여기에는 도승지, 부승지 등 승지(承旨)와 7품 하급관리인 주서(注書)가 속해 있다. 승정원은 왕명(王命)을 출납하고 신하들이 올린 상소문을 왕에게 전달하는 임무를 맡고 있는 비서기관으로, 왕이 내린 문서와 왕에게 올라간 모든 문서들을 기록하여 『승정원일기』를 편찬했다.

주서의 근무소는 승정원 북쪽에 있어 당후(堂后)라고도 한다. 주서는 국무회

20. 예문관에는 높은 벼슬아치도 있지만, 봉교(奉敎, 정7품), 대교(待敎, 정8품), 검열(檢閱, 정9품) 같은 낮은 관직자도 있었다. 이들을 보통 한림(翰林)이라고 불렀다. 한림을 교대로 국무회의에 파견하여 임금의 언행을 기록했는데, 이들을 사관(史官)이라고 통칭한다.

85. 어차고. 본래 빈청이었던 이곳은, 뒤에 임금이 타던 가마 등을 넣어두는 어차고로 이용되었다.

86. 인정전과 궐내각사 터. 왼편의 큰 집이 인정전이고, 앞쪽 넓은 마당이 승정원, 대청, 선전관청, 공상청, 사옹원, 내시부 등의 궐내각사 터다. 오른편에 보이는 푸른 기와집이 선정전이다. (pp.124-125)

의에 참석하여 예문관 사관(史官)과 함께 임금의 언행을 기록했다. 그래서 승정원과 당후는 서로 인접해 있고, 당후와 우사(右史)가 나란히 배치되어 있다. 우사는 바로 예문관에서 파견된 사관을 말하는데, 좌사(左史)는 말을 기록하고, 우사는 행동을 기록했다.[20] 상서성(尙書省)은 정확한 기능을 알 수 없으나, 승정원과 나란히 붙어 있고, 또 그 앞에 문서고가 있는 것으로 보아 승정원의 도서를 관리하는 곳으로 보인다.

 선전관청은 선전관이 근무하는 곳이다. 선전관청은 군무(軍務)와 관련되는 왕명을 출납하고, 표신(標信, 조선후기 궁중에 급변을 전하거나 궁궐 문을 드나들 때 쓰던 문표)을 관장하며, 취라(吹螺)와 군악(軍樂)을 관장하는 곳으로, 말하자면 임금의 호위를 맡은 관청이다. 선전관청에는 무과에 합격한 자 중에

1. 창덕궁의 전당들 123

서 가문이 좋은 사람이 들어갔다.[21] 그 반면 무과에 합격한 뒤 가문이 좋지 않은 사람은 수문장청에 들어가는 것이 관행이었다. 선전관청에는 60명의 조라치(照羅赤)가 소속되어 있었는데, 노란 옷을 입고 초립을 썼다. 이상 여러 관청이 임금의 편전인 선정전에 가까이 있는 것은 이들이 항상 임금과 가까이서 일을 하기 때문이다.

한편 연영문 동편으로는 공상청(供上廳), 주원(廚院), 궁방(弓房), 장방(長房), 정청(政廳), 내반원이 배치되어 있다. 공상청은 궁중의 음식 재료를 공급하는 관청이다. 주원은 궁중의 음식과 그릇을 제조, 공급하는 사옹원의 별칭이다. 사옹원에서 쓰는 그릇은 경기도 광주(廣州)에 있는 사옹원 분원(分院)에서 직접 제조해서 공급했는데, 분원에서 만든 사기(砂器)는 최고급품으로 인정받았다. 궁방은 궁에서 쓰는 활과 화살촉을 만드는 곳이고, 장방은 원래 부리(府吏)들이 거처하는 곳으로, 옥관(獄官)의 문초를 받은 죄인들을 가두는 곳으로도 이용되었다.[22] 정청은 인사 업무를 처리하던 곳이다. 문관의 인사는 이조(吏曹)가 맡고, 무관의 인사는 병조가 맡았으나, 담당 관원들이 궁궐에 들어와 인사를 처리했다. 인사 이동이 있을 때는 조보(朝報)라는 일종의 관보(官報)를 발행하여 여러 사람들에게 알려주었다.

내반원은 내관(內官), 즉 거세된 내시(內侍)들이 거처하는 곳으로 내시부(內侍府)라고도 한다. 내시는 궁중의 음식 감독, 문 관리, 왕명 전달, 청소, 정원 관리 등 잔심부름을 하는 사람들이다.[23] 내시는 고려시대만 해도 상당한 권력을 휘둘렀으나, 조선시대에 들어와서는 내시의 폐단을 막기 위해 정치 간여를 막았다. 신분이 낮은 사람들이 내시가 되었고, 내시는 후손이 없었으므로 양자를 들여 가문을 이어갔다. 지금 서울시 노원구 초안산에는 조선시대 내시들의 공동묘지가 있는데, 최근 사적지로 지정되었다. 지금 은대와 대청, 선전관청, 공상청, 사옹원 등은 모두 없어지고 넓은 빈터에 소나무 숲이 조성되어 있다.

6. 인정전 서편의 궐내각사 — 홍문관, 내의원, 이문원, 대유재, 소유재, 억석루, 영의사

인정전 서편에 있는 관청으로는 옥당(玉堂, 홍문관), 이문원(摛文院, 규장각), 억석루(憶昔樓), 영의사(永依舍), 장수실(莊修室), 그리고 약방(藥房) 등이 있다.

약방(열네 칸 반)은 내의원(內醫院)을 말하는 것으로 인정전 서편 행각에 가까이 있는데, 이는 임금의 병을 가까이에서 치료할 수 있게 배려한 것이다. 〈동궐

---

21. 『동국여지비고』에 따르면, 선전관청(宣傳官廳)은 형명(刑名), 계라(啓螺, 임금이 거동할 때 연주하는 음악), 시위(侍衛, 임금을 호위함), 전명(傳命, 임금의 명을 전함), 부신출납(符信出納)을 관장했다. 관원은 선전관이 25명, 내행수(內行首, 정3품)가 1명, 당상(堂上)이 3명, 참상(參上)이 7명, 참외(參外, 종9품)가 14명, 내남행(內南行)이 2명, 문신(종6품)이 2명이다. 『한경지략』에 따르면, 당상당하가 모두 25명이고, 그 밑의 조예(皂隷)를 조라치(照羅赤)라고 하는데 모두 60명이다. 모두 노란 옷을 입고, 초립을 썼다.
22. 『숙종실록』권26 숙종 20년 5월 29일 乙未條.
23. 내시는 장기간 궁중에서 근무하는 장번(長番)과 며칠씩 교대하면서 궁궐에 출근하여 일하는 출입번(出入番)으로 나뉜다. 내시 가운데 왕의 시중을 드는 대전내시(大殿內侍)의 역할이 가장 큰데, 출입번만도 40여 명이 되었다. 왕비전에는 출입번이 12명, 세자궁에는 12명, 세자빈궁에는 8명이다. 이 밖에 어린 내시들도 있어서 이들을 소환(小宦)이라고 불렀다. 내시의 직급은 최고 종2품 상선(尙膳)에서 최하 종9품 상원(尙苑)에 이르기까지 여러 계층이 있었으며, 계층에 따라 직임이 달랐다. 『대전회통』에는 내시의 정원이 140명으로 되어 있는데, 이는 장번을 말하는 것이고, 출입번을 합치면 3백~4백 명 정도 된다.

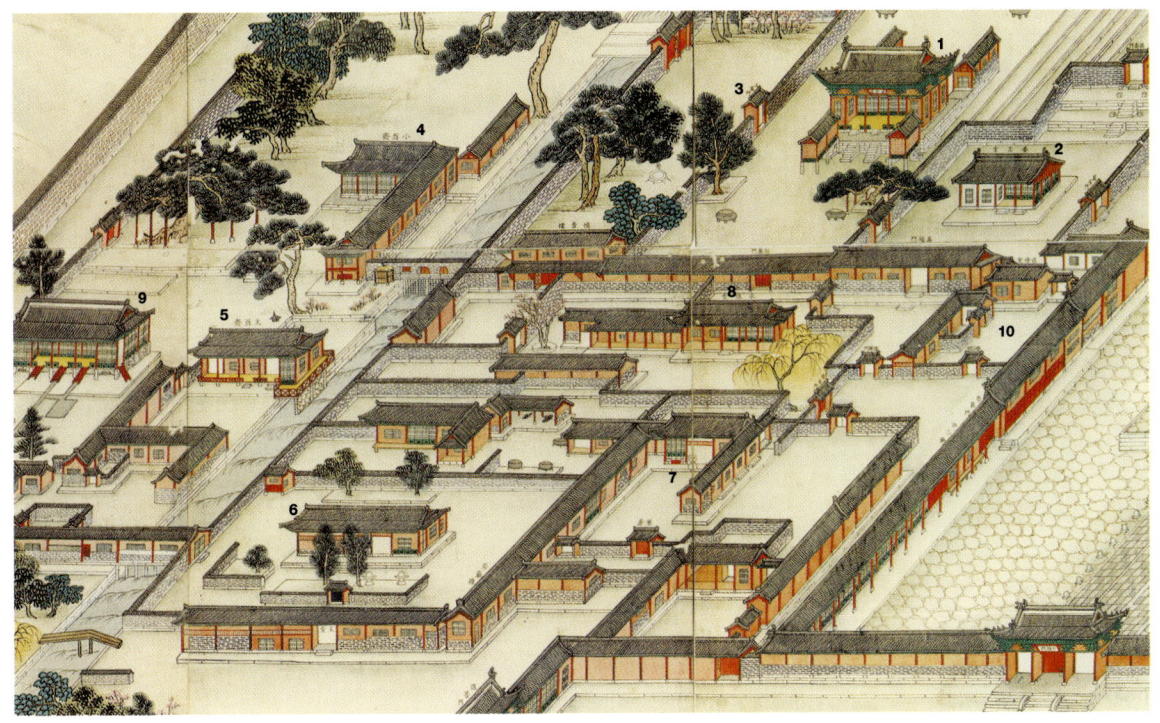

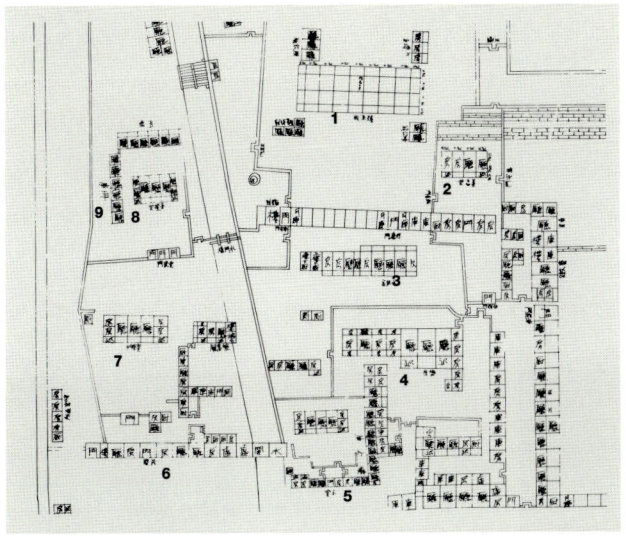

87. 〈동궐도〉에 나타난 인정전 서편의 궐내각사. 옥당 건물 앞에 두 개의 은배가 보인다.(위)
1 구선원전. 2 양지당. 3 정숙문. 4 소유재. 5 대유재. 6 옥당. 7 약방. 8 영의사. 9 이문원(내각). 10 예문관.

88. 「동궐도형」에 나타난 인정전 서편의 궐내각사.(아래)
1 구선원전. 2 양지당. 3 영의사. 4 약방. 5 옥당. 6 내각. 7 규장각. 8 봉모당. 9 책고.

도〉를 보면 약방은 홍문관 북쪽과 서쪽에 여러 채가 있으며, 그 북쪽 담장 너머에도 영의사와 억석루(憶昔樓) 등의 건물이 길게 늘어서 있다. 『한경지략(漢京識略)』에 의하면 억석(憶昔)이란 글자는 영조가 신농씨(神農氏)의 위판을 모시고 제사를 지내도록 내의원에 명하면서 써준 게편(揭扁)이므로, 억석루도 내의원에 속하는 건물임을 알 수 있다. 영의사는 그 이름으로 보아 국장(國葬)과 관련된 물품을 보관하던 곳으로 추측된다. 정청에는 원해진(元海振)이 쓴 〈화제어약 보호성궁(和劑御藥 保護聖躬)〉이라는 계판이 걸려 있었다 한다. 내의원에는 관원과 어의 이외에도 수십 명의 의녀(醫女)가 소속되었으므로 별채의 건물이 많이 필요했을 것이다. 약방에는 한 칸짜리 측간(화장실)이 있고, 마당에는 약을 만드는 데 필요한 도구들이 배치되어 있는 것이 〈동궐도〉에 보인다. 그런데 순종 대 창덕궁이 개조되면서 내의원이 헐리고, 그 현판들과 의약 도구들이 희정당 동편의 성정각(誠正閣)으로 옮겨졌다. 최근에 약방은 다시 중건되었다.

89. 최근 복원된 영의사.
그 이름으로 보아 국장(國葬)과 관련된 물품을 보관하던 곳으로 보인다.

옥당, 즉 홍문관은 진선문 바로 앞 왼편에 있다. 크기는 열두 칸 반이다. 홍문관[24]은 궁 안의 서적을 관장하고, 문한(文翰)을 다스리고, 임금의 고문에 응하며, 임금의 교지(敎旨)를 작성하는 기관인데, 사헌부 및 사간원과 함께 정치를 비판하는 언관의 기능도 수행했다. 홍문관은 실권은 별로 없었지만, 임금의 교지를 작성하는 중책을 맡았기 때문에 과거 합격자 중에서 가장 우수한 이를 뽑아 임명했다. 이곳을 거쳐야 정승급으로 올라갈 수 있어서 청요직(淸要職)으로 불렸으며, 선비들이 가장 선망하는 자리였다. 홍문관은 관원이 상주하므로 화장실이 필요했다. 그래서 한 칸짜리 측간이 설치되었다. 홍문관은 일제 강점기에 헐렸으나, 최근 복원되었다.

〈동궐도〉에는 홍문관 앞마당에 ㄱ자 모양으로 낮은 돌담장을 두르고 그 안에 두 개의 이상한 물건을 놓은 것이 보인다. 『동국여지비고』를 보면 임금이 홍문관에 은배(銀盃)를 하사했다고 하는데, 혹시 그것이 아닐까 추측된다. 그리고 오른편으로는 등영루(登瀛樓)로 불리는 다락집이 있는데, 뒤에는 이 집을 누상고(樓上庫)라 했다. 책을 보관한 곳인 듯하다.

홍문관과 내의원의 서편에 있는 금천(錦川)을 건너면 내각(內閣), 대유재(大酉齋), 소유재(小酉齋)가 남에서 북으로 차례로 늘어서 있다. 돈화문에서 보면

24. 홍문관(弘文館)은 의정부 의정(정1품)이 영사(領事)를 겸임했으나, 실제로는 대제학(정2품)이 최고의 실권자였다. 대제학은 보통 문형(文衡)이라고도 하여 최고의 명예로 여겼다. 대제학 밑에 제학(종2품), 부제학(정3품 당상관), 직제학(정3품 당하관), 전한(종3품), 응교(정4품), 부응교(종4품), 교리(정5품), 부교리(종5품), 수찬(정6품), 부수찬(종6품), 박사(정7품), 저작(정8품), 정자(정9품)가 있다. 이 중에서 부제학에서 부수찬에 이르는 관리들이 임금의 교지를 작성했는데, 이 직책을 지제교(知製敎)라 했다.

90. 홍문관. 진선문 앞 바로 왼편에 있다. 일제 강점기에 헐렸다가 최근 복원되었다.(위)

91. 약방(내의원). 인정전 서편 행각 가까이 있다. 최근 복원되었으나, 일반인에게는 희정당 동편의 성정각이 내의원으로 알려져 있다.(아래)

정면 북쪽에 있는 셈이다. 내각은 바로 규장각의 별칭으로서 이문원(摛文院)이라고도 불렸으며, 규장각 학사들이 근무하는 곳이다. 이문원은 본래 오위도총부(五衛都摠府)가 있던 자리였으나, 정조 5년(1781)에 도총부를 창경궁으로 옮기고 이곳에 이문원을 지은 것이다. 정조는 자주 이곳에 들러 신하들과 학문을 토론하고 신하들의 시험을 치렀으며, 선원전과 대보단에 제사할 때마다 이곳에 들러 재숙하는 것이 관례였다.

이문원에는 정조의 어필 편액이 걸렸는데, 여러 관청 중에서 규모가 제일 컸다고 한다. 이문원 앞 대들보에는 종(鐘)과 경종(磬鐘, 돌로 만든 종)을 걸었는데, 이것은 명나라 영락제가 보내준 것이라 한다.[25] 또 왕이 내린 투호(投壺), 금슬(琴瑟), 은해(銀解), 대연(大硯), 옥등(玉燈) 등을 건물 안의 기둥에 나누어 걸었다 한다. 이문원 앞 마당에는 동으로 만든 측우기와 순학(馴鶴) 한 쌍이 있었다 한다. 이문원에는 어진, 어제, 어필, 선원보첩, 그 밖의 서적들도 보관하여 학자들이 이를 볼 수 있도록 했는데, 이곳에 걸어놓은 규장각 학자들의 근무수칙 현판이 남아 있어 눈길을 끈다.[26]

대유재는 신하들이나 임금이 재숙하는 곳이고, 그 옆의 동이루(東二樓)는 책을 보관하는 도서관이었다. 대유재는 건물도 특이하다. 건물의 오른편이 금천 중앙까지 뻗어나와 그 밑에 기둥을 세워 건물을 떠받치고 있다. 말하자면 수각(水閣)으로, 마치 연못가에 세운 정자를 연상시킨다.

소유재는 정조 19년에 지었다. 임금이 재숙하는 곳이었으나, 뒤에는 검서관(檢書官)[27]이 수직(守直)하는 공간으로 바뀌었다. 〈동궐도〉를 보면, 소유재의 동행각과 금천 건너 억석루를 연결하는 누각다리를 건설하여 두 집을 연결하고 있다. 이는 임금이 편전에서 규장각을 방문할 때 멀리 금천교(錦川橋)[28]를 건너서 돌아가지 않고 바로 금천을 건널 수 있도록 한 것이다. 순조와 익종(翼宗)도 정조를 모범으로 삼아 이곳에서 재숙했다. 억석루는 어필 편액을 보관하는 곳으로 2층집이다.

정조 르네상스의 산실인 이문원, 대유재, 소유재는 순종 대에 규장각의 기능이 단순한 도서관으로 변하고, 1908년에 궁중 안에 분산되어 있던 책들과 지방 사고(史庫)의 책들을 통합하여 제실도서(帝室圖書)로 개편하면서 건물의 구조와 기능에 변화가 나타났다. 가장 큰 변화는 창덕궁 후원에 있던 봉모당(奉謨堂)이 규장각 소유재 자리로 옮겨진 것이다. 또한 대유재를 검서청(檢書廳)으로 이름을 바꾸고, 주변에 많은 책고(冊庫)를 새로 지었다. 그러나 일제 강점기에 제실 도서들이 경성제국대학 도서관으로 옮겨지면서 규장각과 봉모당 등 모든 전각들이 헐리고 도로와 잔디밭으로 변해버렸다. 홍문관, 내의원,

---

25. 『동국여지비고』(서울특별시사편찬위원회, 2000년) 46쪽.
26. 규장각 학자들의 근무수칙에 관한 현판이 서울대학교 규장각에 남아 있는데, 현판의 내용은 다음과 같다. "높은 벼슬아치나 홍문관 대제학이라도 규장각의 전임자가 아니면 들어오지 말라 / 손님이 찾아오더라도 일어나지 말라 / 각신들은 공적인 일이 아니면 근무지를 떠나지 말라 / 각신들은 근무 중에 모자를 쓰고 의자에 앉으라(雖大官文衡 非先生毋得昇堂 / 客來不起 / 閣臣在直 非公事 毋得下廳 / 凡閣臣在直 戴冠坐椅)."
27. 검서관은 문자 그대로 책을 관리하는 사람들인데, 정조는 서얼 출신을 검서관으로 등용했다. 이덕무(李德懋), 유득공(柳得恭), 박제가(朴齊家) 등이 바로 그렇다.
28. 궁궐의 정전에 들어갈 때는 반드시 정전의 정문과 궁궐 대문 사이를 흐르게 한 금천(어구)을 건너야 한다. 금천교는 바로 이 금천 위에 놓은 다리로, 뒤쪽 응봉에서 시작된 물줄기 하나를 끌어들여 개울을 만들고 그 위에 다리를 놓은 것이다. 이것은 궁마다 반드시 있는 것으로 이 개울을 금천(禁川)이라 하는데, 궁궐의 안과 밖을 구별하는 의미와 배산임수(背山臨水)의 뜻을 살리기 위한 명당수(明堂水)의 뜻이 있다.
29. 상참에는 당상관 이외에도 의정부와 육조의 당하관(堂下官)이라 하더라도 당직(當直)을 맡은 이와 사헌부(司憲府) 감찰(監察, 정6품)은 참여했다.

약방, 영의사 등도 이때 모두 헐리고, 그 자리에 창고 겸 검도장으로 쓰인 붉은색 벽돌건물이 들어섰다. 『순종실록』을 보면 1925년 6월 2일 순종이 창덕궁 경찰서 격검회(擊劍會)에 청주와 술잔을 하사했다고 한다. 이문원, 대유재, 소유재 등의 건물은 2002년부터 복원공사가 시작되었다.

7. 선정전 — 임금의 편전

선정전(宣政殿)은 인정전 동편에 있으며, 단층 팔작집으로 정면 세 칸, 측면 세 칸이다. 지붕에 청기와를 얹고, 선정전과 남쪽 궐내각사에 복도를 설치한 것이 특이하다. 임금은 일상적으로 편전에서 신하들을 만나보고 정치를 논의했으므로 창덕궁에서 국무회의 장소라고도 할 수 있는 편전(便殿)이 선정전이다.

임금은 매일 편전에서 신하들과 함께 정치를 의논하는데, 이를 상참(常參)이라고 한다. 상참에 참여하는 신하는 정3품 당상관(堂上官) 이상이다.[29] 그러나 임금과 신하가 만나 정사를 논의할 때에는 반드시 예문관에서 파견된 사관(史官)과 승정원에서 파견된 주서(注書)가 임금의 좌우에서 회의 내용을 기록했다. 이것이 사초(史草)이며, 사초를 토대로 실록이 편찬된다.

92. 〈동궐도〉에 나타난 선정전 일대.
1 선정전. 2 건중문. 3 관광청.
4 선전관청. 5 선정문. 6 신우문.
7 측간.

1. 창덕궁의 전당들 131

선정전 안에는 옥좌가 있고, 옥좌 뒤에는 일월오봉병이 둘러쳐 있으며, 천장에는 보개(寶蓋)가 있다. 인정전의 내부와 비슷하지만, 인정전의 바닥은 돌인 반면, 선정전의 바닥은 마루로 되어 있어서 문무관리들이 두 줄로 앉아서 정사를 논의했다. 그러나 선정전은 조선전기에 주로 편전으로 이용되었고, 조선후기에는 왕에 따라 희정당(熙政堂), 극수재(克綏齋), 성정각(誠正閣), 관물헌(觀物軒) 등 여러 건물을 편전으로 이용했다. 편전은 경복궁의 사정전(思政殿)에 해당한다.

선정전이라는 이름은 세조 7년(1461) 12월에 처음으로 지었으며, 세조는 여기서 공신들을 인견하고 잔치도 베풀었다. 성종 2년 가을에 공혜왕후(한명회의 딸)는 여기서 154명의 부녀들을 불러 양로연을 열고, 8년과 24년 봄에는 왕비가 친잠례(親蠶禮)를 행하기도 했다. 명종 대에는 대비인 문정왕후(文定王后)가 여기서 한때 수렴청정을 했다. 영조는 이곳에서 신하들과 『소학(小學)』을 토론하여 20년에 『선정전훈의소학(宣政殿訓義小學)』을 간행했다.

선정전은 몇 차례 불탔다가 재건되는 우여곡절을 겪었다. 왜란 때 불탄 것을 광해군이 재건하고, 인조반정(1623) 때 불탄 것을 인조 25년(1647) 11월에 인경궁(仁慶宮)을 헐어다가 재건했다. 순조 3년(1803) 12월 13일 밤에 선정전에서 불이 나서 또 타버린 것을 다음 해 12월 재건했다.

〈동궐도〉에 그려진 선정전은 바로 순조 4년(1804)에 재건된 것이며, 그 이후 지금까지 남아 있으나 주변의 전당들은 일제 강점기에 모두 헐렸다가 1997년부터 복원공사를 시작했다.

8. 선정전 북편의 보경당, 태화당, 재덕당
   — 조선후기 후궁의 처소

선정전 북행각의 건중문(建中門)을 지나면 영광문(迎光門)과 헌선문(獻線門)이 동서로 나오고, 그 문을 통과하면 재덕당(在德堂)과 태화당(泰和堂)이 동서로 나란히 있다. 그리고 태화당 서편으로 보경당(寶慶堂)이 있다. 〈동궐도〉를 보면 보경당 마당과 후원에는 수십 개의 장독이 가지런히 놓여 있다. 이곳이 여성들의 생활 공간임을 한눈에 알 수 있다.

이 중에서도 유서 깊은 곳은 보경당이다. 정면 전체 여덟 칸 반의 팔작지붕으로 격이 있어 보이며, 숲이 가까이 있어 한적한 느낌을 준다. 세조는 이곳에서 자주 종친과 신하들을 불러 생일잔치를 베풀었고, 때로는 학문을 토론하기

93. 선정전. 정면 세 칸, 측면 세 칸의 팔작지붕으로 청기와를 이었다.(위)

94. 선정전 내부. 옥좌 뒤로 일월오봉병이 둘러쳐 있다. 문무 관리들이 옥좌 앞에 두 줄로 앉아 정사를 논의하던 곳이다.(아래)

95. 〈동궐도〉에 나타난 선정전 북쪽 일대.
1 선정전. 2 보경당. 3 태화당. 4 재덕당.

도 했다. 신하들을 이학(理學, 性理學)과 사학(史學)의 두 패로 나누어 토론을 벌이게 한 곳이 바로 여기다. 이때 이학편에 구종직(丘從直), 사학편에 양성지(梁誠之), 서거정(徐居正), 홍응(洪應)이 참석한 것은 유명한 이야기다.

성종 때에는 세조비 정희왕후(貞熹王后) 윤씨가 보경당에서 수렴청정했다. 대비가 돌아가자 성종은 이곳에 오래 거주하면서 상을 치렀고, 자주 경연을 가졌다. 연산군도 초기에는 이곳에서 문신과 무신의 강(講)을 행했다고 한다. 그러나 뒤에 후궁 전비(田非), 장녹수(張綠水)와 방탕한 사랑에 빠지면서 이들이 이곳에 많은 재산을 감추었는지, 중종반정 후 보경당에서 두 사람의 재산을 찾았다는 기록이 있다.[30]

왜란 때 타버린 창덕궁을 재건한 광해군은 보경당을 즐겨 편전으로 이용했다. 숙종은 이 집에서 원자로 책봉되었으며, 숙종의 원자〔경종〕도 이곳에서 책례(冊禮)를 행했다. 뒤에는 후궁 숙빈(淑嬪) 최씨가 이곳에 거처하다가 숙종 20년 9월 영조를 낳았다. 그래서 영조는 왕이 된 뒤에 보경당을 각별히 아꼈다.

정조의 후궁 수빈(綏嬪) 박씨는 창경궁에서 원자 순조를 낳았으나, 뒤에는 보경당으로 거처를 옮겨 살았고, 이곳에서 승하했다. 보경당은 주로 조선후기에 왕자를 낳은 후궁들이 거처하던 곳임을 알 수 있다.

30. 『중종실록』 권1 중종 원년 9월 16일 壬辰條.

태화당과 재덕당의 기능은 명확치 않다. 숙종은 재위 10년에 몸이 불편하여 태화당을 편전으로 자주 이용했으며, 청나라 사신도 이곳에서 접견했다고 한다. 몸이 불편하여 찾는 곳이면 역시 후궁의 거처일 가능성이 크다.

보경당, 태화당, 재덕당 등은 남아 있지 않고 울창한 숲으로 변했다.

9. 희정당 — 편전, 세자궁

선정전보다 더 크고 멋드러진 편전이 선정전 동쪽에 있는 희정당(熙政堂)이다. 본래는 이곳에 숭문당(崇文堂) 혹은 수문당(修文堂)으로 불리는 건물이 있었으나, 연산군 2년 6월에 불타서 없어진 것을 8월에 중건하여 12월에 이름을 희정당으로 고쳐 불렀다. 이때부터 편전으로 이용된 것으로 보인다.

희정당은 인조반정 때 불탔으나, 인조 25년(1647)에 중건했다. 숙종은 세자 시절 희정당을 세자궁(世子宮)으로 삼았다. 순조 30년 5월에는 세도가와 싸우며 대리청정을 하던 세자 익종[효명세자]이 아깝게도 22세를 일기로 이 집에서 숨을 거두었다. 순조에 이어 여덟 살에 임금이 된 익종의 아들 헌종(憲宗)

96. 희정당 정문. 순종 이후 자동차가 접근할 수 있도록 현관을 돌출시켜 놓았다.

97. 순종 이후 서양식 가구들이 들어선 희정당 내부. 정면으로 위쪽에 해강 김규진의 〈총석정절경도〉가 보인다.(p.136)

98. 일제 강점기에 경복궁 강녕전을 헐어다 지은 희정당과 앞마당.(위)

99. 희정당 협각과 동측면 모습. 툇마루 부분이 복도처럼 되어 있어 건물 내부에서 다른 전각으로 오갈 수 있게 되어 있다.(아래)

1. 창덕궁의 전당들　137

100. 〈동궐도〉에 나타난 희정당 일대.
1 희정당. 2 양심합. 3 선평문. 4 극수재. 5 연못. 6 재정각.

은 임금이 된 뒤에 정치보다는 교육, 즉 경연(經筵)에 여념이 없었다. 세자 교육을 받을 여유가 없었기 때문이다. 경연은 주로 희정당에서 이루어졌다. 헌종이 죽고 철종이 강화도에서 임금으로 영입될 때, 대왕대비 순원왕후(순조의 비)는 대신들을 희정당에서 소견(召見)했다.

그런데 순조의 세자 익종이 죽기 2년 전쯤 제작된 〈동궐도〉에는 희정당이 그려져 있어 그 모습을 볼 수 있다. 그림에 따르면 정면 다섯 칸, 측면 세 칸의 팔작지붕으로, 아래에 여러 개의 돌기둥이 떠받들고 있는 누마루집(다락처럼 높게 만든 마루집)임을 알 수 있다. 집이 높으므로 목조로 된 다섯 개의 계단이 놓여 있고, 마당에는 장방형의 연못까지 조성되어 있다. 화재가 났을 때는 이 연못의 물을 사용했을 것이다. 매우 멋을 부리고 또 시원하게 느껴지는 집이다. 여름철에 더 애용되었을 것이다.

그러나 〈동궐도〉에 멋들어지게 그려진 희정당은 그림이 완성된 지 5년쯤 지난 순조 33년(1833) 큰 화재로 타버렸다가 다음 해 중건되었다. 1834년 재건된 희정당은 헌종, 철종, 고종, 순종 때까지 이어지면서 편전으로 이용되었으나, 일제 강점기인 1917년 11월 10일 오후 5시 순종이 거처하던 대조전(大造殿)에 붙은 나인의 갱의실에서 불이 나 수백 칸의 건물이 잿더미로 변했다. 이 화재는 방화로 알려졌는데 순조 33년 이후의 대화재다. 이때 순종은 연경당으로

31. 일본이 조선을 식민지화하면서 과거 왕실을 관리하기 위해 만든 기구. 조선 왕실의 개인관리부터 재산관리까지 모든 사항에 대한 일을 수행했다. 조선 총독부의 통제를 받았다.

32. 『경국대전』에 따르면, 내명부에 소속된 궁녀(여관)들의 직급은 다음과 같다. 먼저 후궁의 직급은 빈(嬪, 정1품), 귀인(貴人, 종1품), 소의(昭儀, 정2품), 숙의(淑儀, 종2품), 소용(昭容, 정3품), 숙용(淑容, 종3품), 소원(昭媛, 정4품), 숙원(淑媛, 종4품) 등이다. 그 다음에 상궁(尙宮)과 상의(尙儀)는 정5품, 상복(尙服)과 상식(尙食)은 종5품, 상침(尙寢)과 상공(尙功)은 정6품, 상정(尙正)과 상기(尙記)는 종6품, 전빈(典賓)과 전의(典衣)와 전선(典膳)은 모두 정7품, 전설(典設)과 전제(典製)와 전언(典言)은 모두 종7품, 전찬(典贊)과 전식(典飾)과 전약(典藥)은 모두 정8품, 전등(典燈)과 전채(典彩)와 전정(典正)은 모두 종8품, 주궁(奏宮)과 주상(奏商)과 주각(奏角)은 모두 정9품, 주변징(奏變徵)과 주징(奏徵)과 주우(奏羽)와 변궁(變宮)은 모두 종9품이다.

피신하였다가 성정각을 임시 처소로 사용한 후 낙선재(樂善齋)로 옮겼다.

1917년 11월 27일부터 창덕궁 재건공사가 시작되었는데, 마침 경복궁이 헐리고 있던 때여서 경복궁에서 헐린 재목을 가져다 썼다. 그리하여 희정당은 경복궁 강녕전(康寧殿) 목재로 짓게 되어 결과적으로 강녕전을 옮겨 지은 꼴이 되었다. 그래서 지금 희정당은 이름은 희정당이지만, 모습은 강녕전이다. 그러나 엄격히 말해서 강녕전의 본래 모습과도 다르다. 강녕전에는 용마루가 없었으나, 지금 희정당에는 용마루가 있다. 희정당 남행각 정문에는 자동차가 접근할 수 있도록 현관을 돌출시켜놓았다. 크기도 원래의 15칸에서 정면 11칸, 측면 5칸의 55칸으로 훨씬 커지고, 내부 시설도 서양식으로 꾸며졌다. 총독부와 이왕직(李王職)[31]이 협의하여 지었다고 하지만, 총독부의 의지가 더 강했다. 재건공사는 1920년에 마무리되었는데, 해강(海崗) 김규진(金圭鎭)이 그린〈총석정절경도(叢石亭絶景圖)〉와〈금강산만물초승경도(金剛山萬物肖勝景圖)〉를 내부에 걸었다.

순종은 창덕궁에 계속 거처하다가 1926년 4월 25일 침전(寢殿)인 대조전에서 53세를 일기로 승하했다.

10. 대조전―왕비의 시어소, 침전

궁중에서 왕비의 위치는 매우 컸다. 창덕궁의 침전인 동시에 왕비가 정치하는 시어소(時御所)가 대조전이다. 침전이므로 여러 개의 온돌방이 있다. 대조전은 대궐의 중앙에 있어서 중전(中殿) 혹은 중궁전(中宮殿)이라고도 한다. 세자궁이 대궐의 동쪽에 있어 동궁(東宮)이라고 하는 것과 대비된다. 희정당 바로 북쪽에 있어서 임금이 희정당에서 정사를 본 후 침전으로 들어갈 수 있게 되어 있다.

조선시대 왕비는 그저 왕자를 생산하기 위해서만 맞아들인 것이 아니다. 왕비도 공적인 활동이 있었다. 궁 안에는 내명부(內命婦)라고 알려진 여관(女官)들이 있다. 흔히 궁녀(宮女)라고 불리는 여자들이다.

101. 희정당과 대조전 사이의 마당.

102. 대조전. 무량각이고 앞에 월대가 설치되어 있다. 1920년에 경복궁 교태전을 헐어다 지었다.(pp.140–141)

1. 창덕궁의 전당들 139

103. 〈동궐도〉에 나타난 대조전 일대. 대조전은 솟을지붕이 인상적이며, 무량각으로 되어 있는 현재의 대조전과 다르다.
1 대조전. 2 집상전.
3 경훈각(아래)과 징광루(위).
4 융경헌. 5 경극문. 6 선평문.
7 희정당. 8 양심합. 9 함광문.
10 흥복헌.

내명부에는 임금의 총애를 받고 있는 후궁을 비롯하여 여러 직급의 궁녀들이 속해 있었다.[32] 이 내명부를 다스리는 사람이 바로 왕비다. 즉 궁녀들의 직급을 올려주고 징벌하는 일이 왕비의 소관이다. 궁녀가 임금의 총애를 입어 왕자를 낳고 후궁이 된다 해도 그 직급은 왕비가 결정한다. 후궁의 최고 직급은 빈(嬪)이요, 정1품이다. 그리고 후궁은 대조전에서는 살 수 없고 궁궐 뒤편에서 살았기 때문에 후궁이라고 불렀다.

대조전은 침전이므로 많은 임금들이 이곳에서 타계했다. 조선전기에는 성종이 대조전에서 승하했다는 기록이 있다. 연산군 2년에는 대조전을 중수했다는 기록이 있는데, 왜란 때 창덕궁이 소실되면서 대조전도 사라졌다.

그후 광해군이 재건한 것을 인조반정군이 불 질러 태웠다가 인조 25년(1647)에 복원했다.[33] 인조는 27년에 이곳에서 승하했으며, 효종도 여기서 승하했다. 순조 9년(1809) 8월에는 효명세자(익종)가 이곳에서 탄생하기도 했다. 대체로 세자가 정비(正妃) 소생일 때에는 침전에서 탄생하고, 후궁 소생일 때에는 후궁의 거처에서 탄생하는 것이 관례다.

대조전 역시 순조 33년의 대화재 때 타버렸다가 순조 34년(1834)에 재건되었다. 이때 재건된 대조전은 정면 아홉 칸, 측면 다섯 칸, 모두 마흔다섯 칸이고,[34] 순조가 지은 상량문이 있다. 그후 철종이 여기서 승하하고, 일제 강점기

33. 『창덕궁수리도감의궤』에 자세한 복원공사 기록이 있다.
34. 순종 대 『궁궐지』에는 대조전(大造殿)의 크기를 서른여섯 칸이라고 하여 다소 차이가 있다.

104. 대조전 내부. 일제 강점기에 서양가구들이 들어왔다.(위)

105. 대조전 서편 행각이 툇마루로 연결되어 있다. (아래)

까지 존속했다가 1917년 창덕궁 대화재 때 또 불타는 비운을 만났다. 그후 1920년 재건할 때 경복궁의 침전인 교태전(交泰殿)을 헐어다가 지었다. 그리고 교태전 옆의 건순각(健順閣)을 헐어다가 대조전 동북쪽에 함원전(含元殿)을 지었다. 이것이 지금 남아 있는 대조전이다.

그러면 원래의 대조전과 지금의 대조전은 어떻게 다른가? 우선, 지금 대조전은 원래 대조전보다 북쪽에 있다. 구 대조전 북쪽의 집상전(集祥殿)을 헐고 그 자리에 대조전을 지은 것이다. 그리고 구 대조전 정문인 선평문(宣平門)도 한 칸에서 세 칸으로 확대되어 훨씬 북쪽으로 옮겨졌다. 또 1828년경 제작한 〈동궐도〉에 따르면, 대조전은 지붕 중앙이 양 옆보다 높이 솟아오른 솟을지붕으로 되어 있다. 이를테면 고루삼문(高樓三門) 형식이다. 그러나 지금 대조전은 지붕이 직선으로 되어 있다. 또 대조전 앞 월대에는 푸른색 판장(板墻, 나무로 만든 울타리)을 장방형으로 둘러쳐서 외부인이 함부로 들어오거나 엿볼 수 없게 장치를 해놓았다. 침전인 만큼 경호가 필요해서 이렇게 했을 것이다. 그러나 지금은 울타리가 없고 열린 공간으로 되어 있다.

106-107. 대조전 정문인 선평문(아래)과 좌우 행각(위). 대조전의 남쪽 행각으로, 동·서쪽으로도 행각이 연결되어 있다.

그러나 대조전이나 교태전이나 지붕에 용마루가 없는 것은 서로 같다. 용마루가 없는 집을 무량각(無樑閣)이라고 한다. 왜 침전에는 용마루가 없을까? 그 이유는 확실하게 알 수 없으나, 음양설을 따라 임금은 양(陽)으로 편전에는 용마루를 쓰지만, 왕비는 음(陰)이어서 왕비 침전에는 용마루를 쓰지 않은 것으로 보인다.

현재 대조전의 중앙에는 여섯 칸 대청마루를 사이에 두고 왼쪽에 황제의 침실, 오른쪽에 황후의 침실이 있는데, 대청마루에는 오일도(吳一道), 김은호(金

殷鎬) 등이 그린 봉황도(鳳凰圖)와 군학도(群鶴圖)가 장식되어 있으며, 황후의 침실에는 서양식 침대가 놓여 있다.

대조전에는 동서남 세 방향으로 행각이 연결되어 있다. 대조전 동편에 붙어 있는 익각(翼閣)이 흥복헌(興福軒, 여덟 칸)이고, 서쪽에 붙어 있는 익각이 융경헌(隆慶軒, 여섯 칸)이다. 남쪽 행각에 있는 집이 양심합(養心閤, 열여덟 칸)이다. 그리고 행각에는 세 개의 문이 있다. 동쪽에 있는 문이 함광문(含光門), 남쪽으로 희정당으로 통하는 문이 선평문(宣平門)이고, 그 옆에 양화문(養和門)이 있으며, 서쪽으로 나가는 문이 경극문(慶極門)이다.

이 중에서 양심합은 현종이 승하한 곳이며, 순조의 사친(생모)인 수빈 박씨가 항상 거처한 곳으로 알려져 있다. 임금은 침소를 그때 그때 정하는데 이는 임금의 신변 안전을 위한 배려로 보인다.

11. 대조전 북편—경훈각, 징광루, 집상전, 영휘당, 옥화당

대조전 북쪽에는 동서로 집상전(集祥殿)과 경훈각(景薰閣)이 나란히 있었다. 〈동궐도〉를 보면, 먼저 집상전은 대조전과 거의 유사한 모습으로 고루삼문

108. 〈동궐도〉에 나타난 집상전과 경훈각. 집상전은 대비의 처소이며, 경훈각에는 명나라 신종에게 받은 유물을 보관했다.
1 대조전. 2 경훈각(아래)과 징광루(위). 3 집상전.

109. 경훈각과 대조전. 중앙의 건물이 경훈각으로, 1920년 경복궁 만경전을 헐어다가 단층으로 건립한 것이다. 오른편 건물이 대조전이다.(위)

110. 대조전 뒤편으로 연결된 침전. 그 앞의 마당은 〈동궐도〉에서 집상전이 있던 자리로, 지금은 대조전 뒷마당으로 변해 있다.(아래)

111. 대조전과 경훈각을 잇는 누마루 통로.(p.147)

의 무량각이라는 것이 주목된다. 용마루가 없고 지붕 가운데가 높이 솟아 있다. 용마루가 없다는 것은 왕비와 비슷한 여인의 침소라는 것을 말해준다. 마당에는 세 개의 괴석이 놓여 있고, 나무도 정성스레 가꾼 것이 특이하다. 다만 크기는 대조전보다 약간 작아서 정면 세 칸, 좌우익현이 두 칸으로 되어 있다.

집상전은 인조 25년(1647)에 집상당(集祥堂)이라는 이름으로 지은 것인데, 현종 8년(1667)에 효종의 왕비이자 현종의 모후인 인선왕후(仁宣王后) 장씨를 위해 경덕궁 집희전(集禧殿)을 헐어다가 집상당 터에 옮겨 지은 것이다. 인선

왕후는 호란 후 남편인 봉림대군을 따라 심양(瀋陽)까지 볼모로 잡혀갔다가 돌아와 소현세자가 타계한 뒤 봉림대군이 왕위에 오르자 왕비가 된 이다.

그후 집상전은 왕대비의 처소로 이용되어 숙종 때에도 왕대비 명성왕후(明聖王后) 김씨가 이곳에서 거처했다. 임금이 모후인 왕대비를 모시는 것이 매우 극진했으므로 주변 조경에 신경을 쓴 것으로 보인다. 대신 경호장치는 대조전보다 허술하다.

집상전은 순조 33년의 화재 때에는 피해가 없었으나, 1917년 화재 때 타버린 것이 아닌지 추측된다. 어쨌든 지금 창덕궁에 집상전은 보이지 않고, 그 자리가 대조전 뒷마당으로 변해버렸다.

경훈각은 주합루와 마찬가지로 2층 누각으로 지은 집이다. 스무 칸이다. 아래층이 경훈각이고, 위층은 징광루(澄光樓)라는 편액이 걸려 있다.[35] 〈동궐도〉를 보면, 지붕이 푸른 기와로 되어 있어서 매우 중요한 공간임을 말해준다. 창덕궁에서 푸른 기와집은 경훈각과 편전인 선정전뿐이다. 경훈각 서편에는 영휘당(永輝堂)과 옥화당(玉華堂, 열여섯 칸)이 연결되어 있고, 그 앞 마당에는 판장이 ㄱ자로 둘러쳐져 있어 이곳이 어딘지 신성한 지역임을 암시한다.

그러면 경훈각은 어떤 곳인가. 이곳은 선조(宣祖)가 명나라 신종(神宗)에게 받은 망의(蟒衣, 곤룡포와 비슷하게 생긴 관복)를 보관하고 있는 곳이며, 명나라 마지막 황제인 의종(毅宗)의 어필을 새긴 편액이 걸려 있기도 하다. 경훈각에 대해 숙종이 쓴 어제시(御製詩)도 전한다. 지붕을 푸른 기와로 얹은 이유가

35. 2층집은 아래층을 각(閣)이라고 부르고, 위층을 누(樓)라고 부른다. 규장각도 마찬가지다. 아래층은 규장각(奎章閣)이고, 위층이 주합루(宙合樓)다.

1. 창덕궁의 전당들   147

112. 대조전 후원의 화계. 계단 위의 문을 지나면 창덕궁 후원으로 가는 길이 나온다. (p.148)

113. 대조전 뒤뜰에 한적하게 자리한 가정당.(위)

114. 가정당에서 내다본 풍경. (아래)

여기에 있을 것이다. 경훈각은 이렇듯 신성한 곳이었으나, 순조 33년의 대화재 때 불타버린 것을 다음 해 중건했다. 그 중건 보고서가 『창덕궁영건도감의궤(昌德宮營建都監儀軌)』로 지금 남아 있다.

경훈각 서쪽에 붙여 지은 영휘당은 숙종의 어진을 모셔두던 곳이다. 영휘당에 연결된 옥화당은 열다섯 칸으로, 영조 때 사도세자가 대리청정을 하면서 차대(次對)를 행하던 곳으로도 쓰였다. 이곳도 역시 순조 33년 화재 때 없어졌다가 다음 해 중건되었다.

그러나 이렇게 힘들여 중건한 경훈각과 그 일대는 1917년 화재 때 또다시 타버렸다. 그후 1920년에 중건된 경훈각은 경복궁 자경전 북쪽에 있던 만경전(萬慶殿)을 헐어다가 단층으로 건립한 것이다.

현재 경훈각과 대조전 뒤뜰의 담장 북쪽에는 넓은 뜰이 있고, 그 속에 가정당(嘉靖堂)이 한적하게 자리잡고 있다. 그런데 가정당은 『궁궐지』, 〈동궐도〉, 「동궐도형」 등 어디에도 기록이 보이지 않는다. 덕수궁에 있던 가정당을 일제강점기에 옮겨온 것으로 보인다.

12. 수정전—대비전

경훈각 서북쪽에 널찍하게 터잡고 있는 전당이 수정전(壽靜殿)이다. 주변이 수림으로 둘러싸여 매우 한적한 느낌을 준다. 수정전 뒤는 창덕궁 후원과 연결된다.

수정전이 창덕궁의 뒤편에 있는 것은 이곳이 은퇴한 여인의 공간임을 암시한다. 수정(壽靜)이라는 이름도 장수를 기원하는 뜻이 담겨 있어 노인을 연상시킨다. 실제로 이 집은 효종 5년(1654)에 임금이 모후인 장렬왕후 조씨를 위해 지은 집이다. 효종의 생모는 인조의 정비인 인열왕후 한씨였으나 일찍 돌아가고, 장렬왕후는 인조의 계비이므로 친어머니는 아니었지만, 후사도 없이 쓸쓸하게 지내는 것이 미안하여 수정전을 지어드린 것이다. 처음에는 수정당으로 칭했으나, 숙종 원년에 수정전으로 이름을 바꾸었다.

순조 때 그린 〈동궐도〉를 보면, 수정전은 정면 여섯 칸의 팔작집으로, 정문인 영훈문(迎薰門)을 들어서면 마당 한가운데 판장을 가로질러 수정전이 보이지 않도록 배려했다. 그리고 앞마당과 뒷마당에 각각 두 개씩 등(燈)을 설치하여 외진 곳을 밝히려는 각별한 배려가 보인다. 역시 효종은 효자였다.

수정전은 외진 곳에 떨어져 있어 순조 33년의 화재를 모면했으나, 순종 때

115. 〈동궐도〉에 나타난 수정전.
1 수정전. **2** 영훈문. **3** 징광루.

제작한 「동궐도형」에는 보이지 않는다. 그렇다면 「동궐도형」이 제작되기 이전에 없어진 것으로 보인다. 지금 이곳은 숲으로 변했다.

13. 영모당, 경복전과 그 일대—대비전

이제 선원전 북쪽과 수정전 서쪽으로 눈을 돌려보자. 돈화문에서 금천을 따라 올라가면서 오른편을 바라보면 궐내각사가 나오고, 다시 북으로 가면 선원전이 나타나며, 더 북으로 올라가면 영모당(永慕堂)과 경복전(景福殿)이 있다.

영모당은 영조 때 숙종의 계비인 인원왕후(仁元王后, 金柱臣의 따님) 김씨가 거처하던 집이다. 스무 칸 반이다. 영조는 숙빈 최씨의 아들이므로 인원왕후가 생모는 아니다. 인현왕후(仁顯王后) 민씨가 숙종 27년 타계하자 숙종 28년(1702)에 계비로 들어왔으나 후사 없이 외롭게 살았는데, 영조는 모후인 대비를 위해 31년(1755)에 영모당을 마련했다. 대비는 이곳에서 살다가 영조 33년 3월 71세를 일기로 승하했다.

영모당은 대비의 집으로는 초라한 편이다. 뒤로는 수궁(守宮)이 있고, 서행

116. 〈동궐도〉에 나타난 영모당, 경복전 터와 그 일대.
1 영모당. 2 수궁. 3 경복전 터.
4 습취헌. 5 창송헌.

각에는 수라간과 연화문(延和門)이 보인다. 영모당 남쪽에는 동서로 행각이 있는데, 동쪽 행각에 승경문(承敬門)과 생물방(生物房)이 있고, 그 남쪽에 주방(廚房)이 별채로 서 있다. 영모당 동편에는 이름을 알 수 없는 집 두 채가 남북으로 자리잡고 있는데, 이 집들은 그 동편에 있는 경복전의 부속건물로 여겨진다. 영모당은 순종 대에 편찬된 『궁궐지』에 "지금 없다"고 되어 있어 이미 철거된 것으로 보인다.

그러면 〈동궐도〉에 터만 그려져 있는 경복전은 어떤 건물이며, 누가 살던 집인가? 이 집은 주춧돌로 볼 때 정면 아홉 칸, 측면 세 칸인데, 좌우로 익랑(翼廊)이 돌출된 ㄷ자형으로 되어 있다. 마당에는 장방형의 연못도 있다.

경복전은 영조에 앞서 경종이 왕위에 오르자 위에 설명한 모후 인원왕후를 봉양하던 곳이다. 경종은 희빈(禧嬪) 장씨의 소생이지만 숙종의 정비인 인경왕후(仁敬王后) 김씨와 계비인 인현왕후 민씨가 모두 별세하고, 오직 두 번째 계비인 인원왕후 김씨만 생존했으므로, 대비를 위해 경복전을 지은 것이다.

따라서 인원왕후는 경종 대에는 경복전에서 살다가 영조 31년에 영모당으로 옮겼으며, 영조 33년에 타계했다. 영조가 왜 대비의 거처를 경복전에서 영모당으로 옮기게 했는지는 알 수 없으나, 경복전보다 영모당이 집도 작고, 이름도 전(殿)이 아니라 당(堂)으로 되어 있는 것은 그 격이 낮아진 것을 의미한다.

경복전은 그후 계속해서 대비전으로 이용되었다. 정조 때에도 대비전으로 이용되고, 순조 때에는 영조의 계비인 대왕대비 정순왕후(貞純王后) 김씨가 수렴청정하면서 이곳에서 거처하다가 순조 5년 61세로 승하했다. 정순왕후가 별세한 뒤에는 정조의 비인 효의왕후(孝懿王后) 김씨도 왕대비로서 이곳에서 거처하다가 순조 21년 69세로 창경궁 자경전(慈慶殿)에서 별세했다. 후사가 없었다. 이렇게 경종 때부터 대비전 혹은 대왕대비전으로 사용되던 경복전은 순조 24년(1824) 화재로 소실되었다. 그래서 순조 28년경 제작된 〈동궐도〉에는 그 터만 그려진 것이다.

끝으로 〈동궐도〉에는 경복전 북쪽에 습취헌(拾翠軒)이라는 세 칸짜리 작은 집이 있고, 그 북쪽 숲속에 ㄱ자로 된 조그만 창송헌(蒼松軒)이 있는데, 창송헌은 영조가 즉위년(1724) 11월 20일에 생모인 숙빈 최씨를 위해 지은 사우(祠宇)다. 영조는 다음 해 생모를 위해 다시 궁 밖에 육상궁(毓祥宮)이라는 사당을 세웠다. 이 육상궁에다 순조의 생모인 수빈 박씨를 비롯해 다른 후궁 출신의 왕모 여섯 명을 위한 사당을 합하여 지금 7궁이 된 것이다.[36]

36. 육상궁은 지금 궁정동 청와대 경호실 서편에 있다. 1908년 순종은 각처에 흩어져 있던 임금의 생모이면서 후궁이었던 이들의 사당(祠堂)을 육상궁에 함께 모아 7궁이 되었다. 원종(元宗, 인조의 부친)의 생모인 인빈 김씨(仁嬪 金氏, 선조의 후궁), 경종(景宗)의 생모인 희빈 장씨(禧嬪 張氏), 진종(眞宗, 영조의 맏아들)의 생모인 정빈 이씨(靖嬪 李氏), 장조(莊祖, 사도세자)의 생모인 영빈 이씨(暎嬪 李氏), 순조의 생모인 수빈 박씨(綏嬪 朴氏)의 위패를 모셨으며, 1929년에 영친왕 이은(李垠)의 생모 순비 엄씨(淳妃 嚴氏, 고종의 후비)의 위패까지 합하여 7궁이 되었다.

14. 성정각, 관물헌—세자궁

창덕궁의 동쪽은 세자와 관련되는 공간이며, 성정각(誠正閣)과 중희당(重熙堂)이 중심 건물이다. 세자궁을 흔히 동궁(東宮)이라고 하는 것은 궁궐의 동쪽에 있기 때문이다. 창덕궁의 세자궁도 임금의 편전인 선정전과 희정당의 동남쪽에 있다.

성정각은 헌종 대 편찬된 『궁궐지』에 춘저(春邸)가 서연(書筵)하는 곳이라 하고, 계방(桂坊)으로도 불렸다고 되어 있으며, 순종 대 편찬된 『궁궐지』에는 열두 칸 익공(翼工) 집이라고 되어 있다.

그러나 성정각은 세자만 사용한 집은 아니었다. 영조는 이곳을 신하들을 소견하는 장소로 사용했으며, 특히 정조 6년(1782) 중희당이 세자궁으로 새로 건설되면서 오히려 임금의 편전으로 쓰이는 경우가 많았다. 정조는 만년에 성정각에서 초계문신(抄啓文臣)의 시험을 치르기도 했다. 순조는 13년에 세자 익종의 사부(師傅, 세자시강원의 으뜸 벼슬)와 빈객(賓客, 세자시강원의 정2품 벼

117. 남쪽 영현문에서 바라본 성정각. 지금 성정각 동편에는 후원으로 들어가는 길이 뚫려 있다. 앞에 보이는 문이 정문인 영현문이다.(위)

118. 성정각 북쪽의 관물헌. 정면에 즙희(緝熙)란 편액이 걸려 있다.(아래)

119. 성정각 동편의 누각집. 동쪽에 희우루(喜雨樓), 남쪽에는 보춘정(報春亭)이라는 편액이 걸려 있다. 원래는 아래층이 열린 공간이 아니라 막혀 있었다.(p.155)

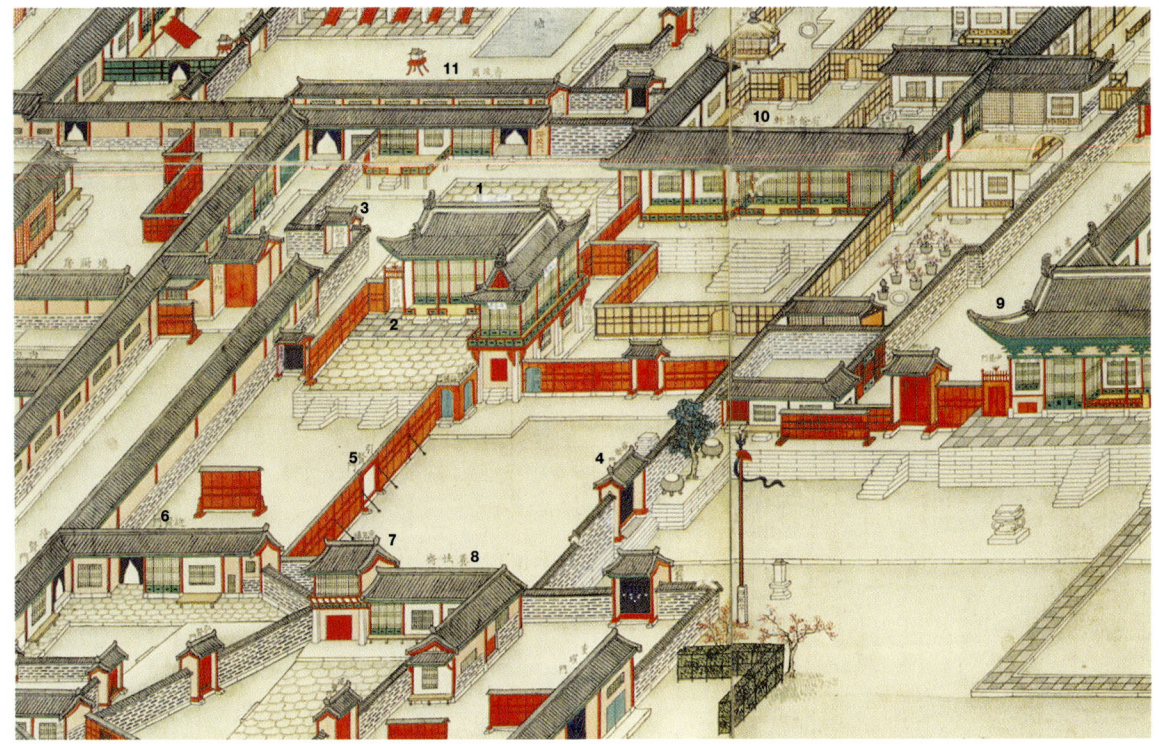

120. 〈동궐도〉에 나타난 성정각 일대. 자시문 오른편은 모두 헐리고 후원으로 통하는 길로 변했다.
1 성정각. 2 견현문. 3 친현문. 4 자시문. 5 인현문. 6 영현문. 7 담월루. 8 양성재. 9 중희당. 10 관물헌. 11 제정각.

슬)에 대한 상견례를 성정각에서 행하고, 실제 서연하는 곳은 성정각 북쪽의 관물헌(觀物軒)으로 정했다.

1828년경에 그린 〈동궐도〉에 따르면, 성정각 주변에는 많은 부속건물이 있다. 우선 성정각 동편에 ㄱ자로 2층 누각을 붙여놓았는데, 이 집의 동쪽에는 희우루(喜雨樓)라는 편액이, 남쪽에는 보춘정(報春亭)이라는 편액이 걸려 있다. 이 집은 서책을 보관하던 곳으로 추정된다.

성정각 주변에는 곳곳에 붉은색 판장이 둘러쳐져 외부인의 출입을 막았고, 남쪽에는 영현문(迎賢門)이 있다. 동쪽 판장에는 인현문(引賢門), 동쪽 담장에는 자시문(資始門), 서쪽에는 대현문(待賢門), 성정각 바로 서쪽에는 친현문(親賢門)이 있는데, 모두 어진 신하를 가까이하라는 뜻이 담겨 있어 흥미롭다.

그런데 지금 성정각에는 엉뚱하게도 내의원이라는 안내판이 서 있다. 이는 인정전 서편에 있던 내의원이 일제 강점기에 헐리면서 '보호성궁 조화어약(保護聖躬 調和御藥)'이라고 쓴 편액과 약재를 만들던 도구들을 이리로 옮겨왔기 때문에 그렇게 된 것으로 보인다.

성정각 뒤로는 관물헌(觀物軒)이 있다. 〈동궐도〉에는 유여청헌(有餘淸軒)이라고 씌어 있다. 순종 대 『궁궐지』에 따르면 스물여섯 칸으로 비교적 큰 집이다. 정조 이후 애용되어 정조 7년(1783) 11월 26일 이곳에서 초계문신의 강경(講

經, 시험관이 지정한 경서의 대목을 외던 일) 시험을 치렀고, 순조 13년 4월 3일부터는 세자 익종의 서연 처소로 삼았으며, 헌종 15년에는 이곳에서 임금이 약원(藥院)의 진찰을 받고, 대신들을 접견하기도 했다. 고종은 재위 11년 2월 8일 이곳에서 원자 순종의 탄생을 보았고, 원자의 백일이 되자 대신들을 이곳에 불러 원자를 보여주었다. 특히 고종 21년(1884) 갑신정변 때 김옥균, 홍영식 등 개화당이 고종을 모시고 청나라 군대와 맞선 곳이기도 하다. 말하자면 관물헌은 정조 이후 임금의 편전으로 자주 사용하던 곳이다. 지금 관물헌은 남아 있고, 정면에 즙희(緝熙)라고 쓴 편액이 걸려 있다.

〈동궐도〉에는 성정각 뒤 서북쪽으로 제정각(齊政閣), 동북쪽으로 유여청헌(有餘淸軒, 관물헌)과 금사루(琴史樓)가 있고, 유여청헌 뒤로 죽향루(竹鄕樓), 죽향소축(竹鄕小築), 완연당(婉戀堂)이 있다. 서편으로 판장을 건너면 짚으로 지붕을 이은 조그만 모정(茅亭)이 있고, 죽향루 남쪽에도 창순루(蒼筍樓)라고 씌어진 초가집이 있다. 창순루 앞마당에는 꽃 화분 여섯 개와 괴석 화분 하나가 놓여 있다. 그렇다면 창순루는 화분을 관리하는 집이 아니었을까. 그러나 지금 유여청헌(관물헌)을 제외한 나머지 건물은 보이지 않는다.

어쨌든 이곳은 궁궐인지를 의심할 정도로 단청도 없이 소박한 맞배지붕 기와집과 초가집이 어울려 있어서 마치 시중의 여항(閭巷)을 연상시킨다. 자세한 용도는 알 수 없으나, 나인(內人)들의 처소일지도 모른다. 북쪽 돌담 너머로 해시계인 일영대(日影臺)가 설치되어 있는 것이 매우 인상적이다.

제정각은 혼천의(渾天儀), 선기(璇璣)와 옥형(玉衡, 시계) 등 천문기구를 설치하여 천문과 시간을 측정하는 곳으로, 순조 33년에 불탔다가 이듬해에 서른네 칸으로 중건되었다.

15. 중희당 — 정조 이후의 세자궁

중희당(重熙堂)은 창경궁에 속해 있다. 성정각 동쪽에 있으며, 정조 6년(1782)에 문효세자(文孝世子)를 위해 건설했다. 정조는 효의왕후 김씨와의 사이에 아들이 없어 후궁인 의빈(宜嬪) 성씨로부터 문효세자를 얻어 8년에 중희당에서 세자로 책봉했다. 세자는 이곳에서 가례(嘉禮)까지 치렀으나 정조 10년 아깝게도 요절하고 말았다. 지금 서울시 용산구의 효창공원이 바로 문효세자 무덤인 효창묘(孝昌墓)가 있는 곳이다. 한편, 문효세자의 혼궁(魂宮)은 경희궁 태녕전(泰寧殿)으로 정하고, 13년에는 문효세자와 생모인 의빈 성씨를 위한 사당을 안국방에 세워 문희묘(文禧廟)라 했다.

정조는 중희당을 세자궁으로만 쓴 것이 아니고, 자신의 편전으로도 자주 사용했다. 여기서 도목정사(都目政事)37를 행하여 관리들의 인사를 처리하고, 승지들을 만나기도 했다. 그러다가 정조 14년(1790) 6월 수빈 박씨 사이에 원자를 다시 얻어 11세가 되던 24년(1800) 2월에 창경궁 집복헌(集福軒)에서 세자로 책봉했다. 그러나 세자로 책봉된 뒤 두 달 만에 정조가 별세하여 순조는 중희당에서 지내보지 못한 채 임금이 되었다.

중희당이 다시 세자궁으로 크게 각광받기 시작한 것은 순조의 아들 익종(효명세자)이 19세 되던 순조 27년(1827) 2월 9일 대리청정을 하면서부터다. 이때 대리청정의 정당(正堂)을 중희당으로 정했기 때문에 중희당은 이제 익종을 상징하는 곳이 되었다.38 〈동궐도〉는 바로 다음 해 제작되어서인지 중희당이 매우 크고 장엄하게 그려져 있다. 익종은 이곳에서 순조 28년 11월에 전시(殿試)39도 보였다는 기록이 있다.

익종은 청정 3년 만에 별세했으나, 그 이후로도 중희당은 중요한 정치 공간으로 쓰였다. 헌종도 여기서 자주 대신들을 인견(引見)하면서 편전으로 사용하다가 승하했고, 고종 즉위년(1863) 12월 8일 대왕대비 신정왕후(神貞王后) 조씨가 이곳에서 대신들을 접견했다. 대원군의 둘째 아들 명복(命福)을 철종의 후계자로 정한다고 발표한 곳도 여기다.

고종은 즉위년 12월 12일 중희당에서 관례(冠禮)를 행하고, 이어 3년 2월과 3월에 초간택, 재간택, 삼간택, 동뢰연(同牢宴)을 거쳐 명성황후(明成皇后)를 왕비로 맞이했다. 고종은 경복궁이 중건되기 전에 주로 이곳에서 정사를 보았으며, 경복궁이 중건된 이후에도 자주 일차유생(日次儒生)들의 전강(殿講)40을 이곳에서 행했다.

1876년 개항 이후에도 고종은 이곳에서 외교사절을 접견하고, 왕세자인 순종의 관례와 가례도 여기서 치렀다. 예를 들면, 고종 17년(1880) 11월 26일 국서를 가지고 온 일본 판리공사 하나부사 요시모토(花房義質)를 접견하고, 고종

121. 승화루의 측면 모습. 원래는 소주합루로 불렸으며, 아래층은 의신각이라 했다. 의신각은 방으로 되어 있었으나 지금은 트인 공간으로 변했다.

122. 승화루. 중희당은 없어지고 동편의 승화루(소주합루) 일부만 남아 있다.(p.159)

37. 이조, 병조에서 매년 6월과 12월에 벼슬아치의 성적을 평가하여 면직, 승진시키던 일.
38. 『순조실록』 권28 순조 27년 2월 9일 乙卯條.
39. 복시에서 선발된 사람에게 임금이 친히 보이던 과거.
40. 성균관 유생 가운데 실력 있는 사람을 뽑아 임금이 친히 대궐에 모아놓고 삼경이나 오경에서 찌를 뽑아 외게 하던 시험.

20년(1883) 1월 2일과 2월 7일에는 청나라 제독 우 창칭(吳長慶)을 접견했으며, 고종 21년(1884) 1월 1일에는 청나라 관찰 천 수탕(陳樹棠)과 일본 공사 다케소에 신이치로(竹添進一郎), 미국 공사 복덕(福德, 미국 이름 푸트)을 접견하고 새해 인사를 받았다.

그러나 창덕궁에서 임오군란과 갑신정변을 경험한 고종은 창덕궁에 실망하여 고종 22년(1885) 경복궁으로 다시 이어했는데, 고종 28년(1891)에는 중건소(重建所)를 설치하고, 궁궐을 다시 개조하는 사업을 벌였다. 고종 28년(1891) 3월 21일 함녕전(咸寧殿)의 여러 전각을 옮겨 짓고, 계조당(繼照堂)을 고쳐 지었다. 5월 3일에는 중희당을 옮겨 지으라고 중건소에 지시했다. 어느 곳으로 옮겨 지으라는 것인지 확실하지 않으나, 함녕전이 경운궁에 있는 것을 보면, 아마 경운궁으로 옮기려고 한 것으로 보인다.

어쨌든 고종 28년 이후 중희당은 기록에서 사라진다. 아마 고종 28년에 없어진 것으로 보인다. 그래서 순종 대 편찬된 『궁궐지』에도 "지금 없다"고 되어 있으므로 일제 강점기 이전에 이미 없어진 것을 알 수 있다. 지금 중희당 자리는 창덕궁에서 후원으로 들어가는 길로 변해버렸고, 중희당 동편으로 붙어 있던 칠분서(七分序)라는 월랑과 육각정인 삼삼와(三三窩), 그리고 2층 소주합루(小宙合樓)와 아래층 의신합(儀宸閤)이 승화루(承華樓)라는 이름으로 바뀌어 남

41. 순종 대 『궁궐지』에는 승화루(承華樓, 한 칸 반)와 삼삼와(三三窩, 六隅亭), 칠분서(七分序, 여섯 칸), 저방실(貯芳室, 네 칸), 동쪽의 여화문(麗華門), 동행각의 중양문(重陽門) 등이 남아 있는 것으로 기록되어 있다.

123. 〈동궐도〉에 나타난 중희당 부근.
1 중희당. 2 칠분서. 3 삼삼와.
4 소주합루. 5 해당정. 6 도서루.
7 수방재. 8 화청관. 9 학금.
10 연현합. 11 대축관. 12 삼선재.

124. 칠분서 월랑과 삼삼와(육각정). 중희당에 연결된 건물들이나, 지금 중희당은 없어졌다.

42. 〈동궐도〉의 그림과 헌종대 『궁궐지』는 기록상 약간의 차이가 있다. 〈동궐도〉에는 칠분서, 육우정의 이름이 보이지 않고, 육우정에 해당하는 건물에 삼삼와라고 적었다. 소주합루(小宙合樓) 아래층에 의신합(儀宸閤)이라는 편액도 보이지 않고, 조금 떨어진 건물에 의신각이라고 표시했다. 그러나 『궁궐지』에는 칠분서, 삼삼와, 육우정, 의신각(소주합루 하층) 등이 기록되어 있어, 이 책에서는 『궁궐지』를 따르기로 했다.

아 있다.[41]

그러면 중희당과 그 주변의 모습은 원래 어떠한가? 〈동궐도〉를 보면 중희당은 창덕궁에 있는 단일 건물 중에서는 가장 크다. 넓은 마당에는 풍기(風旗, 바람의 방향을 측정하기 위해 긴 장대에 매단 깃발, 오늘날의 풍향계), 해시계, 소간의(小簡儀), 측우기(測雨器) 같은 각종 천문기구가 배치되어 과학을 중시한 정조의 마음이 그대로 실물로 나타나 있다. 그 밖에 두 개의 석등(石燈)이 보이며, 여러 개의 취병(翠屛, 꽃나무 가지를 이리저리 틀어서 문이나 병풍 모양으로 만든 것)과 괴석함(怪石函)이 설치되어 있다. 중희당이 임금의 편전보다 큰 것이 이상할 정도다.

중희당은 정면 아홉 칸, 측면 세 칸으로 본건물도 크지만 부속건물이 많다. 바로 중희당 동편에 잇대어 칠분서라는 월랑이 있고, 여기에 연결되어 육우정(六隅亭, 육각형 정자)인 삼삼와(三三窩)가 있고,[42] 삼삼와에 잇대어 복도가 있고, 복도 끝에 남향으로 팔작지붕의 2층 누각이 있다. 이곳이 소주합루다. 소주합루 아래층은 의신각(儀宸閤)이라 불렀다. 창덕궁 후원에 있는 주합루가 정면 다섯 칸인 데 비해, 이곳은 정면 세 칸이므로 소주합루라고 한 것 같다.

1. 창덕궁의 전당들 161

중희당 부속건물인 소주합루가 정조 때 지은 것인지, 아니면 후대에 지은 것인지는 알 수 없다. 아마 정조 때 중희당을 지으면서 함께 지었다고 보는 것이 좋을 것이다. 주합루를 두 군데나 지었다는 것이 이채롭다. 그렇다면 소주합루와 의신각의 용도는 무엇이었을까? 이에 대한 기록은 없으나 세자의 독서와 휴식 공간이었을 가능성이 크다.

중희당 남, 동, 서에도 부속건물이 있다. 동쪽 행각에는 중양문(重陽門)이 있고, 그 아래에 소유루(小酉樓)가 있다. 남쪽 행각에는 연현합(延賢閤), 대축관(大畜觀), 삼선재(三善齋)가 있으며, 서편으로는 성정각으로 통하는 자시문(資始門)이 있고, 그 남쪽에 금요문(金曜門)이 있다.

중희당 남쪽 행각인 연현합에서 더 남쪽으로 내려오면 동서로 길게 궁담이 쳐져 있고, 그 궁담 안에 여러 채의 집이 보인다. 동편으로 군물고(軍物庫), 서쪽으로 석거청(石渠廳), 그 남쪽으로 무예청(武藝廳), 통장청(統長廳), 측간이 있다. 궁궐의 경호실이라고 할 수 있다.

다시 연현합에서 동남쪽, 그리고 익종의 처소였던 연영합(延英閤)에서 남쪽으로 내려오면 꽃과 수목이 어우러진 정원이 보이고, 초가로 된 파수간(把守間)이 두 채 보인다. 이곳에서 무예청으로 들어가는 문(융효문)이 있는 것으로 보아 무예청 군인들이 파수간에 나와서 궁궐을 지킨 것으로 보이며, 연영합에서 나온 세자가 때때로 이곳을 산책했을 것으로 짐작된다. 지금 이 건물들은 모두 없어지고 창덕궁에서 낙선재로 들어가는 길로 변해버렸다.

그러면 중희당 북쪽에는 무엇이 있었을까? 〈동궐도〉에 따르면 중희당 바로 뒤에 유덕당(維德堂, 수덕당)[43]이 있고, 그 뒤에 순조의 어필로 된 자선재(資善齋)라는 편액이 걸린 집이 있다. 그리고 유덕당 서측에 행각이 연결되어 있는데, 석류실(錫類室)과 서주(書廚)라고 씌어 있다. 유덕당 마당에 판장이 있는 것으로 보아 유덕당과 자선재는 세자의 침소일 가능성이 크다.

한편 소주합루 북쪽에는 별도의 담장이 쳐져 있고, 그 안에 네 채의 건물이 들어 있다. 우선 특이하게 벽돌로 지은 맞배지붕 기와집이 있다. 이 집에 두 개의 편액이 걸려 있는데, 동쪽에 수방재(漱芳齋), 서쪽에 문화각(文華閣)이라고 되어 있다.

수방재와 문화각은 『궁궐지』에는 기록이 없고, 오직 〈동궐도〉에만 그림이 있다. 수방재라는 건물은 원래 청나라 황제가 자금성에서 조선 사신을 접견한 곳이다. 그리고 창덕궁의 수방재도 벽돌로 지었다는 점에서 어딘가 청나라 건축을 연상시킨다. 그렇다면 이 집은 청나라 황제가 보내준 모종의 물건을 보관하던 곳이 아닌가 추측된다. 수방재와 나란히 붙어 있는 문화각이라는 편액도 그렇다.

43. 순종 대 『궁궐지』에는 유덕당(維德堂)이 수덕당(綏德堂)이라고 되어 있다. 후자가 맞을 것이다.

수방재 앞에는 2층으로 된 도서루(圖書樓)와 각(角)이 많이 드러난 해당정(海棠榳)이 있고, 수방재 서편에는 저방실(貯芳室)이 있다. 해당정과 도서루 사이에는 선송장춘(仙松長春)이라고 씌어진 소나무가 있으며, 북쪽에 여화문(麗華門)이 있다. 남쪽에는 보운문(寶雲門)이 있다. 담장도 완자무늬로 특이하게 장식되어 있어서 다른 담장과는 확연하게 구별된다. 모두가 청나라에서 가져온 도서나 물건을 간직한 곳이 아닌가 추측된다. 지금 이 건물은 모두 없어졌다.

16. 연영합 — 익종의 처소

〈동궐도〉에는 중희당 동북방, 정확하게 수방재와 문화각 동편에 단청이 없는 소박한 형태의 팔작집이 한 채 있다. 연영합(延英閣)이다. 연영합에는 편액이 세 개 걸려 있다. 중앙이 연영합, 서쪽이 학몽합(鶴夢閣), 동쪽이 천지장남지궁(天地長男之宮)이다. 그리고 서쪽에서 남쪽으로 돌출된 누집에는 오운루(五雲樓)라는 편액이 걸려 있다.

연영합의 동남쪽 마당에도 ㄱ자형 작은 집이 있다. 여기에도 두 개의 편액

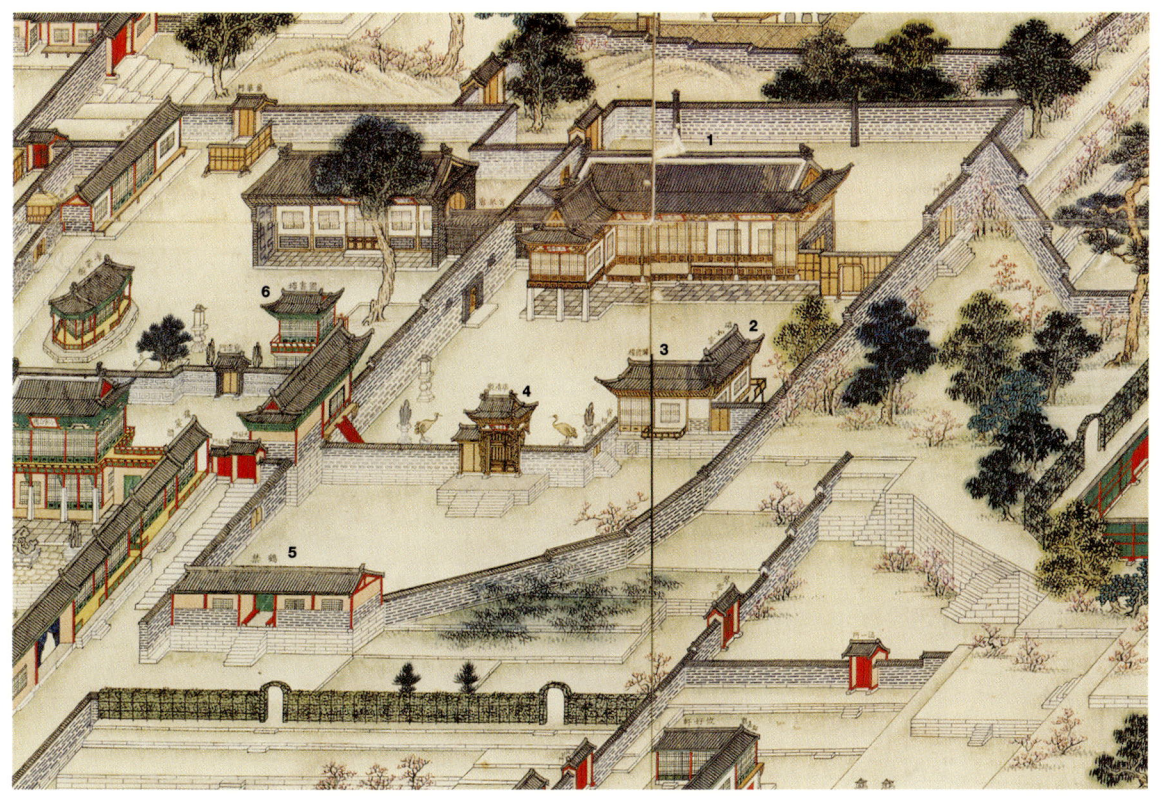

125. 〈동궐도〉에 나타난 연영합 일대.
1 연영합. 2 곽여실. 3 영하루.
4 화청관. 5 학금. 6 도서루.

이 있는데, 동편에 있는 것이 곽여실(廓如室)이고, 서편에 있는 것이 영하루(暎霞樓)다. 마당 남쪽에는 화청관(華淸觀)이라고 쓴 일각대문(대문간이 따로 없이 양쪽에 기둥을 하나씩 세워서 문짝을 단 문)이 있는데, 화려하게 조각한 나무 장식이 문기둥에 조각되어 있다. 전당문이 이렇게 조각되어 있는 경우는 여기밖에 없다.

또 이 집에는 특이한 것이 보인다. 화청관을 열고 들어가면, 마당에 학(鶴) 두 마리가 서로 마주보고 서 있다. 길들인 학인지 조각인지 알 수 없으나 아마 길들인 순학(馴鶴)인 듯하다. 그리고 두 마리의 학 옆에는 두 개의 괴석이 놓여 있고, 동편 학 옆에는 보상문(寶相門)이 있다. 화청관 남쪽에는 학금(鶴禁)이라고 쓴 소박한 맞배지붕 건물이 있다.

그러면 연영합은 어떤 건물인가? 연영합에 대한 기록이 없어서 확실한 것은 알 수 없지만, 이 집 마당에 학과 괴석이 있다는 데서 어떤 단서를 찾을 수 있다. 그것은 바로 순조 27년에 대리청정을 한 순조의 아들 익종의 호(號)가 학석(鶴石)이라는 점이다. 익종이 쓴 「학석소회소서(鶴石小會小序)」라는 글 중에 다음과 같은 구절이 보인다.[44]

"쌍학(雙鶴)은 선회하여 뜰에 있고, 늙은 바위는 문 앞에 있으니, 이 누(樓)를 학석(鶴石)으로 이름지은 것이 마땅하다."

이 구절은 연영합 앞마당의 모습을 그대로 묘사한 것이 아니고 무엇인가. 그렇다면 연영합은 익종의 처소라고 보는 것이 합당하다. 그런데 왜 연영합이 헌종대 『궁궐지』에는 기록되지 않았을까? 이는 『궁궐지』가 편찬되던 무렵 연영합이 이미 철거되었거나 불타버린 것으로 추측된다. 지금 연영합은 자취를 찾을 수 없고, 그 정문인 화청관 자리에 낙선재 후원 정자인 상량정(上凉亭)이 들어서 있다.

할아버지 정조를 닮아 영특했던 익종은 안동 김씨의 세도정치를 극복하기 위해 젊음을 바친 야심적인 세자였으나 불행하게도 청정 3년 만에 22세의 젊은 나이로 갑자기 별세했다. 게다가 그의 시신이 모셔져 있는 창경궁의 빈전이 불타서 가까스로 재궁(梓宮)을 불길 속에서 구해내기도 했다. 그의 연속적인 불행과 연영합의 운명이 어떤 관련이 있는지는 앞으로 좀더 연구할 과제다.

44. 『익종문집』(한국 정신문화연구원 간, 1998년).

2. 창경궁의 전당들

창경궁은 조선왕조가 들어선 이후 경복궁, 창덕궁에 이어 세 번째로 건설된 궁궐이다. 그러나 원래 이곳에는 고려 때 궁궐을 세웠다는 기록이 있다.[45]

창경궁이 세워지기 전 태종은 아들 세종에게 왕위를 물려주고 나서 살기 위해 창경궁 터에 수강궁(壽康宮)을 지었다. 수강궁이 세종 즉위년(1418)에 완공되어 태종은 이곳으로 거처를 정하고 살았다.

창경궁이 본격적으로 궁궐의 모습을 갖추기 시작한 것은 9대 임금인 성종 때(재위 1469-1494)다. 성종은 할머니인 세조비 정희왕후 윤씨와 생모인 소혜왕후(昭惠王后, 仁粹大妃) 한씨, 예종비인 안순왕후(安順王后) 한씨 등 세 분의 대비를 모실 공간이 필요했다. 창덕궁은 공간이 좁아서 바로 창덕궁에 인접한 창경궁 터를 주목하게 된 것이다. 창경궁은 성종 15년(1484)에 공사가 끝났는데, 공사 도중 창경궁이라는 이름을 붙였으며, 당시 문필가로 이름을 날리던 서거정(徐居正)에 명하여 전당의 이름을 짓게 했다.

대비를 위한 처소로 세워졌지만, 창경궁이 단순히 여성들의 생활 공간으로만 이용된 것은 아니었다. 여기에는 임금이 거처하면서 정사(政事)를 집행할 수 있는 여러 전당이 동시에 들어서서 여러 임금들은 때때로 창경궁에 이어하여 나라를 이끌어갔다. 그러나 역시 정궁(正宮)은 창덕궁이었고, 창경궁은 별궁(別宮)에 지나지 않았다.

창경궁은 왜란 때 불탔다가 광해군 7년(1615)에 다시 중건되었는데, 중건된 지 9년 만인 인조 2년(1624) 1월에 부원수 이괄(李适)의 군대가 반란을 일으켜 창경궁을 침범하는 바람에 통명전(通明殿)을 비롯한 전당 대부분이 타버렸다. 인조는 11년(1633)에 광해군이 인왕산 아래에 지은 인경궁(仁慶宮)을 헐어 그

45. 헌종 대 『궁궐지』 창경궁 명정전조(서울특별시사편찬위원회 간, 2000년).

목재로 창경궁을 복원했다.

그후 창경궁에는 후대 임금에 의해 새로운 전당이 속속 들어섰다. 특히 정조는 어머니 혜경궁(惠慶宮) 홍씨가 거처할 집으로 자경전을 지었으며, 아버지 사도세자의 제사를 위해 창경궁 동편에 경모궁(景慕宮)을 건설했다.[46] 또 이곳으로 자주 참배하기 위해 창경궁 동쪽 담장 통화문(通化門) 북쪽에 월근문(月覲門)을 조성했다. 지금 국립과학관 바로 왼편에 있다. 또 임금이 성균관 문묘에 참배하기 위해 궁을 나갈 때는 집춘문(集春門)을 거치게 했다.

순조 30년(1830) 8월에 큰 화재로 창경궁의 많은 전각이 불탔는데, 순조 33년 창덕궁과 함께 중건했다. 이렇게 창경궁은 우여곡절을 겪으면서 왕궁의 역사를 이어갔으나, 1907년 이후 일본의 침략 의도에 따라 많은 전당이 헐려나갔다. 1908년에는 동물원, 식물원, 박물관 등이 들어서고, 일본의 국화인 벚꽃을 심어 일본식 시민공원으로 개조했다. 더욱이 1911년 4월 이후로는 창경궁을 창경원(昌慶苑)으로 격하시키고 일반 시민들의 놀이 공간으로 개방하여 왕궁의 기능과 위엄을 완전히 잃었다. 해방 후 동물원과 식물원을 철거하고 옛 궁궐의 모습을 하나하나 되찾아가고 있으나, 옛 모습을 완전히 되찾으려면 앞으로 할 일이 많이 남아 있다. 창경궁의 전당은 모두 2379칸이다. 1839칸의 창덕궁에 비해 규모가 크다. 이제 창경궁의 주요 전당을 차례로 알아보자.

46. 경모궁(景慕宮)은 지금 서울대학교 의과대학 자리다. 경모궁의 제사에 관한 보고서가 『경모궁의궤(景慕宮儀軌)』다. 이 책에는 경모궁의 설계도가 보인다.

47. 함춘원(含春苑)은 지금 서울대학교 의과대학과 대학병원이 들어선 자리다. 그런데 함춘원은 다른 곳에도 있었다. 하나는 창덕궁 서쪽 문인 요금문 밖을 말하고, 또 하나는 경희궁 개양문(開陽門) 남쪽으로, 지금 경향신문사가 있는 지역이다.

1. 홍화문과 그 일대

창경궁의 정문은 홍화문(弘化門)이다. 이 문은 동향이라는 것이 우선 특이하다. 이는 기본적으로 창경궁 전체가 동향으로 배치된 결과다. 창경궁이 정궁의 기능을 할 수 없었던 주요한 이유도 동향에 있었다. 임금은 남쪽을 향한 집에서 정사를 돌보는 것이 원칙이었기 때문이다.

홍화문은 2층 세 칸의 문으로, 돈화문이 다섯 칸 대문인 것과 비교해 규모가 작다. 〈동궐도〉에는 팔작지붕으로 그려져 있으나 실제는 우진각지붕이다. 홍화문은 단순한 정문이 아니라, 그 앞은 민가가 없고 함춘원(含春苑)[47]의 넓은 정원과 이어져 있어서 이곳에 사대(射臺, 활터)를 세우고 홍화문 밖 마당에서 자주 무과시험을 치렀다.

홍화문은 또한 임금이 서울의 사서인(士庶人)들을 가끔 만나는 장소로도 이용되었다. 특히 영조가 26년(1750) 5월 균역법(均役法)을 시행하기 전에 홍화문에 직접 나가 오부(五部)의 사족과 방민(坊民)들을 직접 만나서 양역(良役)에

126. 창경궁 전경. 홍화문, 명정문, 명정전이 동향하여 중심축을 이루고 있다. (pp.166-167)

127. 홍화문에서 들여다본 창경궁 내부. 홍화문, 명정문, 명정전(정전)이 직선상에 배치되어 있다.(위)

128. 홍화문. 영조와 정조가 서울에 사는 백성들과 자주 만나던 공간이다. 돈화문이 다섯 칸인 데 비해 홍화문은 세 칸이다.(아래)

129-131. 여러 방향에서 본 옥천교.
창경궁 안의 어구(御溝)인 옥천은 응봉에서
내려오는 물을 받아 청계천으로 흘려보냈다.

대한 의견을 들은 것은 유명한 이야기다. 이때 신하들은 균역을 반대하고 방민들은 찬성했는데, 임금은 백성들의 의견을 따라 균역법을 시행했다.

홍화문에서 임금이 백성들을 만난 일은 정조 때도 있었다. 정조 19년(1795) 6월 18일 임금은 어머니 혜경궁의 회갑을 기념하여 홍화문에 친히 나가 가난한 백성들에게 쌀을 나누어주었다. 이 해 윤2월에도 수원 화성에 가서 행궁의 신풍루(新豊樓)에 직접 나가 수원 인근에 사는 가난한 사람들에게 쌀과 소금, 죽을 직접 나누어준 바 있는데, 이번에는 서울의 가난한 백성들에게 쌀을 준 것이다. 이렇게 본다면, 홍화문은 임금과 백성들이 가까이 만나는 문이었다는 사실도 기억해둘 일이다.(도판 30 〈홍화문사미도(弘化門賜米圖)〉 참조)

홍화문을 들어가서 곧바로 가면 정면으로 어구인 옥천(玉川)이 가로지르고, 그 위에 옥천교(玉川橋)가 있으며, 그 다음 명정문(明政門)을 거쳐 정전인 명정전을 만난다. 홍화문과 명정문 주변에는 행각이 남북으로 늘어서 있는데, 수문장청과 주자소(鑄字所)[48]가 특히 눈에 띈다. 일제 강점기에 창경궁이 창경원으로 개조되면서 주자소와 홍화문 주변의 행각은 모두 없어졌으나, 해방 후 복원했다.

48. 주자소(鑄字所)는 창경궁 선인문(宣仁門) 안에 있다. 정조 18년에 홍문관이 있던 자리를 주자소로 정하고, 영조 48년에 갑인자를 새로 주조한 활자 15만 자와 정조 원년에 만든 정유자 15만 자를 이곳에 보관했다. 이 해 주자소에서 새로 32만 개의 목활자를 『자전(字典)』의 글자체를 모방하여 만들었는데 생생자(生生字)라고 불렀다. 정조 19년에 다시 생생자를 동으로 주조했는데, 이 활자로 『원행을묘정리의궤』를 찍었기 때문에 정리자(整理字)라고 불렀다.

2. 명정전—정전

창경궁의 정전인 명정전(明政殿)은 임금이 신하들의 조하(朝賀)를 받던 공간이다. 동향집으로 정면 다섯 칸, 측면 세 칸, 모두 열다섯 칸이며 인정전보다 다섯 칸 작다. 지붕도 단층이다. 조정에는 다른 궁궐의 정전과 마찬가지로 박석을 깔고 품계석을 세웠다.

명정전은 인종(仁宗)이 즉위한 곳이기도 하다. 중종이 창경궁 환경전(歡慶殿)에서 별세했으므로 인종은 창경궁에서 즉위할 수밖에 없었다. 정조는 친위부대인 장용영(壯勇營)을 창설하여 서울과 수원에 주둔시켰는데, 그 일부가 창경궁 명정전 행각에 주둔했다. 고종 19년(1882) 임오군란이 일어났을 때 명성황후가 창덕궁에서 홍계훈의 등에 업혀 가까스로 몸을 피한 일이 있었다. 이때 대원군은 황후가 별세했다고 포고하고 장례식을 준비했는데, 빈전을 창경궁 환경전에 차리고, 망곡처(望哭處)를 명정전으로 정했다. 망곡처는 상여가 나갈 때 곡을 하는 장소다. 황후는 살아 있으면서 장례를 당하는 기막힌 일을 겪었다.

132. 〈동궐도〉에 나타난 홍화문과 그 일대.
1 홍화문. 2 옥천교. 3 명정문.
4 명정전. 5 문정전. 6 숭문당.
7 함인정.

133. 명정전 앞의 품계석. 1품에서 3품까지는 정(正), 종(從)이 나뉘어 있으나 4품부터는 정(正) 품계석만 세웠다. 명정전 앞 조정에 깐 돌이 반듯반듯하여 자연박석을 깐 〈동궐도〉의 모습과 다르다. (p.174)

134. 명정전 일대. 현재 홍화문, 명정문, 명정전, 좌우회랑, 문정전(명정전 남쪽), 숭문당(명정전 서남), 함인정(명정전 서북) 등이 남아 있다.

135. 회랑에서 바라본 명정문.(위)

136. 명정문의 정면.(아래)

137. 명정전 내부의 어좌와 닫집. 바닥엔 전돌을 깔았다.(p.177)

2. 창경궁의 전당들 177

138. 명정전 뒤. 숭문당, 빈양문 등에 비를 맞지 않고 다닐 수 있는 차양시설이 되어 있다.

　고종 28년(1891)에는 익종의 비 신정왕후 조씨(조대비)가 경복궁 흥복헌에서 별세했는데, 혼전(魂殿, 국장을 치르는 동안 신위를 모시던 전각)을 명정전으로 정했다. 명정전은 지금 남아 있고, 그 주변의 회랑은 일제 강점기에 헐려나간 것을 1980년대에 복원했다.

3. 문정전—편전

　명정전 남쪽에 있는 임금의 편전이 문정전(文政殿)이다. 신하들을 소견하고 경연을 행하는 곳이다. 남향집이며 정면 네 칸, 측면 세 칸으로 모두 열두 칸이다. 명정전과 문정전 사이에 복도를 설치하고, 문정전 남쪽에도 복도를 설치하여 비를 맞지 않고 여러 건물을 왕래할 수 있도록 배려했다.

　문정전은 사도세자의 비극이 일어난 곳으로도 유명하다. 영조의 첫째 왕비인 정성왕후(貞聖王后) 서씨가 영조 33년에 타계하자 문정전에 위패를 모시고 휘령전(徽寧殿)으로 불렀는데, 당시 경희궁에 머물고 있던 영조는 자주 이곳에 들러 창경궁에서 대리청정하고 있던 사도세자와 더불어 참배하곤 했다. 그런데 영조 38년(1762) 5월 13일 영조가 휘령전에 들렀을 때 세자가 병을 핑계하고 늦게 나타나자 그렇지 않아도 비행을 일삼는 세자를 불신하고 있던 왕은 노여움이 치솟아 세자에게 칼로 자결하라고 명했다. 시강원 신하들이 자결을 만류하자 왕은 세자를 서인으로 폐하고 뒤주에 가두도록 명했다. 그리하여 8일

139. 문정전 내부. 임금의 편전으로, 어좌가 있고 우물마루를 깔았다.(위)

140. 문정전의 정면. 문정전 중앙에 남북으로 설치한 복도는 복원되지 않았다. 이곳에서 사도세자의 비극이 일어났다.(아래)

만인 5월 21일 세자는 창경궁 남문인 선인문 부근에서 숨을 거두었는데, 이 사건을 임오화변(壬午禍變)이라 한다. 2년 뒤에 영조는 세자의 죽음을 뉘우치고 「금등(金縢)」이라는 글을 써서 도승지를 시켜 휘령전 요 밑에 숨겨두었는데, 정조가 즉위 후 이를 발견하여 정조 17년에 비로소 신하들에게 보여주었다.[49] 영조와 사도세자가 갈등을 일으킨 이면에는 노론과 소론의 정책 차이도 개재되어 있었지만, 어쨌든 영조가 자신의 처사를 후회하는 「금등」을 남긴 것은 사도세자의 명예회복을 갈망하던 정조에게 큰 힘이 되었을 것이다.

고종 15년에 대비〔철종비 철인왕후〕가 별세하자 혼전을 문정전으로 정했다. 문정전은 일제 강점기에 헐려나간 것을 해방 후 다시 중건했다. 다만, 문정전 중앙에 남북으로 설치한 복도는 복원하지 않아서 〈동궐도〉의 모습과 다르다.

49. 『정조실록』 권38 정조 17년 8월 8일 戊辰條.

4. 숭문당, 함인정, 취운정

명정전 뒤쪽, 즉 서쪽으로 복도가 있고 복도 끝에 빈양문(賓陽門)이 있다. 빈양문 남쪽으로 연결되어 있는 누집이 숭문당(崇文堂)이다. 정면 다섯 칸, 측면 세 칸의 동향집이다. 순조 30년 화재로 불탔으나 33년에 중건되었다. 순조 28년(1828)경 제작된 〈동궐도〉에 그려진 숭문당은 사방으로 마루가 놓여 있으나 지금 남아 있는 숭문당에는 동편에만 있다. 화재 후 중건되면서 모습이 바

141. 〈동궐도〉에 나타난 숭문당 일대.
1 숭문당. 2 빈양문. 3 함인정.
4 공묵합. 5 환경전. 6 경춘전.
7 취운정. 8 명정전.

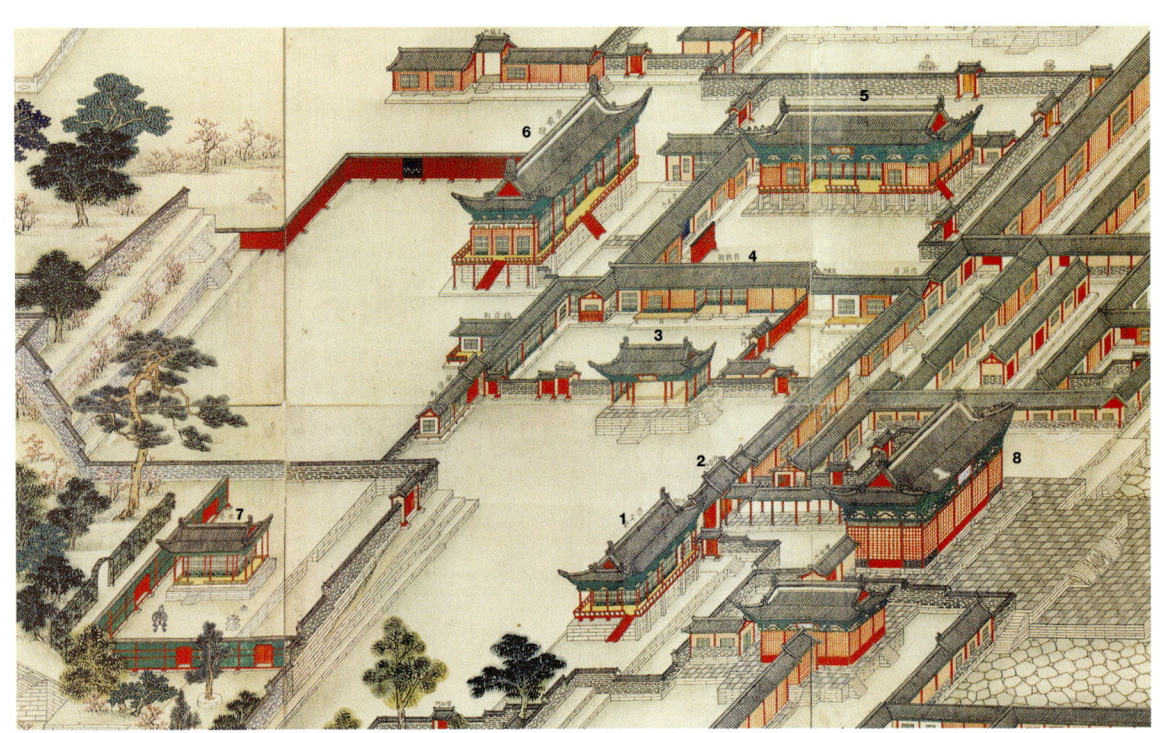

142. 숭문당. 동향 누집으로 지었다.(위)

143. 빈양문. 명정전에서 함인정으로 나가는 복도 끝에 있다.(아래)

핀 것으로 보인다.

숭문당에서 북으로 행각을 따라 올라가다가 서쪽으로 방향을 돌리면 아홉 칸짜리 남향집인 함인정(涵仁亭)이 나온다. 원래 이곳은 연산군이 세운 인양전(仁陽殿)이 있었으나 왜란 때 타버린 후, 인조 11년(1633)에 인왕산 밑에 있던 인경궁의 함인정을 헐어다 옮겨 지었다. 집 안에 오봉병(五峯屛)을 설치하여 명정전의 후전(後殿)으로 삼았다.

함인정은 남향인 데다가 앞마당이 넓게 틔어 많은 사람을 만나는 데 편리한 곳이어서 임금이 편전으로 가장 많이 이용한 집이다. 과거에 합격한 유생들을 만나보고, 경연을 하는 곳으로 이용되었다는 기록이 많다. 특히 영조와 정조 대에 그러했다. 영조는 사도세자가 함인정 뒤 공묵합(恭默閤)에서 대리청정을 하고 있을 때, 함인정에서 경연을 자주 갖고 『중용』, 『심경』 등을 읽었다. 특히 33년에서 35년 사이에 집중적으

144. 함인정. 본래는 3면이 벽으로 되어 있으나, 지금은 사방이 트여 있다.(p.182 위)

145. 함인정의 천장. 화려한 단청으로 치장했다.(p.182 아래)

146. 수강재 후원의 취운정. 〈동궐도〉에 보이는 앙부일구나 판장은 사라졌다. 왼편 담 너머 보이는 정자가 상량정(평원루)이다.

147. 창경궁의 전각들. 오른쪽 앞에 양화당이 있고, 그 뒤로 경춘전 너머 취운정이 배치되어 있다.(pp.184-185)

로 함인정을 이용했는데, 33년 8월 6일에는 수찬 홍양한(洪良漢)의 추천으로 정항령(鄭恒齡)이 백리척을 이용하여 만든 「동국대지도」를 보고 감탄하면서 그 모사를 명한 곳이 함인정이다. 함인정은 순조 30년에 불탔다가 33년(1833)에 중건했다. 함인정은 지금 남아 있으나, 사방이 트여 있어 3면이 막혀 있는 〈동궐도〉의 모습과는 다르다. 또 함인정 뒤 공묵합도 없어졌다.

함인정 서남쪽 언덕에는 사괴석(육면체로 자른 건축용 돌) 담장을 두른 속에 취운정(翠雲亭)이 남향으로 서 있다. 이 집은 그 남쪽에 있는 수강재(壽康齋)의 후원 정자에 해당한다. 숙종 12년(1686)에 창건했으며 숙종의 어필 편액이 걸려 있다. 취운정 서쪽과 남쪽으로는 ㄴ자형으로 초록색 판장을 설치하여 시야를 가리고, 서쪽 판장 뒤에는 다시 취병을 설치하여 이중으로 시야를 차단했다. 그리고 남쪽 마당에는 앙부일구(仰釜日晷) 등 시계를 설치하여 시간을 알 수 있도록 배려했다. 임금이나 세자의 휴식 공간임을 알 수 있다.

취운정 남쪽에는 수강재가 있고, 취운정 서쪽으로는 낙선재 후원이 연결된다.

2. 창경궁의 전당들

5. 환경전—침전

환경전(歡慶殿)은 왕과 왕비의 침전으로서 함인정 북쪽에 있으며, 남향하고 있다. 정면 일곱 칸, 측면 네 칸, 모두 스물여덟 칸의 비교적 큰 집이다. 팔작지붕으로 용마루가 있는 것이 다른 궁궐의 무량각(無樑閣)과 다른 점이다.

중종(中宗)은 재위 39년(1544) 12월에 이곳에서 승하했다. 그래서 인종이 창경궁 명정전에서 즉위하게 된 것이다.

왜란 때 불탄 후 광해군 때 재건했는데, 인조 2년에 이괄의 반란군이 서울로 쳐들어오자 왕이 남방으로 피난한 사이 이괄의 군대가 창경궁을 점령하여 약탈, 방화하면서 통명전과 양화당(養和堂), 환경전 등이 모두 불탔다. 인조는 11년(1633)에 광해군이 세운 인경궁의 소기별당(蘇基別堂)을 철거하여 환경전을 중건했다.

환경전은 2백 년이 지난 순조 30년(1830) 8월에 또다시 화염에 휩싸였다. 이때 이 집에는 익종의 재궁(梓宮, 시신을 모신 관)이 모셔져 있었는데, 화염 속에서 가까스로 재궁을 구해냈다. 그후 순조 33년에 중건되었다.

148. 침전인 환경전. 함인정 뒤에 있으며, 남향으로 지었다. 환경전 앞에 있던 공묵합은 없어졌다.

그런데 〈동궐도〉에 보이는 환경전과 지금의 환경전은 조금 다르다. 전자는 누마루 형식으로 되어 있으나, 지금은 누마루가 없다. 마루도 세 칸이었으나, 지금은 한 칸으로 줄었다. 이는 순조 33년에 중건되면서 구조가 바뀐 것을 의미한다. 고종 시대에 들어와서 환경전은 세 번이나 중요한 여인의 빈전으로 이용되었다.[50] 환경전이 왕과 왕비의 침전이었으므로 왕비가 별세한 경우에는 이곳을 빈전으로 정하는 경우가 많았다.

6. 공묵합 — 세자궁

환경전 남쪽에 남향한 건물이 공묵합(恭默閤)이다. 함인정과 환경전 사이에 있다. 이 집은 세자궁으로서 특히 사도세자가 대리청정을 하면서 신하들을 진접(晉接)하던 곳으로 유명하다. 정조도 세손 때 아버지를 따라 공묵합에 있으면서 서쪽에 붙어 있는 협실에서 독서를 했다고 「어제공묵합기(御製恭默閤記)」에서 술회하고 있다. 공묵합은 없어지고 지금은 넓은 마당으로 변했다.

7. 경춘전 — 대비와 왕비의 침전

경춘전(景春殿)은 환경전 서쪽에 있으며, 동쪽을 향하고 있다. 스물여섯 칸의 비교적 큰 집이며, 누마루 형식이다. 이 집은 대비전으로 연산군 10년 4월 덕종비 인수대비(仁粹大妃) 한씨가 이곳에서 68세를 일기로 승하했다. 세조의 장남이나 요절하여 왕위를 계승하지 못한 덕종의 아내로서, 아들 성종이 왕위에 올라 비로소 한을 풀었던 인수대비는 성종의 배려로 창경궁에서 새 집을 짓고 살았던 것이다. 성종이 창경궁을 건설한 주된 목적이 바로 모후인 인수대비와 할머니 정희왕후(세조비)를 위한 것이었다.

왜란 때 불탔다가 광해군 때 재건된 경춘전에는 조선후기 여러 임금과 왕비의 자취가 남아 있다. 숙종 때에는 두 번째 계비인 인원왕후 김씨가 여기서 거처했으며, 숙종 27년 8월에는 숙종의 계비로서 폐위당했다가 복위된 인현왕후 민씨가 이곳에서 승하했다. 왕비에서 희빈으로 강등된 후궁 장씨는 예전에 세자(경종)을 낳았던 취선당(就善堂)으로 물러나 있었다. 장희빈은 인현왕후를 저주하기 위해 취선당 서편에 신당(神堂)을 짓고 여러 시비(侍婢)와 더불어 기축(祈祝)하면서 중전을 모해했다고 한다. 장희빈과 인현왕후 사이에는 남인과 노

50. 환경전은 고종 15년 철종비 철인왕후의 빈전으로 쓰였고, 고종 19년에는 대원군이 임오군란을 피해 궁을 떠난 명성황후의 빈전을 설치했으며, 고종 28년에는 83세로 승하한 신정왕후[조대비]의 빈전을 이곳에 설치했다.

149. 경춘전. 동향으로 지었다. 정조와 헌종이 이곳에서 탄생했다.

론의 정치적 갈등이 있었다.

경춘전은 정조대왕이 탄생한 곳으로도 유명하다. 영조 28년(1752) 9월, 사도세자가 대리청정을 시작한 지 3년째 되던 해였다. 18세의 세자는 창덕궁의 옥화당과 창경궁의 시민당(時敏堂) 등을 정치 공간으로 하여 청정을 행하고 있었는데, 침소는 경춘전이었다. 정조를 낳을 때 세자는 흑룡(黑龍)이 내려오는 꿈을 꾸었는데, 이를 기념하여 경춘전 벽에 꿈에 본 흑룡을 그렸다. 그래서 정조는 자신이 태어난 경춘전에 애착이 컸다. 그후 세자는 경춘전 바로 옆에 있는 공묵합으로 거처를 옮겼고, 정조도 소년 시절 공묵합 협실에서 독서를 했다.

정조는 청상과부가 된 어머니 혜경궁 홍씨를 위해 창경궁에 자경전을 지어드렸다. 혜경궁은 순조가 즉위한 뒤 며느리인 효의왕후 김씨에게 자경전을 넘겨주고 자신은 경춘전으로 거처를 옮겼다가, 순조 15년(1815) 12월 80세를 일기로 세상을 떠났다. 남편 사도세자가 뒤주에 갇혀 굶어 죽는 비극을 겪은 혜경궁은 회갑이 되던 정조 19년부터 『한중록(閑中錄)』을 쓰기 시작하여, 순조 때에도 이를 계속했다. 이 유명한 책을 집필한 곳이 바로 자경전이다.

경춘전에서 정조말고도 또 한 사람의 임금이 탄생했다. 순조의 손자이자 익종(효명세자)의 아들인 헌종이 순조 27년(1827) 7월에 탄생했다. 다시 말해 뒷날 고종 때 조대비로 널리 알려진 익종의 부인 신정왕후 조씨가 이곳에서 헌종을 낳은 것이다. 경춘전은 〈동궐도〉에 그려져 있으나, 순조 30년 5월 6일 창경궁 화재 때 타버렸다가 순조 33년에 중건되었다. 그리하여 순종 대 편찬된 『궁궐지』에도 기록되어 있으며 지금도 남아 있다. 그러나 〈동궐도〉에 보이는 경춘전과 지금 남아 있는 경춘전은 모습이 약간 다르다. 〈동궐도〉의 경춘전은 돌로 축대를 높이 쌓고 그 위에 팔작집을 지어 나무계단으로 오르게 되어 있는데, 지금 남아 있는 경춘전은 축대가 낮고 나무계단도 없다. 그 대신 측면 세 칸이 네 칸으로 늘어났다.

8. 연경당, 연희당, 양화당, 체원합— 대비전

창경궁에서 또 하나의 중요한 공간은 환경전과 경춘전의 북쪽에 있는 집들이다. 이 공간은 대비의 처소다. 대비전은 대개 임금의 편전 바로 뒤에 있어서 임금이 수시로 문안할 수 있게 배려했다.

대비전의 하나가 연경당(延慶堂)으로, 임금의 침전인 환경전 바로 북쪽에 남

150. 〈동궐도〉에 나타난 연경당 일대.
1 연경당. 2 연희당. 3 양화당.
4 체원합. 5 환경전. 6 경춘전.

향하고 있다. 정면 세 칸, 측면 세 칸의 단층 팔작집이다. 연경당 서북쪽에 연희당(延禧堂)이 동향하고 있으며, 동북쪽에 연춘헌(延春軒, 열두 칸)이 있어서 이 세 건물이 ㅁ자형을 이룬다. 건물 이름에 모두 연(延)자가 들어 있는 것이 이채롭다. 경사를 길게 하고, 기쁨을 길게 하고, 봄을 길게 한다는 뜻일 것이니, 장수를 비는 마음이 담겨 있다고 하겠다.

이 가운데 연희당은 스무 칸으로, 정조 19년(1795) 6월 정조의 모친 혜경궁의 회갑 잔치를 벌인 곳으로 유명하다. 이때 혜경궁은 연희당에서 거처하고 있었다. 정조는 이 해 윤2월에 회갑을 앞당겨 혜경궁을 모시고 수원 화성에 가서 사도세자 무덤인 현륭원(顯隆園)에 참배하고, 겸하여 화성 행궁의 봉수당(奉壽堂)에서 회갑 잔치를 벌이고 돌아온 일이 있었다. 화성 행궁은 장차 1804년을 기하여 순조에게 왕위를 물려준 뒤 혜경궁을 모시고 은퇴하여 살려고 지었기

때문에, 이 집에서 회갑 잔치를 미리 한 것이다.

그러나 실제 회갑일은 6월 18일이었으므로 연희당에서 다시 한 번 회갑 잔치를 열었다. 또한 이 기쁨을 백성들과 함께 나누기 위해 정조는 홍화문에 나가 가난한 백성들에게 쌀을 나누어주었는데, 이날 서울의 다섯 군데에서 동시에 나누어준 쌀이 1천 석이 넘었다.[51] 잔치 모습과 쌀을 나누어준 과정은 『원행을묘정리의궤(園幸乙卯整理儀軌)』에 자세히 기록되어 있다.[52] (도판 31 〈연희당진찬도〉 참조) 회갑날 정조는 먼저 명정전에 나아가 치사(致詞)를 드리고, 연희당에서는 진찬(進饌)을 행했다. 이때 혜경궁에게 올린 음식 차림표가 의궤에 상세하게 기록되어 있는데, 그 중에 구증(狗蒸, 개고기찜)이 눈에 띈다. 요즘 말로 보신탕이다. 연희당, 연춘헌, 연경당은 지금 없다.

양화당(養和堂)은 연희당 서북에 있으며, 남향하고 있다. 〈동궐도〉에는 정면 다섯 칸, 측면 세 칸의 단층 팔작집으로 되어 있는데, 순종 대 『궁궐지』에는 스물네 칸으로 되어 있으며 북행각이 열 칸, 서행각이 네 칸이다. 따라서 순조 30년에 화재로 소실된 후 순조 33년에 중건될 때 건물이 더 커진 것이 아닌가

51. 6월 18일 쌀을 받은 민호(民戶)의 수는 다음과 같다. 중부 229호, 동부 529호, 서부 2591호, 남부 1142호, 북부 861호, 연융대 66호, 모두 합하여 5418호이다. 매 호마다 쌀 3두(세 말)씩 지급하여, 모두 1083석 9두에 이르렀다.
52. 한영우, 『정조의 화성 행차 그 8일』(효형출판, 1998년) 참고.

151. 양화당 뒤편의 화계와 굴뚝.(p.190)

152. 임금의 편전인 양화당. 월대 위에 세벌대 죽담을 쌓고 그 위에 세웠다. 월대 앞에는 우물이 있다.

짐작된다.

양화당은 임금의 편전이다. 명종 20년 봄 임금이 양화당에서 독서당 문신들에게 친시(親試)를 보였다는 기록이 있다. 왜란 때 소실되었다가 광해군 때 중건되었다. 그러나 순조 30년에 또다시 소실되었으며, 순조 33년에 중건되었다. 병자호란 때 인조는 남한산성에서 나와 삼전도에서 항복한 뒤 창경궁 양화당으로 환어했다고 한다. 고종 15년 5월 12일에 철종비 철인왕후(哲仁王后) 김씨가 여기서 승하했다고 한 것을 보면 고종 대에는 왕대비가 이곳에 거처했음을 알 수 있다.

체원합(體元閤, 열아홉 칸)은 연희당 바로 서편에 있다. 세자궁인 듯하나 자세한 것은 알 수 없다. 순종 대 『궁궐지』에는 체원합을 통명전의 부속기관으로 기록하고 있다.

〈동궐도〉에는 위의 모든 건물이 그려져 있으나, 순조 30년에 양화당을 비롯하여 모든 전각이 탔다가 순조 33년에 중건되었다. 그러나 양화당만 지금 남아 있다.

9. 통명전―중궁전, 대비전

창경궁의 왕비 침전이자 시어소가 통명전(通明殿)이다. 창덕궁의 대조전에 해당한다. 그러나 가끔 대비도 이곳에서 거처했다. 창경궁 전당 중에서 이용도가 가장 높은 건물이다. 통명전은 성종 15년(1484)에 지은 것으로, 서거정이 이름을 지었다.

같은 해 통명전 북쪽에 환취정(環翠亭)을 지었는데, 김종직(金宗直)이 기(記)를 썼다. 경종은 재위 4년(1724)에 환취정에서 승하했다. 〈동궐도〉에는 환취정이 그려져 있으나, 순종 대 『궁궐지』에는 그 터만 있는 것으로 보아 〈동궐도〉가 제작된 이후 순종 대 사이에 없어진 것으로 보인다.

통명전 서쪽 마당에는 샘이 있고, 샘 남쪽에 조그만 연못이 있으며, 그 주변에 정교한 돌난간을 둘렀다.53 이 연못은 샘물이 마당으로 넘치는 것을 막기 위해 일부러 만든 것인데, 샘물을 연못으로 끌어들이기 위해 성종 때 구리로 수통(水桶)을 만들어 설치했다. 하지만 이것이 사치스럽다는 신하들의 비판이 일자 성종 16년에 구리 수통을 철거하고 돌로 대치하는 일이 벌어졌다. 지금 안목으로 보면 사치라고 말할 대상도 아닌데, 이를 둘러싸고 사치 논쟁이 일어난 것이 성종 시대의 분위기였다.

53. 이 연못의 크기는 남북이 12.8미터, 동서가 5.2미터이며, 중앙에 돌다리를 설치했다. 돌다리의 길이는 약 6미터고, 폭이 2.56미터다.

153. 〈동궐도〉에 나타난 통명전 터. 뒤쪽으로 환취정이 있다.
1 통명전 터. **2** 환취정.

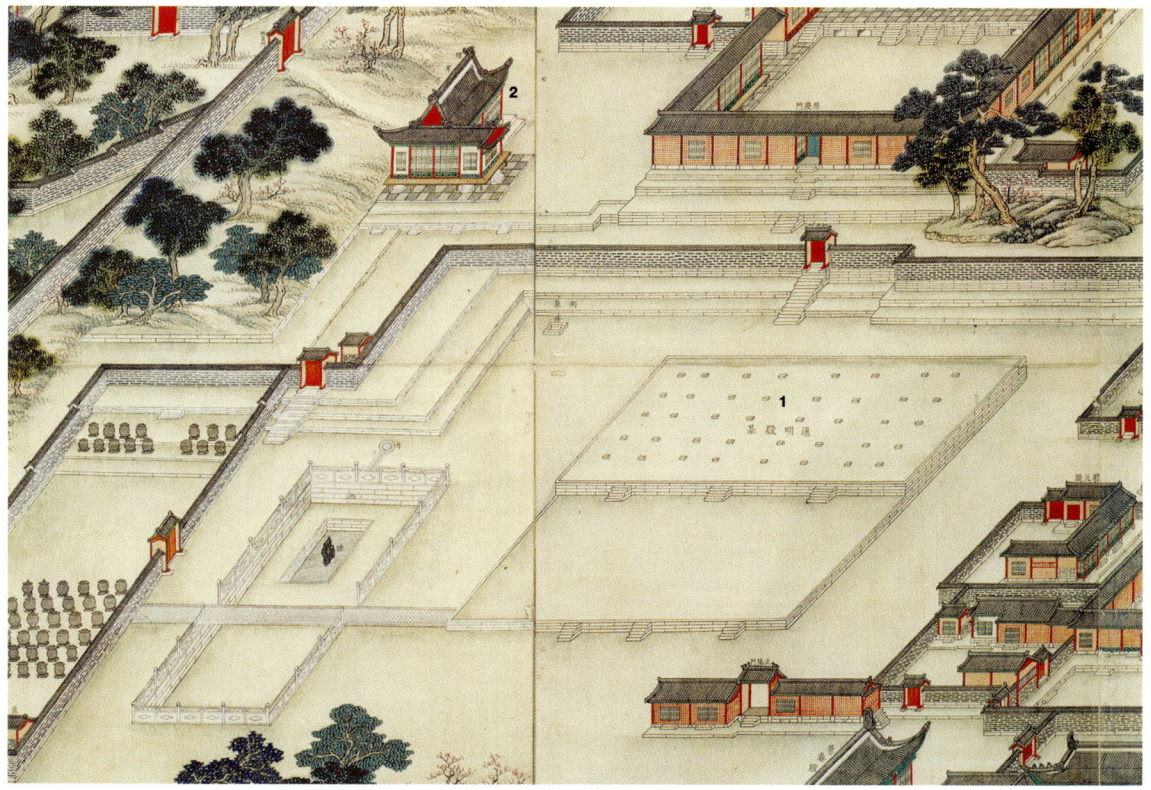

154. 통명전. 왕비 침전으로, 무량각이다. 현종 대 도깨비 소동이 일어나고, 숙종 대 장희빈이 인현왕후를 모해하기 위해 흉물을 주변에 묻어놓았다가 발각되어 목숨을 잃었다. (위)

155. 통명전 내부. 정면 일곱 칸 측면 네 칸의 넓은 공간인데, 정면의 가운데 세 칸은 개방된 툇칸으로 되어 있다. (아래)

통명전은 왕과 왕비의 빈전(殯殿)으로도 이용되었다. 중종이 재위 39년(1544)에 환경전에서 타계하자 중종의 빈전을 통명전으로 정했는데, 이런 일을 중전이 결정했다 하여 논란이 일었다. 선조 8년(1575) 1월에는 명종비 인순왕후(仁順王后) 심씨가 별세하자 통명전에 빈전을 차렸다.

현종 5년(1664)에는 통명전에 도깨비 소동이 일어났다. 당시 약방 도제조 허적(許積)은 창경궁의 자전(慈殿)이 거처하는 곳에 도깨비가 많은데, 특히 통명전이 가장 심하니 거처를 옮기자고 주장했다. 요괴소동이란 구체적으로 돌덩이가 날아오거나, 의복에 불이 붙거나, 궁인의 머리카락이 잘려나가는 등의 소동을 말한다. 당시 조정에서는 이런 소동은 집이 오래되어 퇴락한 데 이유가 있다고 보고 현종 13년 통명전과 양화당의 수리를 시작했다.

156. 통명전 서쪽 마당의 샘과 방지. 방지에는 석교를 놓았다. 성종 때 구리로 수통을 만들었다가 신하들의 반대로 돌로 바꾸었다.

숙종 3년(1677) 11월 19일에는 자전인 명성왕후 김씨를 위해 통명전에서 잔치를 올렸으며, 13년 9월 13일에는 만수전(萬壽殿)이 불타자 그곳에 거처하던 할머니 자의대비 조씨(장렬왕후, 인조의 계비)가 통명전으로 이어했다.

통명전은 중요한 정치적 전당이었으므로 이곳을 무대로 추악한 권력투쟁도 일어났다. 숙종의 후궁인 '장희빈 사건'이 바로 그것이다. 남인을 배경으로 노론과 연계된 인현왕후를 모해하여 폐위시킨 바 있는 그녀는 왕비를 죽이기 위해 갖은 저주를 서슴지 않았다. 궁녀들을 시켜 각시 인형, 붕어, 새, 쥐 등을 보자기에 싸서 통명전 일대에 파묻은 것이다. 그러다가 숙종 27년(1701) 10월에 장희빈은 이러한 흉칙한 일이 발각되어 죽임을 당했다.

숙종 다음의 경종은 4년 1월 13일에 통명전으로 이어하여 임금의 편전으로 사용했다. 영조 3년 8월 28일에는 세자(진종)의 빈을 맞이하면서 동뢰연을 통명전에서 열었다. 영조 19년 7월 17일에는 자전(인원왕후 김씨)의 연회를 통명전에서 행했고, 23년 2월 19일에는 이미 돌아가신 대왕대비(현종비 명성왕후)의 존호(尊號)를 통명전에서 올렸다. 이어 28년 3월 4일에는 왕세손이 통명전에서 별세했다.

영조는 효장세자[정빈 이씨 소생]를 잃고 나서 세자를 사도세자[영빈 이씨 소생]로 바꿨으며, 의소세손[사도세자의 장남]을 잃고 나서 세손을 그 아우 정조로 정했다.

창경궁의 중요한 정치 공간으로 이용되던 통명전은 정조 14년(1790) 화재로 사라졌다. 순조 33년(1833) 중건될 때까지 40여 년간 통명전은 폐허로 남았다. 그래서 순조 28년경 제작된 〈동궐도〉에는 통명전 터만 그려진 것이다.

그러면 통명전은 어떻게 생겼을까? 순종 대 『궁궐지』에 따르면, 통명전은 스물여덟 칸이고, 무량각, 즉 용마루가 없는 지붕이다. 〈동궐도〉에 그려진 통명전 터도 스물여덟 칸으로 되어 있으며, 아름다운 돌난간으로 둘러싸인 연못도 그대로 그려져 있다. 순조 33년(1833) 중건된 통명전은 다행히 지금 남아 있다. 그 옆의 연못과 돌다리도 그대로 보존되어 있다.

10. 자경전 — 대비의 처소

통명전 북쪽 높은 지대에 ㅁ자형의 자경전(慈慶殿)이 있다. 창덕궁 영화당(暎花堂)에서 그리 멀지 않은 동남쪽 언덕 위에 있다. 바로 동쪽으로 남편 사도세자의 사당인 경모궁이 마주 보이는 곳이다. 이 집은 정조가 어머니 혜경궁 홍씨를 위해 재위 원년(1777)에 지은 것이다. 이때부터 혜경궁은 이 집에서 거처하다가, 정조가 돌아가고 순조가 즉위하자, 대비로 승격된 며느리 효의왕후 김씨에게 이 집을 넘겨주고 창경궁 경춘전으로 이사했다. 효의왕후는 자식 없이 외롭게 이곳에서 살다가 순조 21년 3월 승하했다.

순조가 쓴 「자경전기(慈慶殿記)」에 따르면, 자경전 일대의 존엄이 법전(法殿)과 같다고 할 만큼 짜임새가 있고, 집도 크다. 〈동궐도〉를 보면 자경전은 본채가 정면 아홉 칸, 측면 세 칸이나 되고, 동서남 세 방향으로 행각이 붙어 있어 임금의 침전이나 편전보다도 크다. 남쪽 행각의 중앙에 자경문(慈慶門)이 있고, 자경전 북쪽에 널찍한 사괴석 담장이 둘러쳐 있으며, 그 안에 화계석으로 단장한 화단에 각종 꽃들이 피어 있다. 북쪽 담장에는 적경문(積慶門)이 있어서 후원으로 나갈 수 있게 되었다. 정조가 모친을 위해 얼마나 정성을 들였는지 잘 알 수 있다.

자경전은 순조 대 이후로 대비를 위한 연회 장소로도 자주 이용되었다. 마루가 세 칸으로 되어 있어서 잔치를 벌이기에 매우 적당한 곳이다. 순조 27년

157. 〈동궐도〉에 나타난 자경전. 통명전 뒤편 높은 언덕에 있다. 이곳에 일제 강점기 때 일본식 건물인 장서각이 들어섰다가 해방 후 헐리고 지금은 솔밭으로 변했다.
1 자경전. 2 자경문. 3 적경문.

9월 10일 세자 익종이 순조에게 존호를 올리고 진작(進爵)한 곳이 자경전이고, 그 행사 기록이 『자경전진작정례의궤(慈慶殿進爵整禮儀軌)』로 남아 있다. 또 순조 28년 2월 순조의 왕비 순원왕후의 40세를 기념하는 진작 행사도 여기서 거행되었으며, 그 행사 기록이 『진작의궤(進爵儀軌)』다. 또 그 다음 해인 순조 29년 2월과 6월에도 순조의 등극 30년과 탄신 40년을 기념하여 자경전에서 진작했다. 그 기록이 『순조기축진찬의궤(純祖己丑進饌儀軌)』다. 이 의궤들은 지금 궁중음악과 궁중무용을 연구하는 이들에게 귀중한 자료로 이용된다.

그러나 순조 때까지 권위를 누리던 자경전은 고종 10년(1873) 12월 10일 화재로 불타버렸다. 그래서 대비들을 위한 잔치도 통명전이나 그 밖의 장소로 옮겨졌으며, 순종 대 『궁궐지』에는 자경전의 터만 소개하고 있다.

자경전 터에는 1911년 총독부가 장서각(藏書閣)이라는 일본식 기와집을 지어서 이왕직의 도서관 겸 박물관으로 사용하게 했다. 장서각은 1980년대에 창경궁을 복원하면서 철거되었고, 그 안에 소장된 책들은 한국정신문화연구원으로 옮겨져 지금 '장서각 도서'로 불리고 있다.

11. 집복헌, 영춘헌―후궁의 처소

명정전 북쪽, 양화당 동쪽의 다소 답답한 공간에 여러 채의 전당이 밀집해 있는데, 이곳에 집복헌(集福軒), 영춘헌(迎春軒), 통화전(通和殿) 등이 있다. 이곳은 후궁이 거처하던 공간이다.

집복헌은 영조 11년(1735) 1월에 장헌세자(사도세자)가 탄생한 곳이다. 세자의 모친은 영조의 후궁 영빈(暎嬪) 이씨이므로, 이곳이 후궁이 살던 곳임을 알 수 있다. 순조도 정조 14년(1790) 6월 여기서 탄생했다. 순조의 모친 역시 정조의 후궁인 수빈 박씨이므로 집복헌은 후궁의 처소임이 확실하다. 이 집은 순조 30년에 화재로 불탄 후 순조 33년에 중건했다. 〈동궐도〉에는 ㅁ자형으로 되어 있으며, 마당에 볏짚으로 지붕을 얹은 움막집 비슷한 것이 있다. 파수칸인 듯하다. 순종 대 『궁궐지』에는 본채가 여덟 칸, 후행각이 아홉 칸으로 되어 있다. 집복헌은 지금 남아 있다.

집복헌 남쪽 마당에서 동쪽으로 판장문을 나서면 조그만 집이 있다. 영춘헌이다. 정조가 이곳에 자주 머물렀고, 재위 24년(1800) 6월 49세로 여기서 승하했다. 정조는 순조를 낳은 후궁 수빈 박씨를 사랑했으므로 집복헌에 자주 출입하면서, 여기서 가까운 영춘헌을 독서실 겸 집무실로 자주 이용했다. 그러나 〈동궐도〉를 보면 임금이 거처하기에는 너무나 작은 집이다. 하지만 투박한 무명베

158. 〈동궐도〉에 나타난 집복헌, 영춘헌.
1 집복헌. **2** 영춘헌.

159. 창경궁 동북 언덕에서 내려다본 창경궁 전당들. 앞에서부터 집복헌(口字形), 그 다음 영춘헌, 긴 행각 너머 명정전(오른편), 명정문(중앙), 홍화문(왼편)이 보인다.(위)

160. 집복헌과 영춘헌. 집복헌은 사도세자가 탄생한 집이고, 영춘헌은 정조가 승하한 집이다. 〈동궐도〉와 비교해보면 집 모습과 위치가 다르다.(아래)

를 입고 살면서 하루 두 번밖에 식사를 하지 않고, 자나깨나 백성과 나라만을 걱정하며 일생을 보낸 정조의 소탈한 성격에는 이런 집이 어울릴 것도 같다.

정조는 죽을 때 등에 종기가 나서 고생을 많이 했는데, 특히 여름철에 거친 무명베를 입고 있어서 더욱 고통을 받았다. 왕의 총애를 받았던 정약용(丁若鏞)은 정조의 죽음에 대해 뒷날 "독살된 것 같다"고 기록했다. 실록을 보면, 정조가 신하들이 권하는 약을 피하는 모습이 나타난다.

영춘헌은 순조 30년(1830)에 화재로 소실되었다가 순조 33년에 중건되었으며, 지금 남아 있다. 그러나 집 모습과 위치가 〈동궐도〉와 다르다.

12. 통화전, 요화당, 취요헌, 난향각, 계월합, 신독재, 건극당

집복헌에서 다시 동편으로 가면 조그만 집들이 밀집되어 있다. 〈동궐도〉에는 이들 집들의 이름이 없고, 집 모습이 극히 소박한 것으로 보아 공주들이나 내명부 궁녀들의 처소가 아닌가 짐작된다. 이 공간의 동편에는 근엄한 팔작집이 있는데, 이것이 통화전(通和殿)이다. 〈동궐도〉를 보면 남향을 한 통화전 앞마당에는 행각복도가 있고, 동서남으로 행각이 둘러싸고 있으며, 정문으로 세 칸짜리 통화문이 있다. 그 기능은 임금의 편전으로 보인다. 순종 대 『궁궐지』에는 본채가 열두 칸이고 세 칸짜리 측간도 있는 것으로 기록되어 있다.[54]

여기서 궁중의 화장실 문화에 대해 잠깐 설명이 필요하다. 임금이나 왕비는 '매우틀'이라는 이동식 변기를 이용하여 용변을 보았으며, 나인들이 이를 측간에다 버렸다. 그러나 일반 신하들이나 나인들은 측간에서 직접 용변을 보았으므로, 이들이 거처하는 건물 주변에는 반드시 측간이 딸려 있었다. 하지만 임금과 신하들이 의식을 치르는 신성한 공간에는 측간이 없다.

순조 30년 5월 익종이 죽자 그 빈전을 환경전에 설치하고, 혼전을 통화전에 설치했는데, 이 해 8월 환경전에 화재가 나서 이 일대가 모두 불바다가 되었다. 그후 통화전은 중건되지 않았다.

통화전 북쪽에는 화초고(花草庫)라고 씌어진 건물이 있다. 궁중에서 사용하는 화초를 보관하던 곳임을 알 수 있다.

통화전에서 서북쪽으로 눈을 돌리면 여러 채의 집이 다소 무질서하게 배치되어 있다. 우선 통화전에 가장 가까운 곳에 요화당(瑤華堂)이 있다. 이 집은 원래 효종 7년(1656) 숙안공주(淑安公主), 숙명공주(淑明公主), 숙정공주(淑靜

54. 순종 대 『궁궐지』에 따르면, 통화전(通和殿)은 열두 칸, 동행각 열네 칸, 서행각 열세 칸, 남행각 여섯 칸, 북행각 네 칸이다. 북행각 북쪽 동변에는 세 칸의 측간이 있다.

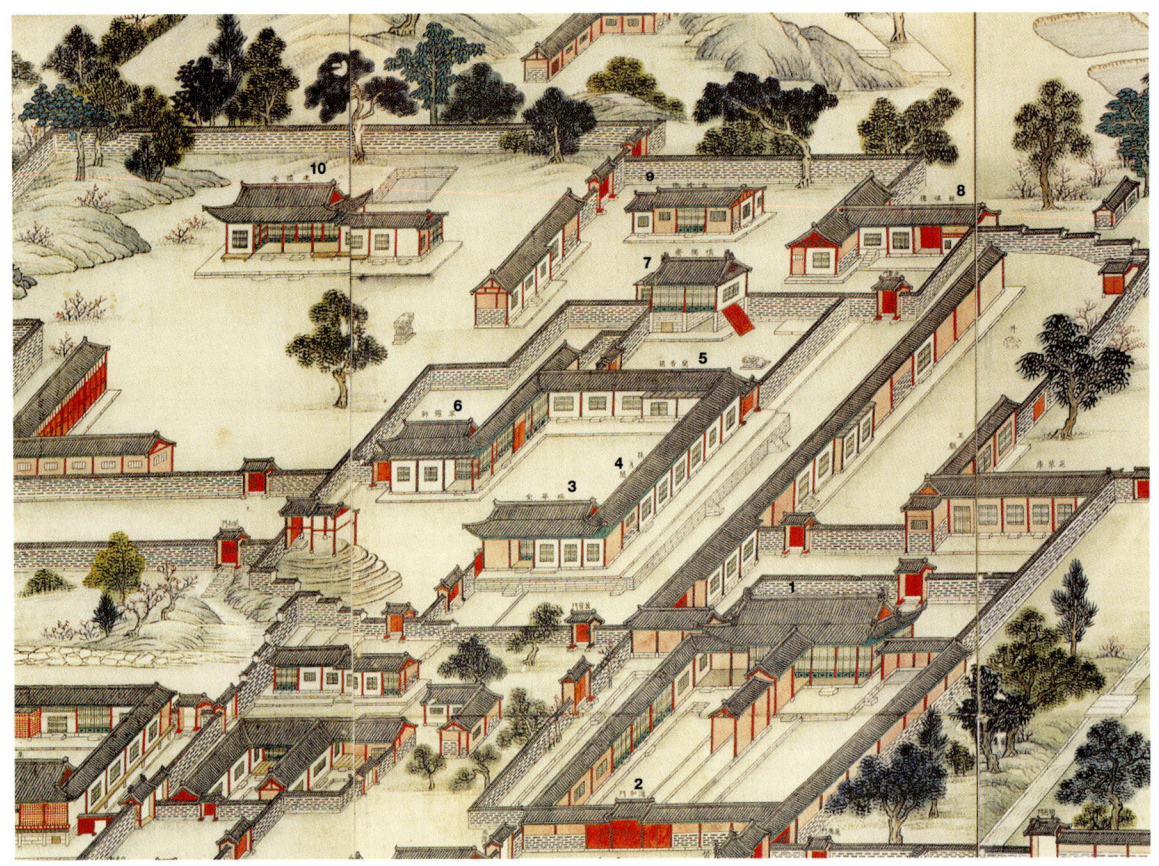

161. 〈동궐도〉에 나타난 통화전 일대.
1 통화전. 2 통화문. 3 요화당.
4 계월합. 5 난향각. 6 취요헌.
7 신독재. 8 해온루. 9 고수원.
10 건극당.

公主) 등 세 공주를 위해 지은 집이다. 이들은 효종비 인선왕후 장씨가 낳은 딸들이며, 현종의 누이이기도 하다.

요화당에는 북으로 계월합(桂月閤)이 연결되어 있고, 계월합에서 서쪽으로 난향각(蘭香閣)이 연결되었으며, 여기서 다시 남향으로 행각이 있고, 행각 끝 서편에 취요헌(翠耀軒)이 있다.[55] 요화당과 마찬가지로 모두 효종 7년에 공주들을 위해 지은 집이다.

난향각에서 다시 북으로 올라가면 신독재(愼獨齋)라는 누마루집이 나온다. 세자(동궁)가 독서하는 곳이다. 혼자 있을 때 조심하라는 뜻의 신독(愼獨)이라는 집 이름이 잘 어울린다.

신독재의 북쪽으로는 해온루(解慍樓)[56]와 고수원(古修院), 건극당(建極堂)이 동서로 나란히 있다.[57] 이 집들은 용도를 확실히 알 수 없으나, 집의 이름이나 위치로 보아 왕자와 관련된 공간으로 보인다. 이 중에서 건극당은 현종 11년에 세운 것인데, 영조 27년에 진종비(眞宗妃) 효순왕후(孝純王后) 조씨가 승하한 곳이다. 진종은 영조의 후궁 정빈 이씨의 소생으로 세자로 책봉되었으나 곧 세상을 떠나 왕이 되지 못했으므로, 그 부인도 세자빈이었다가 뒤에 왕비로 추

55. 순종 대 『궁궐지』에 따르면 난향각(蘭香閣)은 일곱 칸, 계월합(桂月閤)은 일곱 칸 반, 취요헌(翠耀軒)은 아홉 칸, 요화당(瑤華堂)은 열 칸이다.
56. 해온루(解慍樓)라는 이름은 옛날 순임금이 천하를 태평하게 다스린 뒤 오현금(五絃琴)을 타면서 노래 부르기를 "훈훈한 남풍이 우리 백성의 노여움을 풀어주도다"라고 한 데서 유래했다.

57. 〈동궐도〉에는 고수원(古修院)이 고서헌(古書軒)으로, 건극당(建極堂)이 건례당(建禮堂)으로 기록되어 있는데, 화원(畵員)이 잘못 쓴 것인지, 아니면 〈동궐도〉를 그릴 당시 이름이 바뀐 것인지 확실히 알 수 없다. 그러나 『궁궐지』의 기록을 존중하는 것이 좋을 듯하다. 『궁궐지』에 따르면 고수원은 여덟 칸, 건극당 스물여섯 칸, 신독재(愼獨齋) 아홉 칸 반, 난향각 일곱 칸이다.

존된 것이다. 그러므로 세자빈이 건극당에서 별세했다는 것은 이곳이 세자빈의 처소라는 것을 말해준다.

위에 소개한 여러 건물들은 순조 30년 화재 당시 모두 타버린 후 중건되지 않았다.

13. 수강재, 진수당, 계방, 춘방, 시민당
― 세자와 세손의 처소

이제 창경궁에서 창덕궁과 인접한 서쪽으로 눈을 돌려보자. 정조가 세자를 위해 지은 중희당 동쪽, 그리고 창경궁 취운정 남쪽 나지막한 곳에 팔작지붕의 수강재(壽康齋)가 남향으로 있다. 수강재는 본래 태종이 은퇴하여 거처하던 수강궁이 있던 자리로, 뒤에는 단종이 세조에게 양위한 뒤 이곳에서 거처하다가 영월로 유배되었다. 세조도 이곳에서 승하하여 그 다음 예종이 이곳에서 즉위하기도 했다. 그후 수강궁은 없어졌으나, 정조가 9년에 그 자리에 수강재를 다시 세웠다.

순조 27년(1827) 2월부터 세자 익종이 대리청정할 때 정당(正堂)을 중희당으

162. 수강재. 태종이 은퇴하여 거처하던 수강궁 자리에 정조가 다시 세운 것이다.

로, 별당을 수강재로 정한 것은 유명하다. 즉 수강재는 세자궁으로 이용되었다.

〈동궐도〉를 보면 수강재 건물에 두 개의 편액이 걸려 있는데, 동편에는 수강재, 서편에는 경녕루(慶寧樓)라고 되어 있다. 경녕루 서편으로는 붉은색 판장이 있는데, 그 중앙에 경녕문이 있다. 순종 대 『궁궐지』에는 수강재의 크기가 열다섯 칸이라고 했다. 수강재는 지금도 남아 있다.

수강재 동편에 기다란 행각이 남으로 뻗어 ㄱ자형을 이루고 있는데, 이곳에 연초루(燕超樓)가 있었다. 그 행각의 중앙에 중춘문(重春門)이 있어서 용안재(容安齋)로 통한다.

수강재 동편의 용안재 동남쪽에는 팔작지붕의 진수당(進修堂)이 있다. 진수당은 영조 4년 11월 세자로 있던 진종(眞宗)이 10세에 타계한 곳이기도 하다. 진종은 영조와 후궁 정빈 이씨 사이에 태어난 왕자로, 처음에는 효장세자(孝章世子)로 불렸으나 죽은 뒤 진종으로 추존되었다. 영조는 진종을 잃은 뒤 영빈 이씨 소생인 사도세자를 세자로 책봉하고 대리청정까지 시켰으나, 그 또한 영조 38년(1762)에 죽임을 당했다.

또 수강재 북쪽에는 ㄱ자형의 행각이 연결되어 있는데, 행각 양쪽에 걸린 편액의 하나는 유호헌(攸好軒), 다른 하나는 도시관(都是觀)이라고 적혀 있다. 역시 세자와 관련된 공간이다.

수강재 서편에도 긴 행각이 있는데, 홍서각(弘書閣)이라고 적혀 있다. 홍서각과 수강재 사이에는 붉은색 판장이 설치되어 있다. 그 이름으로 보아 이곳은 세자가 읽는 책을 보관하던 도서관이었을 것이다.

수강재 남쪽에는 돌담장이 동서로 길게 뻗어 있고, 담장 남쪽에 소탈한 기와집 두 채가 보인다. 〈동궐도〉에는 그림만 있고 무슨 건물인지 기록이 없으나, 헌종 대 『궁궐지』에 따르면 수강재 남쪽에 중광원(重光院)이 있는데 세손이 감강(監講)하는 곳이다. 말하자면 세손이 공부하는 곳이다.

진수당 동북쪽에는 계방(桂坊)이 있고, 동남쪽에는 춘방(春坊)이 있다. 계방은 세자를 호위하는 관청인 세자익위사(世子翊衛司)를 말하는데, 〈동궐도〉를 보면 그 동편에는 누국(漏

163. 관천대. 장경각 동남쪽 마당에 있으며, 혼천의 등 천문기구를 올려놓고 천체를 관측하던 곳이다.

164. 〈동궐도〉에 나타난 수강재 일대. 후대에 왼편 꽃동산 터에 낙선재가 들어섰다.
1 수강재. 2 유호헌. 3 홍서각. 4 중춘문. 5 용안재. 6 진수당. 7 계방. 8 누국. 9 시민당 터. 10 광례문. 11 춘방. 12 장경각. 13 관천대.

局), 즉 시각을 측정하는 자격루가 있던 보루각(報漏閣)이 있다. 춘방은 세자를 교육하는 시강원을 말한다. 춘방 동쪽에는 2층으로 된 장경각(藏經閣)이 연결되어 있으며, 장경각 동남쪽 마당에 혼천의 등 천문기구를 올려놓고 천체를 관측하던 관천대(觀天臺)가 있다. 따라서 위에 소개한 모든 건물은 기본적으로 세자나 세손이 거처하면서 교육받던 공간임을 알 수 있으나, 관천대 이외에는 모두 없어졌다.

그런데 〈동궐도〉에는 진수당 남쪽에 네모난 빈터가 그려져 있고, 그 앞에 취병이 있으며, 취병 서쪽에 네모난 연못이 있다. 그리고 취병 남쪽 담장에 광례문(光禮門)이 그려져 있다. 그러면 이 빈터는 무엇인가? 헌종 대 『궁궐지』를 보면 수강재 동쪽에 시민당(時敏堂)이 있다고 되어 있는데, 시민당이 정조 때 화재로 불탔기 때문에 〈동궐도〉에는 빈터만 그려진 것이다.

시민당은 어떤 곳인가? 원래 이곳은 태종이 태조를 위해 지은 덕수궁이 있던 자리라고 한다.[58] 헌종 대 『궁궐지』에 따르면 인조 14년 병자호란(1636) 때 강화도로 옮겼던 종묘와 사직의 신주(神主)를 난이 끝난 뒤 시민당으로 다시 모셔왔다. 숙종 24년(1698)에는 단종과 정순왕후(定順王后) 송씨의 신위를 시민당으로 옮겨왔다.

---

58. 영조실록 권110 영조44년 5월 22일 己酉條.

2. 창경궁의 전당들 203

영조 때는 세자 진종이 진수당에서 거처하다가 타계하고, 그 뒤를 이은 사도세자는 15세의 나이에 영조 25년(1749)부터 시민당과 공묵합(환경전 남쪽), 그리고 창덕궁의 옥화당을 오가며 청정을 했다. 따라서 시민당은 역시 세자가 거처하던 곳임을 알 수 있다. 그러나 사도세자가 28세 되던 영조 38년 윤5월에 뒤주에 갇혀 죽은 곳은 영조의 첫째 왕비인 정성왕후(貞聖王后) 서씨의 신위를 모셔두었던 휘령전(徽寧殿, 문정전) 앞뜰이다. 당시 영조는 세자가 청정하는 동안 경희궁에 자주 거처하면서 가끔 휘령전을 참배하러 왔는데, 그때 사도세자가 영조를 영접하는 일을 소홀히 한 것이 영조의 노여움을 크게 산 것이다.

시민당은 정조 4년 7월 13일 화재를 만나 타버린 후 다시 중건되지 않았다.

14. 저승전, 취선당

지금은 남아 있지 않으나, 시민당 북쪽에는 세자가 공부하는 정당(正堂)으로 저승전(儲承殿)이 있었다고 한다. 저승전 앞에 연지(蓮池, 연못)가 있었고, 동남방에 동룡문(銅龍門)이 있다고 하므로, 그 위치는 진수당과 아주 근접한 곳인 듯하다.

저승전은 원래 광연정(廣延亭)이 있던 자리다. 광연루(廣延樓)는 태종 6년 4월 1일 세웠는데, 그 옆에 있는 별전(別殿)인 광연정(덕수궁으로 개명)에서 태조 이성계가 하야한 뒤 태종 8년(1408) 5월에 타계했다. 태종도 이곳에서 자주 정사를 보았다. 일본 사신에게 대장경을 넘겨준 곳도 바로 여기다.

세조 때에는 중국 사신을 광연정에서 접대하기도 했다. 사육신이 세조를 제거하려는 음모를 꾸민 곳도 바로 이곳이다. 그러다가 광연정을 구현전(求賢殿)으로 바꾸었는데, 성종 5년 4월 성종비인 한명회의 따님 공혜왕후(恭惠王后) 한씨가 19세의 꽃다운 나이에 이곳에서 승하했다.

성종은 재위 17년에 이곳을 세자가 거처하는 춘궁(春宮)으로 이름을 바꾸었다. 그후 저승전은 세자의 처소로 이용되었는데, 왜란 때 소실되었다가 광해군때 중건되었으며, 다시 인조 원년에 불탄 것을 인조 25년(1647)에 인경궁을 헐어다가 중수했다. 그 중수 보고서가 『저승전의궤(儲承殿儀軌)』다.[59]

저승전은 때로는 대비궁으로도 이용되었다. 숙종 9년 12월에는 현종비 명성왕후 김씨가 이곳에서 승하했다. 숙종은 21년 8월 10일 잠시 이곳으로 이어하기도 했다. 숙종 다음의 경종도 이곳에서 거처한 일이 있고, 영조 2년에는 왕대비가 거처하기도 했다.

59. 『저승전의궤』는 한국정신문화연구원 장서각에 있다.
60. 취선당은 지금의 낙선재(樂善齋) 구역 안에 있었다.
61. 『저승전의궤』에 따르면, 인조 25년 당시 동궁 처소는 저승전과 낙선당이었다.
62. 충변(蟲變)이라는 말은 장희빈이 인현왕후를 저주하기 위해 쥐, 참새 등 여러 짐승과 각시 인형 등을 통명전 부근에 파묻은 데서 유래했다.
63. 헌종 대 『궁궐지』에는 영조 32년(1756)에 화재가 났다고 되어 있으나, 이는 영조 22년(1746)을 잘못 본 것이다.
64. 『정조실록』 정조 12년 12월 5일 壬辰條.
65. 『궁궐지』에 따르면, 낙선재는 본채가 열일곱 칸 반이고, 남행각이 열두 칸으로 중앙에 장락문(長樂門)이 있다. 서행각은 열다섯 칸이다. 외행각이 열다섯 칸으로 그 중앙에 중화문(重華門)이 있고, 그 동쪽에 금마문(金馬門)이 있다. 지금 남아 있는 장락문의 편액은 대원군이 쓴 것이다.

저승전 동쪽에는 낙선당(樂善堂), 경극당(敬極堂), 양생각(陽生閣), 양정각(養正閣)이 있고, 저승전 서쪽에는 취선당(就善堂)이 있었으며,[60] 북쪽에는 숭경당(崇敬堂)이 있었다. 낙선당은 동궁, 즉 세자 처소 중의 하나다.[61] 특히 취선당은 숙종의 후궁 희빈 장씨가 거처하면서 숙종 14년 10월 경종(景宗)을 낳은 곳으로 유명하다. 장희빈은 숙종 27년 취선당 서쪽에 신당(神堂)을 몰래 짓고 여러 시비들과 더불어 중전인 인현왕후 민씨를 모해하다가 발각되어 죽임을 당했다. 이 사건을 신사충변(辛巳蟲變)이라고 한다.[62]

그러나 영조 22년(1746) 3월 2일 저승전 월랑에서 화재가 나고, 영조 40년(1764) 12월 18일에 다시 화재가 나서 저승전, 낙선당, 취선당 등이 모두 타버렸다.[63] 그후 저승전은 중건되지 않았다. 그래서 〈동궐도〉에도 보이지 않으며, 지금도 없다. 정조가 6년에 세자궁으로 중희당을 새로 지은 이유가 여기에 있다.

15. 낙선재 — 황실의 마지막 처소

낙선재(樂善齋)는 창덕궁과 창경궁의 경계선에 있다. 원래는 창경궁에 속해 있었으나, 지금은 창덕궁에서 관리하고 있다.

낙선재는 세자궁인 중희당 동남쪽에 있고, 역시 동쪽으로는 세자궁인 수강재와 담 하나를 사이에 두고 붙어 있다. 낙선재를 언제 세웠는지는 확실히 알 수 없으나 영조 32년(1756)에 사도세자가 대리청정을 하고 있을 때 낙선재에서 화재가 발생했다는 기록이 있다. 이곳이 세자와 관련된 곳이며, 또 이때 타버린 것을 알 수 있다.[64]

그후 낙선재는 헌종 13년(1847)에 중건했기 때문에 〈동궐도〉에는 보이지 않으나, 순종 때 만든 『궁궐지』와 「동궐도형」에는 기록이 보인다.[65] 〈동궐도〉로 보면 중희당 동남쪽, 그리고 수강재 서쪽에 꽃과 나무가 어우러진 빈 공간이 바로 낙선재가 세워진 곳이다.

낙선재는 원래 국상(國喪)을 당한 왕후와 후궁들의 처소로 세워졌다고 한다. 낙선재가 임금의 정치 공간으로 이용되기 시작한 것은 고종 때부터다. 고종은 재위 13년(1876) 11월 경복궁에 불이 나 내전(內殿)이 거의 타버리자 창덕궁 중희당에서 주로 정사를 보았는데, 가끔 중희당과 가까운 낙선재를 편전으로 이용했다. 특히 고종 21년(1884) 10월 갑신정변 직후에는 주로 낙선재에서 집무했다. 이노우에 등 일본 공사나 청나라 사신들을 접견한 곳도 이곳이다.

그러나 고종은 1894년 다시 경복궁으로 이어하고, 뒤이어 을미지변 뒤에는

165. 낙선재 전경. 남쪽 중앙에 보이는 대문이 장락문으로, 대원군이 쓴 편액이 걸려 있다. 뒤쪽 담장 너머로 상량정(원래 평원루)이 보이고, 한 채 건너 한정당이 있다. 오른편 팔작지붕이 취운정이고, 그 뒤에 보이는 현대식 건물은 서울대학교 의과대학 건물(연구동)이다.

경운궁으로 옮겼기 때문에 창덕궁과는 인연을 끊었다.

순종은 1907년 황제위를 물려받은 뒤 창덕궁으로 이어했는데, 특히 일제에 국권을 빼앗긴 뒤에는 주로 낙선재에 거주했다. 1917년 11월 대화재로 창덕궁의 내전이 모두 불탔는데, 낙선재는 화재를 면했다. 그후 낙선재를 비롯하여 창덕궁 전체를 중건하게 되었다. 건평은 약 7백 평, 사업비 약 54만 원이 투입되었다. 하지만 낙선재는 겉모양만 한국식일 뿐 내부는 서양식으로 개조했다. 그래서 부엌이나 화장실 등이 서양식 구조를 지니게 된 것이다. 하지만 말이 서양식이지 실제는 일본식 건물이나 다름없었다.

순종뿐 아니라 순종의 계후(繼后)인 윤황후[윤택영의 따님]도 이곳에서 여생을 보냈고, 고종과 엄귀비 사이에 태어난 영친왕(英親王) 이은(李垠)과 그 부인 이방자(李方子, 일본인) 여사 등도 여기서 살았다. 그리하여 낙선재는 망국의 왕족들이 사는 처소로 쓰이다가 해방을 맞이하게 되었다.

1997년 정부는 낙선재를 헐어 일본식 모습을 없애고, 원래의 모습을 회복했다. 그러나 아직도 모든 건물이 복원된 것은 아니다. 영친왕 부인 이방자 여사는 1989년 이곳에서 별세했는데, 그의 아들 이구(李玖, 1931-)는 지금도 일본에서 살고 있다. 혈통상으로는 이구가 대한제국 황실의 적통을 잇고 있지만 어머니가 일본인이라는 한계 때문에, 그리고 황실이 무너진 시대이기 때문에

166. 낙선재 안채. 사진에는 보이지 않지만, 안채와 마주하고 있는 앞 행랑의 문살들과 오른쪽 담에 새겨진 거북 문양 등은 안채와 마당이 이루는 공간의 운치를 한껏 돋보이게 한다.

167. 낙선재의 정문인 장락문. 정면 돌담 뒤로 보이는 건물이 상량정(평원루)이다.(p.209)

168. 낙선재 후원의 만월문과 담장.
담장의 꽃과 글자 무늬 장식이 일품이다.
이 잔디밭은 원래 수방재가 있던 자리다.
담장 너머로 상량정이 보인다.(위)

169. 상량정 쪽에서 바라본 만월문.(아래)

170. 낙선재 후원의 한정당. 높은 언덕에
위치하여 서울 장안이 내려다보인다.
(p.211 위)

171. 낙선재 후원의 화계. 굴뚝과 화단,
괴석들이 아름답게 배치되어 있다. 왼쪽에
보이는 지붕이 승화루, 오른쪽 담장 너머로
보이는 것이 상량정이다.(p.211 아래)

210 제2부 창덕궁·창경궁의 전당과 후원

2. 창경궁의 전당들 211

172. 낙선재 동편의 석복헌. 낙선재보다 작은 규모다. 행랑채로 이어지는 오른쪽의 층이 진 쪽마루와 난간을 두른 모습이 이채롭다.

외로운 삶을 살아가고 있다.

순종 대 『궁궐지』에 따르면, 낙선재에는 동편에 열여섯 칸 반짜리 석복헌(錫福軒)이라는 부속건물이 있고 지금도 그 건물이 남아 있다. 왕비를 비롯한 여인들의 생활 공간인 듯하다. 정문인 장락문(長樂門, 대원군의 글씨다) 바로 북쪽에는 육우정인 평원루(平遠樓)가 높은 언덕 위에 서 있다.[66] 이곳은 원래 순조의 아들 익종이 머물던 연영합(延英閤)의 앞마당, 특히 정문인 화청각에 해당한다. 평원루는 지금 상량정(上凉亭)으로 불리고 있는데, 아마 일제 강점기에 이름이 바뀐 것 같다. 평원루는 "먼 나라와 사이좋게 지낸다"는 뜻이니, 서양과 가까이 지내겠다는 뜻일 것이다. 그 뜻이 마음에 들지 않아 일본인들이 상량정으로 바꾼 것은 아닐까. 어쨌든 평원루의 모습은 아름답기 그지없고, 이곳에 오르면 서울 장안과 인왕산, 그리고 창덕궁 전당들이 한눈에 들어와 절경을 이룬다. 평원루 옆의 담장과 둥근 만월문(滿月門)도 일품이다.

16. 창경궁의 궐내각사

창경궁은 기본적으로 대비와 왕비 그리고 세자의 생활 공간이었다. 그렇지만 때때로 임금이 이어하여 신하들의 조하도 받고, 편전으로 이용하면서 정사를 집

66. 『궁궐지』에 따르면, 석복헌은 열여섯 칸 반이고, 동행각이 일곱 칸, 서행각이 다섯 칸, 남행각이 일곱 칸 반, 중행각이 열세 칸, 외행각이 열한 칸이며, 동쪽으로 수강재(壽康齋)와 취운정(翠雲亭)으로 연결된다.

67. 도총부는 원래 오위(五衛)의 군무를 관장하는 기관이었다. 그러나 조선후기에 오위병제가 무너짐에 따라 실권을 잃고 명목만 남아 있다가 고종 19년에 철폐되었다.

68. 내병조는 무선(武選), 군무(軍務), 의위(儀衛), 우역(郵驛), 병갑(兵甲), 기장(器仗), 그리고 문호의 열쇠를 관장했다.

행하던 곳이기도 하므로, 임금의 정사를 보좌하는 많은 궐내각사가 있었다.

우선 궁중을 경비하는 군인들이 필요했다. 그래서 홍화문 북쪽 행각에 수문장청을, 옥천교 남쪽 행각에는 영군직소(營軍直所, 영군이 숙직하는 곳)를 두었다. 명정문 남쪽에는 도총부(都摠府)⁶⁷가 자리잡고 있는데, 이는 원래 창덕궁에 있던 것을 정조 때 이문원을 지으면서 창경궁으로 옮겨온 것이다.

그리고 도총부에서 남쪽으로 내려가면 금위군 번소(禁衛軍 番所)가 있고, 여기서 서쪽으로 더 가면 훈련도감 군인의 숙소인 훈국군 번소(訓局軍 番所)가 있다. 정조 때는 친위부대인 장용영의 군인을 명정전 회랑에 주둔시키기도 했다.

한편 임금이 거둥하거나 유사시에 쓸 말을 관리하고, 여러 의식(儀式)을 준비하는 관청이 필요했다. 금위군 번소 동편에 있는 건물들이 바로 그것이다. 여기에는 내사복시(內司僕寺, 임금의 말과 수레를 관리하던 관아)를 비롯하여 교자방(轎子房), 마랑(馬廊, 마굿간), 좌별양(左別養), 우별양(右別養), 좌추두간(左篘豆間, 말먹이를 보관하는 곳), 우추두간(右篘豆間), 사정(射亭, 활터에 세운 정자), 좌우거달방(左右巨達房) 등이 있다. 그런데 일제 강점기에 이 건물들이 모두 헐리고 동물원 축사가 세워졌다.

한편 세자궁이던 진수당, 시민당, 춘방 남방에도 훈국군번소를 비롯하여 배설방(排設房, 대궐에서 차일, 휘장 따위를 치는 일을 맡아보던 부서) 등이 자리잡고 있다. 전체적으로 창경궁 남측에 경비군인들과 궁중의 의식을 준비하는 관청들이 자리잡고 있는데, 이 건물들은 뒷날 동물원이 들어서고 율곡로가

173. 〈동궐도〉에 나타난 수문장청.(왼쪽)
1 홍화문. **2** 수문장청.

174. 〈동궐도〉에 나타난 도총부와 창경궁의 남쪽 문인 선인문.(오른쪽)
1 선인문. **2** 도총부.

생기면서 헐렸다.

이 밖에도 창경궁에는 승정원이 문정문(文政門) 밖에 있었고, 홍문관에 해당하는 장경각(藏經閣)이 승정원 동쪽에 있어서 경적(經籍)을 관리하고, 경연과 문한을 담당했다.

대신들이 모여 회의하는 빈청(혹은 비궁당)도 승정원 동북에, 임금의 글을 짓고 사초(史草)를 기록하는 예문관은 명정전 월랑에, 내병조[68]는 태복시 서북에, 옥새 등을 관리하는 상서원과 왕실의 의복을 공급하는 상의원은 홍화문 남쪽 문인 선인문(宣仁門) 안에, 음식을 공급하는 사옹원은 내반원 남쪽에, 장막을 설비하는 전설사와 궁궐의 어구(御溝, 개천)를 관리하는 전연사는 정해진 장소가 없이 그때 그때 빈 곳에 두었다. 말을 관리하는 태복시는 보루각 동쪽에, 내시들의 관청인 내반원은 건극당과 요화당의 남쪽에 있었다. 마지막으로 왕실의 병을 치료하는 내의원은 명정전 북쪽에, 활자를 관리하는 주자소는 선인문 북쪽, 홍화문 바로 남쪽에 있었다.

175. 〈동궐도〉에 나타난 금위군번소 일대. 창경궁이 동물원으로 변하면서 이곳에 동물원 축사가 세워지고, 일부는 율곡로가 되었다.(위)
1 금위군번소. 2 내사복시.
3 마랑. 4 교자방.

176. 〈동궐도〉에 나타난 훈국군번소와 배설방.(아래)
1 훈국군번소. 2 배설방.
3 광례문.

3. 창덕궁과 창경궁의 후원

창덕궁과 창경궁이 조선왕조 전 시기를 통해 여느 궁궐보다 특히 왕실의 사랑을 받은 것은 넓고 아름다운 후원(後苑) 때문이다.

창덕궁 후원과 그 동쪽에 있는 창경궁 후원은 본래 담장 없이 서로 통해서 따로 구별되지 않았다. 두 궁궐의 후원에 담장이 쳐진 것은 창경궁이 동물원과 식물원으로 개조되기 시작한 조선말 이후로, 일반인들에게 입장료를 받고 관람시키는 공원이 되면서 창덕궁으로의 접근을 막기 위한 조치였다.

창덕궁 후원(後苑)은 북쪽의 북한산과 응봉(鷹峯)에서 뻗어내린 자연스런 구릉지대로, 넓이는 약 9만여 평이다. 조선시대 궁궐의 후원 중에서 가장 넓고 아름다운 경치를 자랑한다. 그래서 이곳은 임금의 휴식 공간으로 일찍부터 사랑받았고, 조선초기부터 백여 개 이상의 누각(樓閣)과 정자(亭子)들이 휴식처로서 계속 세워졌다. 그러나 현재는 누(樓) 열여덟 채, 정자 스물두 채가 남아 있다. 자연의 구릉과 계곡, 폭포, 수림(樹林) 등을 크게 변형시키지 않으면서 연못, 정자, 화계(花階, 계단식 꽃밭), 취병(翠屏) 등을 갖추어, 자연과의 조화를 중요시하는 전통적인 한국 정원 문화를 대표하는 명소이기도 하다.

창덕궁 후원에 지은 정자들은 규모가 매우 작다. 이는 자연 경관을 위압하지 않으면서 자연 속에 포근하게 안기려는 소박한 마음이 담긴 것이기도 하지만, 다른 한편으로는 사치를 멀리하고 검소함을 숭상한 왕실의 통치이념이 반영된 것이기도 하다.

더욱이 정자 중에는 시골 농촌에서 흔히 볼 수 있는 초가(草家)와 농막(農幕)이 의외로 많았다. 〈동궐도〉에는 약 열여섯 채의 초가가 보이는데, 유감스럽게도 지금은 청의정(淸漪亭) 하나밖에 남아 있지 않다. 이 가운데 파수간(把守間)

으로 쓰인 집들도 있으나, 임금이나 세자의 휴식처로 쓰인 곳도 적지 않다. 궁 안에 농촌 가옥을 짓는 것은 조선후기에 유행했는데, 이는 당시 임금들이 백성 쪽으로 한층 다가갔던 정치추세와도 관련이 있다.

창덕궁 후원은 단순한 휴식 공간만은 아니었다. 이곳에서 임금과 왕자들은 책을 읽으면서 학문을 연마했다. 문신과 무신의 과거시험이 이곳에서 치러졌고, 임금이 농사를 직접 체험하고 왕비가 양잠을 체험하는 공간으로도 이용되었다. 그리고 역대 임금들은 이곳의 아름다움을 시나 산문으로 남겨 궁중문학의 산실이 되기도 했다.

177. 〈동궐도〉에 나타난 후원 전경. 화면을 크게 삼 등분하여 맨 왼쪽은 능허정, 백운사, 서고, 열고관, 개유와 등이 있다. 가운데 아랫부분이 주합루와 부용지, 부용정과 영화당을 중심으로 한 비교적 널리 알려진 곳으로, 이 일대까지가 일반인의 관람이 허용된다. 그 위쪽은 옥류천과 많은 정자들이 아름다운 경관을 연출하는 곳이다. 오른쪽 부분은 반도지와 존덕정, 관람정 등이 있으며, 맨 오른쪽은 창경궁 후원의 일부다.

더욱이 22대 임금 정조(正祖, 재위 1776-1800)는 이곳에 규장각(奎章閣)을 세우고, 여러 서고(書庫)를 건설하여 궁중도서관을 조성했다. 그리하여 정조 이후로 창덕궁 후원은 궁중학술의 중심지로서 새로운 진가를 드러냈다.

〈동궐도〉에는 후원의 경관과 시설이 아름다운 필치로 묘사되어 19세기초의 후원 모습을 이해하는 데 많은 도움을 준다. 이제 이 그림과 여러 기록들을 참고하면서 후원에 조성된 정자와 당실(堂室)의 역사적 유래를 살펴보고, 지금은 원래의 모습이 어떻게 변형되었는지 알아보기로 한다.

창덕궁 후원은 그 이름이 여러 가지였다. 전당 북쪽에 있었기 때문에 후원이라고 부른 경우가 가장 많았다. 그러나 때로는 내원(內苑), 상림원(上林苑), 혹은 금원(禁苑)으로도 불렀는데, 1903년에 궁내부관제를 개정하여 후원을 관리하는 관청으로 비원(秘院)을 설치했다. 그후 1908년에 후원을 비원(秘苑)으로 고쳐 부르기 시작했다. 여기서는 원래의 호칭인 후원으로 부르기로 한다.

자연과 인공이 절묘하게 어우러진 후원에는 예부터 '상림십경(上林十景)'이 전해오고 있다. 『동국여지비고(東國輿地備攷)』에 소개되어 있는 십경은 다음과 같다.[1]

첫째는 관풍춘경(觀豊春耕)이다. 창경궁 관풍각(觀豊閣)에서 봄에 임금이 밭갈이를 하는 장면이다. 둘째는 망춘문앵(望春聞鶯)이다. 망춘정(望春亭)에서 꾀꼬리 소리를 듣는 것이다. 셋째는 천향춘만(天香春晚)이다. 천향각(天香閣)의 늦봄 경치를 말한다. 넷째는 어수범주(魚水泛舟)다. 어수문(魚水門) 앞 부용지(芙蓉池)의 뱃놀이를 말한다. 다섯째는 소요유촉(逍遙流觴)이다. 소요정(逍遙亭) 곡수(曲水)에서 술잔을 돌리는 것이다. 여섯째 희우상련(喜雨賞蓮)이다. 희우정(喜雨亭)에서 연꽃을 구경하는 것이다. 일곱째 청심제월(淸心霽月)이다. 청심정(淸心亭)에서 달을 구경하는 것이다. 여덟째 관덕풍림(觀德楓林)이다. 창경궁 관덕정(觀德亭)에서 단풍을 구경하는 것이다. 아홉째 영화시사(暎花詩士)다. 영화당(暎花堂)에서 선비들이 시험을 치르는 장면이다. 열째 능허모설(凌虛暮雪)이다. 능허정(凌虛亭)에서 저녁때 내리는 눈을 바라보는 것이다.

1. 규장각과 관련된 건물들

주합루, 규장각 — 정조와 현왕(現王)의 글과 글씨 보관

창덕궁 후원의 정문에 해당하는 취화문(翠華門)을 들어서서 수림이 우거진 고개를 넘으면 가장 먼저 다다르는 곳이 정조의 꿈이 담긴 주합루(宙合樓, 스무 칸) 일대다. 원래 이곳에는 문신과 무신의 전시(殿試)를 치르던 춘당대(春塘臺)가 있고, 그 옆에 임금이 전시에 임어하는 영화당, 그리고 부용지 남쪽에 택수재(澤水齋)라는 정자가 있을 뿐이었다. 그러나 정조가 즉위한 뒤로 이곳의 모습이 크게 바뀌었다.

정조가 즉위하던 해인 1776년에 부용지 북쪽 언덕이자 영화당 서북 언덕에 2층 누각을 짓고, 위층은 주합루, 아래층은 규장각이라는 편액을 걸었다.[2] 정면 다섯 칸, 측면 네 칸의 팔작지붕 집이다. 규장(奎章)이라는 이름은 하늘의 별 중에서 문장(文章)을 맡은 별인 규수(奎宿)가 빛나는 집이라는 뜻이다. 주합

---

1. 『동국여지비고』(서울특별시사편찬위원회, 2000년), 36쪽.
2. 창덕궁에는 또 하나의 누각이 있었는데, 징광루(澄光樓)와 경훈각(景薰閣)이 그것이다.

178. 〈동궐도〉에 나타난 주합루와 부용정 일대.
1 주합루·규장각. 2 어수문.
3 서향각. 4 희우정. 5 사정기비각.
6 부용정. 7 부용지. 8 영화당.
9 천석정. 10 어수당.

179. 주합루와 어수문.
어수문 앞으로는 부용지가,
주합루 왼편으로는 서향각이
보인다. (pp.220-221)

(宙合)이라는 말은 "우주와 하나가 된다"는 뜻이니, 자연의 이치에 따라 정치를 하겠다는 정조의 큰 뜻이 담겨 있다.

원래 규장각은 숙종이 종친의 업무를 관장하는 종부시(宗簿寺)에 세운 것으로, 어제(御製, 글), 어필(御筆, 글씨)을 보관하던 곳이었다. 정조는 그 이름을 그대로 계승하여 규장각이라고 했으나, 단순히 어제, 어필을 보관하는 기능에 머물지 않고, 학문을 연구하면서 임금을 보필하는 국왕 직속의 근시기구(近侍機構)로 개편했다는 점에서 종전의 규장각과 전혀 다르다.

근시기구로서 규장각의 건물 배치와 기능은 다음과 같다.

첫째, 주합루에는 정조가 지은 어제, 어필, 어진(초상화), 정조가 받은 임명장(보책), 인장 등을 보관했다. 정조 12년 8월에는 여기에 경쇠와 쇠북을 봉안하기도 하고, 정조 18년 1월에는 사서(史書)와 삼경(三經)을 보관했다. 주합루라는 편액도 정조의 어필이다.

순조 2년에는 주합루에 보관했던 어진(御眞) 4본을 선원전으로 옮기고, 순조 7년 11월에는 단종의 역사를 적은 『장릉사보(莊陵史補)』를 봉안했다. 순조 12년 6월에는 세자 익종(翼宗)의 이름을 정하여 주합루에 봉안하고, 14년 3월에는 정조의 문집인 『홍재전서(弘齋全書)』와 사도세자의 문집인 『경모궁예제(景慕宮睿製)』를 여러 권 만들어 한 권은 주합루에 봉안했다. 27년 8월에는 순조의 어제를, 30년 4월에는 순조의 어진을 봉안했다.

3. 창덕궁과 창경궁의 후원 219

헌종 3년 4월에는 순조와 익종의 어진을 주합루에서 경모궁(景慕宮), 망묘루(望廟樓), 경우궁(景祐宮) 등으로 옮겼으며, 철종 12년 4월에는 철종의 어진을 봉안했다. 이는 세도정치기에 규장각 기능이 약화되는 추세와 관련이 있다.

고종은 정조를 본따 근대화를 이루려 했기에 규장각 제도를 원래대로 왕권을 뒷받침하는 근시기구로 복구하려고 노력했다. 고종 2년 7월 역대 임금의 묘지(墓誌, 죽은 이의 이름, 신분, 행적 따위를 기록한 글)와 행장(行狀, 죽은 이가 평생 살아온 일을 적은 글)을 모은 책 1백 부를 만들어 여러 군데에 봉안하는 가운데 주합루에도 한 권을 봉안했다. 고종 10년 8월에는 주합루와 서향각(書香閣)을 모방하여 경복궁에 건청궁(乾淸宮)을 세웠다.

이렇게 역대 임금의 글과 글씨, 초상화 등을 보관하고 있던 신성한 주합루는 통감부가 설치된 순종 대 이후 일본 관인들의 접대소로 변질되었다. 1908년 7월 12일에는 순종이 통감 이토 히로부미를 주합루에서 접견하고 여러 종친, 대신들과 함께 음식을 대접했다. 7월 20일에는 부통감이 데리고 온 일본인 화가를 접견하고, 그가 후원의 경치를 그려 바치자 이완용, 송병준, 임선준, 이병무 등 친일파 대신들에게 칠언절구(七言絶句)의 시를 지어 바치게 했다.

1910년 국권 상실 후 일본인들과 친일 인사들의 관광지와 유람지로 전락했던 주합루는 해방 후 본래의 모습을 찾아가고 있으나, 이곳에 보관했던 왕조의 유물은 다른 곳으로 옮겨지고 빈집만이 남아 있다.

서향각 — 책을 포쇄하는 곳

주합루 서편에는 동향집이 한 채 있다. 서향각(書香閣, 스물네 칸)이다. 편액은 정조 때 글씨를 잘하던 조윤형(曺允亨)이 썼다. 서향각 남쪽에 있는 향명루(嚮明樓)의 편액은 강세황(姜世晃)이 썼다. 주합루나 봉모당(奉謨堂)에 봉안된 임금의 초상화, 글, 글씨 등을 말리는 곳이다. 이를 포쇄(曝曬)라고 한다. 책의 향기가 있는 집이라 해서 서향각이라 했다. 매년 4개월에 한 번씩 책을 포쇄한 후 봉모당에 봉안했다. 그러나 1911년 5월 1일 총독부는 서향각을 누에 치는 양잠소로 만들었다. 그리하여 5월 10일 농상공부 기사(技士), 감독 그리고 일본인과 한국인으로 누에를 치는 여자 세 명이 이곳에서 집무하기 시작했다.

임금의 소중한 글을 말리던 곳이 누에 치는 지저분한 작업장으로 바뀌었는데, 해방 후에도 한동안 양잠소라는 안내판이 그대로 걸려 있어 보는 이를 안타깝게 했다.

〈동궐도〉를 보면 정면 여덟 칸, 측면 세 칸으로 되어 있는데, 현재 남아 있는 건물도 이와 같다.

180. 서향각 쪽에서 바라본 주합루의 뒷모습. 정면 다섯 칸, 측면 네 칸의 팔작지붕 집으로, 원래 위층은 주합루, 아래층은 규장각이라는 편액이 걸려 있었다.(위)

181. 주합루에서 바라본 서향각. 정면 여덟 칸, 측면 세 칸으로, 책을 포쇄하는 곳이었다.(아래)

봉모당 — 선왕들의 글과 글씨 등 보관

봉모당(奉謨堂)도 정조 때 건설되었다. 역대 임금의 글과 글씨, 어령(御怜), 임금의 유언인 고명(顧命, 임명장), 유고(遺誥), 밀교(密敎), 선원보략(璿源寶略), 세보(世譜), 보감(寶鑑), 장지(狀誌), 임금이 받은 보책을 보관하는 보갑(寶匣), 모훈(謨訓) 등을 봉안하는 곳이다. 주합루가 현 임금의 글과 글씨 등을 보관하는 곳이라면, 봉모당은 이미 타계한 임금의 글과 글씨 등을 보관하는 곳이다.

그런데 봉모당에는 임금이 직접 쓴 글만을 봉안하는 것이 아니라, 즐겨 읽던 책도 보관했다. 그래서 정조 5년 6월에는 숙종 때 경연에서 읽었던 『좌전(左傳)』을 이곳에 봉안하기도 했다.

헌종 대『궁궐지』에 따르면, 봉모당은 옛 열무정(閱武亭) 터에 세웠다. 〈동궐도〉를 보면 봉모당은 주합루 서남쪽 깊은 숲 속에 있다. 정면 세 칸, 측면 세 칸의 아담한 집이다. 남쪽에 행각이 있고, 운한문(雲漢門)이 있다.

봉모당은 순종 대 규장각이 근시기구에서 왕실 도서관으로 바뀌고, 인정전 서편에 있던 규장각 일대가 개조되면서 규장각 북쪽 소유재가 있던 자리로 옮겨 지었다. 일제 강점기에 헐려버렸고, 현재 복원공사 중이다. 여기 있던 책들은 일제 강점기에 대부분 창경궁 장서각으로 이관되었다가, 해방 후 한국정신문화연구원으로 옮겨졌다.

182. 〈동궐도〉에 나타난 열고관, 개유와 일대.
1 개유와. **2** 열고관. **3** 서고. **4** 봉모당.

열고관, 개유와 — 중국 책 도서관

열고관(閱古觀)과 개유와(皆有窩)는 정조 때 옛 서총대(瑞蔥臺)[3] 자리에 건설했다. 주합루 남쪽 언덕에 있다. 상하 2층으로 되어 있으며, ㄱ자로 꺾여 남향한 집이 열고관이고, 동향한 집이 개유와(열다섯 칸)다. 열고관과 개유와에는 모두 중국에서 가져온 책, 즉 화본(華本) 2만여 권을 보관했다. 예를 들면, 정조 원년(1777)에 청나라에서 강희제 때 편찬한 방대한 『고금도서집성(古今圖書集成)』 5022책을 사들여왔는데, 이 책이 개유와에 보관되었다.

『고금도서집성』은 중국 역대 서적을 거의 망라한 총서로서, 당시 규장각 학자들은 이를 참고하여 중국과 서양문화를 깊이 이해할 수 있었다. 정조 때 수원 화성(水原 華城)을 건설하면서 제작하여 투입한 거중기(擧重機)는 바로 『고금도서집성』에 들어 있는 등옥함(鄧玉涵, 스위스 이름 요하네스 테렌츠)의 『기기도설(奇器圖說)』을 참고하여 정약용(丁若鏞)이 설계한 것이다. 현재 이 책은 중국에서도 매우 희귀한 것인데, 그 원본이 일제 강점기에 경성제국대학 도서관으로 이관되었다가 해방 후 서울대학교 도서관에서 인수하여 지금 서울대학교 규장각에 소장되어 있다.

열고관과 개유와는 일제 강점기에 모두 헐리고 지금은 빈터만 남아 있다.

서고 — 한국 책 도서관

서고(西庫)는 서서(西序)라고도 불렀다. 열고관 서북쪽에 동향하여 一자형으로 있다. 이곳은 한국 책을 보관하던 곳이다. 정조 5년(1781) 6월에 규장각 각신이던 서호수(徐浩修)에 명하여 서고와 열고관의 책을 조사하여 목록을 작성하게 했는데, 그것이 『규장총목(奎章總目)』이다. 이에 따르면, 서고의 한국본 소장 도서는 약 1만 권이고, 열고관에 소장된 중국 책이 약 2만 권으로 도합 3만여 권을 헤아리게 되었다. 한국 책에 대한 자세한 설명을 위해 따로 『서고서목(西庫書目)』 『누판고(鏤板考)』 『군서표기(群書標記)』 등을 편찬했다.

그러나 당시의 모든 책이 여기에만 있었던 것은 아니다. 『조선왕조실록』을 비롯하여 각종 의궤(儀軌), 왕실 족보인 『선원보(璿源譜)』 등이 지방의 여러 사고(史庫)에도 있었으며, 강화도에도 외규장각(外奎章閣)을 설치하여 중요한 책을 보관했다.

강화도의 외규장각에 있던 책들은 1866년 병인양요 때 프랑스군이 유린하여 6천여 권의 책 중에서 약 3백 권의 의궤를 가져가고, 나머지 책들은 불타 없어졌다.

한편 창덕궁 서고에 있던 책들은 순종 대 제실도서(帝室圖書)로 편입되었다

---

3. 서총대는 뒤에 왕이 행차를 전후하여 신하들과 활 쏘는 행사를 치르는 곳을 가리키는 일반명사로 바뀌었다.

가 일제 강점기에 경성제국대학 도서관으로 옮겨졌으며, 해방 후 서울대학교에서 인수하여 서울대학교 규장각에서 관리하고 있다. 서고는 일제 강점기에 헐리고 지금은 빈터만 있다.

4. 헌종 대 『궁궐지』(서울특별시사편찬위원회 간), 52쪽.

2. 주합루 주변의 건물들 — 희우정, 천석정, 부용정, 비각

주합루와 서향각을 중심에 두고 좌우 언덕 위에 조그만 정자가 하나씩 있다. 서편 언덕에 있는 것이 희우정(喜雨亭, 두 칸)이고, 동편 언덕에 있는 것이 천석정(千石亭, 다섯 칸 반)이다.

희우정은 원래 인조 23년(1645)에 지은 취향정(醉香亭)이라는 초당(草堂)이 있던 자리다. 숙종 16년(1690) 여름에 오래도록 비가 오지 않아 대신을 보내 이곳에서 기우제를 지냈는데, 그날 바로 비가 왔다. 숙종은 너무 기뻐 지붕을 기와로 바꾸고 이름도 희우정으로 고쳤다고 한다.[4] 숙종이 쓴 시와 정조가 쓴 시가 있다.

주합루 동편 언덕 위에 있는 정자는 천석정이다. ㄱ자로 된 누마루 집으로 매우 시원해보인다. 이 집에는 '제월광풍루(霽月光風樓)'라는 멋들어진 편액이 걸려 있다. 넓고 시원하다는 뜻이다. 임금의 휴식처이지만 풍년을 기원하는 마음을 담아 천석정이라 했다.

183. 천석정. ㄱ자로 된 누마루집으로, 임금의 휴식처이지만 정자의 이름에는 풍년을 기원하는 마음을 담았다.

184. 희우정. 숙종 때, 오랜 가뭄 끝에 기우제를 지내자 단비가 내린 데서 유래하여 이렇게 이름이 바뀌었다.(p.227)

185. 부용지와 부용정의 설경. 부용지 서편(사진에서는 오른쪽)으로 사정기비각이 있다. 뒤편 언덕에 봉모당, 개유와, 열고관, 서고가 있었다. (pp.228-229)

주합루 남쪽에는 부용지(芙蓉池)라는 네모난 연못이 있다. 부용은 연꽃이다. 〈동궐도〉를 보면, 이 연못의 북쪽을 따라 초록색 생울타리(취병)가 길게 쳐져 있고, 그 한가운데에 주합루의 남문인 어수문(魚水門)이 있다. 어수문은 정조가 세운 것인데, 임금과 신하가 물고기와 물처럼 한 몸이 되자는 뜻이 담겨 있다. 지금은 취병이 없어지고 어수문만 외롭게 서 있어 보기 민망하다.

부용지 남쪽에는 기둥 두 개가 물에 잠긴 날렵한 정자가 있다. 바로 부용정(芙蓉亭)이다. 창덕궁 후원에서 가장 아름다운 정자일 것이다. 원래 이곳에는 숙종 33년(1707)에 지은 택수재(澤水齋)라는 정자가 있었는데, 정조가 집을 다시 짓고 이름도 부용정이라고 바꿨다. 이곳은 이른바 "상화조어(賞花釣魚)", 즉 꽃을 구경하고 낚시도 하던 곳이다. 물론 잡은 고기는 다시 놓아준다.

부용정은 방의 설계가 '亞'자형으로 되어 있어서 지붕 처마가 동서남북 사방으로 터져 있는 특이한 건물이다. 순종 대 『궁궐지』에는 일곱 칸으로 되어 있다. 이와 비슷한 정자로는 정조가 수원 화성에 지은 동북각루(東北角樓), 즉 방화수류정(訪花隨柳亭)을 들 수 있다. 정자 앞에 연못이 있는 모양도 비슷하다.

부용지는 정방형의 비교적 큰 연못으로 못 한가운데 조그맣고 둥근 섬이 있다. 네모난 연못은 땅을, 둥근 섬은 하늘을 상징한다. 즉 천원지방(天圓地方)의 관념을 반영하여 그렇게 만든 것이다. 연못에는 채주금범(彩舟錦帆)으로 불리는 배가 떠 있어서 임금이 망중한을 이용하여 뱃놀이도 즐길 수 있는 곳이다.

정조는 부용정 상량문을 직접 지었으며, 정조 19년(1795)에 사도세자와 혜경궁의 회갑을 기념하여 화성에 다녀온 뒤 너무 기쁘고 즐거워서 부용정에서 규장각 신하들과 낚시를 즐겼다는 기록이 있다.

186. 어수문. 정조가 세운 이 문에는 임금과 신하가 물고기와 물처럼 한 몸이 되자는 뜻이 담겨 있다.(위)

187. 부용지에 물을 담는 이무기.(아래)

부용지 서편에는 사정기비각(四井記碑閣)이 있다. 이 비각은 원래 숙종 16년(1686)에 세운 것인데, 내용은 네 개의 우물에 관한 것이다. 이에 따르면, 세조 때 이곳에서 네 곳의 우물을 찾아냈는데, 그 이름을 마니(摩尼), 파리(玻璃), 유리(琉璃), 옥정(玉井)이라고 지었다.

3. 영화당, 춘당대, 서총대 — 과거시험을 치르던 곳

부용지 동편에는 팔작지붕에 곱게 단청을 한 영화당(暎花堂; 열다섯 칸)이 동쪽을 향해 있다. 영화당은 언제 창건되었는지 알 수 없다. 그러나 선조가 재위 5년에 춘당대에서 선비들에게 시험을 보일 때 영화당 앞마당에 차일을 치고 임어했다는 기록이 있고, 광해군이 이곳에서 꽃을 구경했다는 기록이 있는 것으로 보아 왜란 전에 이미 영화당이 있었음을 알 수 있다.

영화당을 개축하여 이용이 활발해진 것은 숙종 이후다. 숙종 18년(1692) 4월 16일 이곳에서 선비들을 시험할 때 왕이 임어했다는 기록이 있고, 5월 12일 영화당을 개건했다는 기록이 있다.

그런데 영화당보다도 그 앞의 넓은 마당인 춘당대가 사실 더 유명했다. 〈동궐도〉를 보면 춘당대 동쪽으로 시야가 넓게 트이고, 더 동쪽으로 가면 지대가

188. 〈동궐도〉에 나타난 영화당 일대.
1 영화당. **2** 춘당대. **3** 춘당지. **4** 의두합(기오헌). **5** 운경거. **6** 불로문.

189. 영화당.
춘당대, 서총대에서 시험을 치를 때 임금이 이곳에 거둥하여 참관했다.

갑자기 낮아지면서 연못이 있다. 창덕궁 후원에서 내려오는 물들이 이곳에 모이는데, 이것이 지금 창경궁에 있는 춘당지(春塘池)다. 그러나 지금은 춘당대와 춘당지 사이에 담장이 막혀 있어 춘당지가 보이지 않고, 마당에는 화장실, 매점 등이 있어서 옛 모습과 많이 다르다.

춘당대는 조선전기부터 전시(殿試)를 치르는 곳이었다. 초시와 복시를 거친 유생들이 마지막 시험인 전시를 여기서 자주 치렀기에 춘당대에서 임금의 얼굴을 보는 것은 모든 유생들의 꿈이었다. 물론 전시 장소가 여기만은 아니고 때에 따라 다양하게 바뀌었지만, 춘당대 전시가 가장 대표적이다.

춘당대는 또 서총대로도 불렸다. 서총대라는 이름이 붙은 데는 유래가 있다. 성종 때 한 줄기에 아홉 개의 가지가 달린 파(蔥)가 자라나 이를 '상서로운 파'라 여긴 데서 '서총(瑞蔥)'이라 부르게 되었다는 것이다.

그후 연산군은 11년(1505) 6월부터 이곳을 놀이터로 만들기 위해 돌을 쌓아 높은 대(臺)를 만들게 했다. 다음 해 1월에 공사를 마쳤는데, 이를 서총대라 부르게 되었다. 서총대의 규모는 높이가 열 길이고, 용을 아로새긴 돌로 난간을 세웠으며, 천 명 정도가 앉을 만한 공간이었다고 한다. 그리고 서총대 앞에 연못을 팠는데, 백 명의 감독관과 수만 명의 역군(役軍)이 밤낮으로 호야(呼耶) 하는 소리가 끊이지 않아 천지를 진동시켰다고 한다.[5] 이때 판 연못이 춘당지일 것이다. 이 공사를 위해 백성들에게 포(布)를 징수했는데, 백성들이 이를 감당하지 못해 헌 옷의 솜을 꺼내 다시 직조하여 포를 만들어 바쳤다. 그 포의 길이가 짧고 빛깔이 검어서, 이때부터 질이 나쁜 포를 가리켜 '서총대포'라고 불렀다고 한다.[6]

연산군이 쌓은 서총대는 부용정 남쪽, 즉 열고관과 개유와가 있던 자리였는데, 중종반정(1506) 후 철거되었다. 그후 명종 대부터 서총대라는 말이 다시 사용되어, 춘당대를 때로는 서총대로 불렀다. 더 나아가 어디서든 활쏘기 시험을 치르면 이것을 서총대시사(瑞蔥臺試射)로 부르는 것이 관례가 되었다. 즉 '서총대시사'라는 말이 경희궁이나 경복궁에서도 쓰이는 일반명사가 된 것이다.

춘당대, 서총대에서 시험을 치를 때 임금은 영화당에 거둥하여 시험을 참관했다. 그러니까 영화당은 요즘 말로 고사 본부에 해당한다. 선조 5년 춘당대에서 선비들을 시험할 때 영화당 앞마당에 설치된 시설이 『동국여지비고』에 자세히 소개되어 있다. 이에 따르면 영화당 처마 앞 동편에 큰 죽간(竹竿)으로 기둥을 세우고 그 위에 차일(遮日)을 치는데, 큰 나무들이 차일 밑으로 들어갈 정도다. 또 영화당 층계에 잇대어 붉은색 판자를 깔아 헌(軒, 마루)을 만드는데, 3백 명 정도가 앉을 만한 자리가 마련되고, 판잣집 밑으로는 사람이 서서 걸어다닐 만한 공간이 생긴다. 여기에 아홉 층의 나무계단을 만들어 밖으로 내려갈 수 있게 했다고 한다. 며칠 간 시험을 치르는 동안 비가 올 수도 있으므로 차일을 쳤을 것이다.

〈동궐도〉를 보면, 영화당은 매우 높은 언덕 위에 있어서 월대(月臺)가 두 단으로 되어 있는 것을 볼 수 있다. 이렇게 높은 월대에 수평으로 판자를 깔면, 그 아래로 사람이 다닐 만한 공간이 생길 수 있었을 것이다.

『조선왕조실록』에서 춘당대나 서총대에서 시험을 치른 기록은 헤아릴 수 없이 많아 일일이 소개할 수도 없을 정도다.

그러나 춘당대는 시험을 치르는 곳으로만 사용된 것은 아니다. 임금 자신도 여기서 활쏘기를 연습하고, 때로는 명절 때마다 중국 황제를 향해 신하들과 함께 절을 하는 망배례(望拜禮)를 지내기도 하고, 기우제를 지내기도 하며, 종친이나 신하들과 연회를 벌이는 일도 적지 않았다. 말하자면 춘당대는 국가의 여러 공식, 비공식 행사를 치르는 중요한 야외 공간이었다.

---

5. 『연산군일기』 권58 연산군 12년 1월 21일 辛丑條.
6. 고종 대 『동국여지비고』 (서울특별시사편찬위원회, 2000년), 「춘당대」, 16쪽.

3. 창덕궁과 창경궁의 후원 233

4. 의두합(기오헌), 운경거, 애련정, 어수당

영화당 동편 춘당대 마당에서 북쪽으로 방향을 돌려 올라가면 왼편으로 금마문(金馬門)이 나오고, 금마문에서 왼편을 바라보면 소박한 형태의 집 두 채가 동서로 약간 비켜 서서 북향하고 있다. 하나는 정면 네 칸, 측면 세 칸으로 누마루, 툇마루, 온돌방으로 되어 있으며, 기오헌(寄傲軒)이라는 편액이 걸려 있다. 다른 하나는 정면 두 칸, 측면 한 칸의 작은 집으로, 마루 밑에 구멍이 뚫려 있어 책이나 악기를 보관하던 곳임을 알 수 있다. 이곳엔 운경거(韻磬居)라는 편액이 걸려 있는데, 집의 위치나 크기로 보아 운경거는 기오헌의 부속건물임을 알 수 있다.

그러면 이 집의 정체는 무엇일까. 우선 〈동궐도〉를 보면 현재 남아 있는 건물과 거의 같은 모습으로 그려져 있어서 〈동궐도〉에 보이는 집이 지금까지 그대로 남아 있다는 것을 알 수 있다. 그런데 문제는 현재 이 두 집의 이름이 〈동궐도〉에 나타난 것과 다르다는 것이다. 〈동궐도〉에는 큰 집이 역안재(易安齋), 작은 집이 운경거(韻磬居)로 되어 있어서, 운경거는 이름이 일치하나 기오헌이 역안재로 바뀌어 있다.

그런데 헌종 대 『궁궐지』와 순종 대의 『궁궐지』를 보면 그 이름이 또 달라서 혼란스럽다. 우선 헌종 대 『궁궐지』에는 "운경거가 영춘루(迎春樓) 서남쪽에 있다"고 되어 있고, "영춘루는 의두합의 동루(東樓)로서 익종의 어필 편액

7. 헌종 대 『궁궐지』(서울특별시사편찬위원회, 2000년), 57–58쪽.

190. 〈동궐도〉에 나타난 애련정 일대.
1 역안재(의두합). 2 운경거. 3 천석정. 4 어수당. 5 애련정. 6 애련지. 7 불로문. 8 금마문.

191. 금마문. 의두합과 운경거를 둘러싼 담장 동편에 서 있다.(위)

192. 금마문을 들어서서 왼편에 있는 집들. 왼쪽이 의두합(기오헌), 오른쪽이 운경거다.(아래)

193. 애련정에서 내다본 모습.
마치 액자 속 그림 같다.(위)

194. 애련지에 물을
끌어들이는 시설.(아래)

195. 애련지와 애련정.
숙종 18년(1692)에 지어진
애련정은, 연못에 핀 연꽃을
사랑하는 마음을 담아 이렇게
이름 붙여졌다.(p.237)

이 있다"라고 되어 있다. 또한 의두합에 대해서는 "영화당 북쪽에 있으며, 옛날 독서처(讀書處) 터로서 순종 27년 익종이 춘저에 있을 때 개건했다"고 되어 있다. 그리고 순조 26년에 쓴 익종의 의두합 상량문이 실려 있는데, 수만 권의 책을 비치하여 독서하는 집이 된다는 내용이다.[7] 이어서 〈의두합 십경시(倚斗閣十景詩)〉가 소개되어 있다.

이들 기록을 종합해보면 순조 27년(1827) 순조의 세자 익종이 의두합이란 집을 옛 독서처에 새로 지었는데, 의두합의 동쪽 누(樓)에 영춘루라는 편액을 익종이 써서 걸어놓았고, 이 영춘루 서남쪽에 운경거가 있다는 말이 된다. 이 기록은 현재의 모습과 거의 일치한다. 다만 지금 기오헌으로 되어 있는 집이 의두합으로 기록되어 있는 것이 다를 뿐이다.

고종 때 편찬된 『동국여지비고』에도 "의두합은 순조 2□년에 익종이 춘저에 있을 때 건설했는데, 북두성(北斗星)에 의거해서 경화(京華)를 바라본다는 뜻이 있다"고 되어 있다. 따라서 이 두 자료를 통해 의두합은 익종이 독서처로서 새로 지은 것이 확실하고, 의두합은 기오헌과 같은 집이라고 일단 생각할 수 있다.

196. 애련지 남쪽에 동향으로 위치한 불로문. 아치형의 돌로 된 문으로, 모서리의 안쪽과 바깥쪽을 대비되게 처리한 점이 눈에 띈다.

그런데 또 문제가 있다. 의두합과 기오헌을 별개의 건물로 묘사한 기록이 있기 때문이다. 순종 대 기록인 『궁궐지』 「창경궁 후원(後苑) 조」에는 "의두합 및 기오헌이 여덟 칸이요, 서쪽에 일처(一處)가 있는데 한 칸 반이다"라고 되어 있다. 즉 의두합과 기오헌을 별개의 건물로 보고, 운경거에 해당하는 건물은 그저 "1처(一處) 한 칸 반"이라고 표현한 것이다. 이 기록은 아무래도 이상하다. 건물이 세 채인 것처럼 나타낸 것도 이상하고, 의두합 및 기오헌이 여덟 칸이라고 한 것도 이상하다. 여기서 의두합과 기오헌을 묶어서 여덟 칸이라고 한 것은 한 집에 두 개의 편액이 걸려 있기 때문에 그렇게 나타낸 것이 아닌가 짐작된다.

이상 여러 자료의 기록을 다시 한 번 정리해보면 다음과 같다. 즉 익종이 순조 27년에 독서처로서 의두합을 지었는데, 이 집을 〈동궐도〉에서는 역안재로 나타냈고, 헌종 대 『궁궐지』와 고종 대 『동국여지비고』에서는 의두합으로, 다시 순종 대 『궁궐지』에서는 의두합과 기오헌을 별개로 나타낸 것이다.

그러면 〈동궐도〉에서 왜 의두합이라고 쓰지 않고, 역안재라고 썼을까? 의두합을 짓기 전에 〈동궐도〉를 그렸기 때문일까? 만약 그렇다면 〈동궐도〉는 의두합과 기오헌을 짓기 이전, 즉 순조 27년 이전에 그렸다는 말인데, 이때는 연경당(演慶堂)이 세워지기 전이다.[8] 따라서 이는 의두합을 고쳐 짓기 이전의 이름이 역안재와 운경거였는데, 〈동궐도〉를 그리면서 화원(畵員)의 실수로 옛날 이름을 그대로 써넣은 것으로 해석하는 것이 합리적이다.

의두합을 따라 더 북으로 올라가면 네모난 연못이 나오고, 연못 북쪽에 날렵한 사우정자(四隅亭子, 사각정자)가 연못 속에 반쯤 걸쳐 있다. 이것이 애련정(愛蓮亭)이다. 이 정자는 숙종 18년(1692)에 세웠다. 그리고 연못 남쪽에 불로문(不老門)이 동향으로 서 있다. 이 문은 아치형의 돌로 된 문이라는 점이 특이하다. 불로문 앞에 불로지(不老池)라는 조그만 연못이 있다. 이곳에 사는 사람이 늙지 않기를 기원하는 마음을 담았을 것이다. 불로문 안에는 함벽정(涵碧亭)이 있었는데, 이미 〈동궐도〉에는 보이지 않고, 헌종 대 『궁궐지』에도 "없어졌다"고 되어 있다. 애련정과 불로문은 지금도 남아 있다.

애련정 서편에는 단청을 한 팔작지붕의 어수당(魚水堂)이 〈동궐도〉에 그려져 있다. 정면 네 칸, 측면 세 칸이다. 『동국여지비고』에 따르면 효종 때 창건했다. 따라서 이 집은 그후 〈동궐도〉를 제작한 순조 28년경까지 있었음을 알 수 있다. 『일성록』에는 익종이 이 집에서 자주 문신과 무신의 전강(殿講)을 시험했다는 기록도 보인다. 그러나 순종 때 제작된 『동궐도형』에는 어수당이 보이지 않고, 현재도 이 집은 없다. 따라서 순조 28년 이후 어느 시기에 불탔거나 헐려나간 것으로 보인다.

5. 연경당

어수당에서 다시 서북쪽으로 눈을 돌려보면 덩치가 크고 단청이 없는 사대부 집이 나타난다. 이것이 연경당(演慶堂)이다. 지금도 남아 있는 연경당은 주합루에서 보면 북쪽 언덕 너머에 있다.

그런데 〈동궐도〉에 그려진 연경당과 지금 남아 있는 연경당은 위치와 모습이 매우 다르다. 〈동궐도〉를 보면, 연경당은 네모난 담장 안에 본채가 ㄷ자형으로 되어 있고, 동북쪽 담장에 붙어 여섯 칸짜리 개금재(開錦齋)가 독립되어 있으며, 연경당 동쪽에 붙여서 축화관(祝華觀)이 있다. 또 동남쪽에 역시 여섯 칸짜리 운회헌(雲檜軒)이 별채로 있다. 그리고 판장으로 된 남쪽 담장 가운데 정문인 장락문(長樂門)이 있다. 숲 속의 매우 한적한 곳에 묻혀 있다.

---

8. 〈동궐도〉에는 연경당이 그려져 있다. 그런데 〈동궐도〉의 연경당과 지금 남아 있는 연경당의 모습이 서로 달라 의심을 사고 있다. 주남철(朱南哲)은 〈동궐도〉의 연경당은 진장각으로서, 뒤에 화원이 '연경당'으로 고쳐 써넣었다고 주장한다. 이 주장이 옳다면 〈동궐도〉는 연경당이 세워지기 이전에 제작되었다고 할 수 있다. 그러나 필자는 〈동궐도〉의 연경당이 본래의 연경당이라고 본다.
9. 『궁궐지』(서울특별시사편찬위원회, 2000년), 67쪽.
10. 『동국여지비고』(서울특별시사편찬위원회, 2000년), 17쪽.

한편 헌종 초 『궁궐지』에는 "연경당이 개금재 서쪽에 있고, 남에는 장락문이 있으며, 옛날 진장각(珍藏閣) 터다. 순조 28년(1828) 익종이 춘저로 있을 때 개건했는데, 지금(헌종 대)은 익종의 영진(影眞)을 봉안하고 있다. 개금재는 연경당 동쪽에 있다. 축화관(祝華觀)은 연경당 동쪽에 붙어 있다. 운회헌은 개금재 남쪽에 있다"고 씌어 있다.[9] 이 기록은 〈동궐도〉와 완전히 일치한다. 따라서 헌종 초기까지 연경당은 〈동궐도〉와 같은 모습이었음을 알 수 있다.

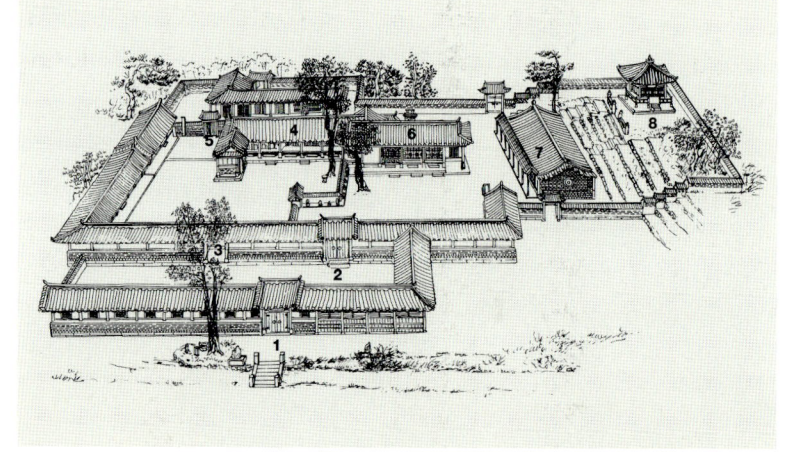

또 고종 초의 『동국여지비고』에는 "연경당은 어수당 서북에 있다. 순조 27년 익종이 춘궁(春宮)에 있을 때 진장각 터에 창건했는데, 그때 마침 대조(大朝; 순조를 가리킴)에게 존호(尊號)와 경례(慶禮)를 올리게 되었을 때 완성되어 이름을 연경당이라고 했다"고 씌어 있다.[10] 순조 대 유본예가 지은 『한경지략(漢京識略)』에도 순조 27년에 익종이 진장각 터에 연경당을 창건했다고 기록되어 있다.

197. 〈동궐도〉에 나타난 연경당 일대.(위)

1 장락문. 2 연경당. 3 축화관. 4 개금재. 5 운회헌. 6 희우정. 7 서향각. 8 주합루. 9 수궁.

198. 현재의 연경당 조감도.(아래)

1 장락문. 2 장양문. 3 수인문. 4 안채. 5 통벽문. 6 연경당. 7 선향재. 8 농수정.

11. 『진작의궤(進爵儀軌)』
12. 주남철은 『연경당』(일지사, 2003년), 10쪽에서 연경당의 완공 시기를 순조 28년(1828) 6월 이전으로 추측했는데, 『일성록』에는 이 해 2월에 연경당에서 잔치를 했고, 3월에도 익종이 연경당에서 윤대관을 만나보았다고 했으므로, 주남철 교수가 추측한 것보다 4개월을 더 앞당길 수 있다.
13. 『헌종실록』권4 헌종3년 4월 17일 甲子條.
14. 순종 대 『궁궐지』(서울대 규장각 도서번호 11521)
15. 선향재(善香齋)는 서향집으로, 벽돌을 사용한 중국풍 건물이다. 서재 겸 응접실로 쓰인 것으로 보인다.

위 세 기록은 공통적으로 익종이 세자로 있을 때 연경당을 지었다는 것인데, 서로 차이가 나는 부분은 연경당을 지은 시기로서, 순조 27년과 28년이 엇갈리고 있다. 그런데 『동국여지비고』에서 대조, 즉 부왕인 순조에게 존호와 경례를 올릴 때 연경당이 완성되었다고 한 것이 주목된다. 순조에게 존호와 경례를 올린 시기는 정확하게 순조 27년 9월 10일이다. 그런데 순조 28년 2월에도 순조의 왕비인 순원왕후(純元王后)의 사십 세를 기념하여 존호를 올리고 진작(進爵)했으며, 연경당에서도 진작했다는 기록이 있다.11 또 익종은 순조 28년 3월 21일 연경당에서 윤대관(輪對官)을 소견(召見)했다는 기록이 『일성록』에 보인다. 그러므로 연경당은 빠르면 순조 27년 9월경, 아니면 아무리 늦어도 순조 28년 2월 이전에 완공된 것이 확실하다.12

연경당은 익종이 순조와 순원왕후의 진찬(進饌)을 위해 지은 집이므로 익종의 정성이 담긴 건물이다. 그래서 헌종 때 연경당에 익종의 영진을 봉안했다가 헌종 3년에 경우궁으로 옮겨 봉안했다.13

그런데 중대한 문제가 있다. 지금 남아 있는 연경당의 위치와 모습이 〈동궐도〉와 전혀 다르다는 점이다. 우선 순종 때 제작된 것으로 추정되는 『동궐도형』에 연경당의 위치와 평면도가 그려져 있다. 연경당의 위치는 〈동궐도〉의 위치보다 조금 북쪽으로 밀려나 있다. 〈동궐도〉 상으로는 수궁(守宮)이 있는 자

199. 연경당 입구의 오작교와 장락문.

200. 연경당 사랑채. (pp.242-243)

201. 농수정. 연경당 화계 위에 자리하고 있다.

리다. 건물배치도 〈동궐도〉에는 ㄷ자형으로 되어 있으나, 『동궐도형』에는 一자형 집들이 여러 채 다소 복잡하게 배치되어 있고, 담 대신 행랑이 남쪽과 서편에 들어서서 방이 훨씬 많아졌다. 대체로 지금 남아 있는 연경당의 모습과 같다. 또 〈동궐도〉의 연경당 마당에는 잘 다듬은 돌이 깔려 있으나, 지금은 흙바닥이다.

연경당에 대한 기록은 또 있다. 순종 때 편찬된 것으로 추정되는 또다른 『궁궐지』[14]에는 연경당의 규모가 자세히 적혀 있다. 이에 따르면 연경당은 열네 칸, 서쪽 내당(內堂)이 열 칸 반, 동쪽의 선향재(善香齋)[15]가 열네 칸, 북행각이 열네 칸 반, 서행각이 스무 칸, 남행각이 스물한 칸, 외행각이 스물다섯 칸, 수궁(守宮)이 열다섯 칸, 또 하나의 수궁이 열여섯 칸으로 되어 있다. 그리고 동남쪽 담장에 일각문으로 통벽문(通碧門), 북쪽 담장에 우신문(佑申門), 북쪽에 한 칸짜리 농수정(濃繡亭), 농수정 남쪽에 소양문(韶陽門), 서행각 안에 태정문(兌正門), 남행각 동쪽에 장양문(長陽門), 서쪽에 수인문(修仁門), 외행각 안에 장락문이 있다. 이 기록에 따르면 연경당의 총 칸수는 약 120칸이며, 대

16. 주남철, 『연경당』(일지사, 2003년), 14-16쪽.

202. 선향재. 응접실과 서재로 이용하던 곳으로, 사랑채 동편에 있다. 앞면에 설치한 차양의 구조가 특이하다.

203. 연경당의 안채. ㄱ자 모양의 평면이며, ㄱ자로 꺾인 안쪽에 대청마루가 있다. 행랑 마당에 난 대문으로 사랑채 마당과 이어진다. (pp.246-247)

체로 현재의 연경당과 일치한다.

더욱이 이 『궁궐지』에는 창덕궁 후원에 있는 여러 정자들, 예컨대 관덕정, 존덕정(尊德亭), 폄우사(砭愚榭), 승재정(勝在亭), 관람정(觀纜亭), 청심정, 취규정(聚奎亭), 소요정, 취한정(翠寒亭), 태극정(太極亭), 청의정, 농산정(籠山亭), 능허정 등을 모두 연경당에 부속한 건물로 서술하고 있다. 이는 연경당을 후원에서 매우 격이 높은 곳으로 인식하고 있다는 것을 말해준다.

그러면 〈동궐도〉에 보이는 연경당과 지금의 연경당이 달라진 것은 무슨 까닭인가? 원래의 연경당이 헐리고 나서 다시 지은 것인가? 아니면 〈동궐도〉에 보이는 연경당은 진짜 연경당이 아니고 그 이전의 진장각을 그린 것인가?

이에 대한 학계의 견해는 후자에 기울어져 있다. 즉 〈동궐도〉에 그린 연경당은 진장각으로서, 〈동궐도〉를 그린 화원이 새로 지은 연경당을 미처 그리지 못하고 진장각을 그린 곳에 하얀 칠을 하고 '연경당'이라고 써넣었다는 것이다.[16] 그러나 이러한 해석은 재고되어야 한다. 그 이유는 다음 네 가지다. 첫째, 진장각을 그리고 이를 연경당이라고 써넣었다면 이는 단순한 실수가 아니라 중

3. 창덕궁과 창경궁의 후원 245

대한 범죄에 해당한다. 둘째, 〈동궐도〉의 연경당 모습과 헌종 대 『궁궐지』의 연경당 기록이 일치하는 것을 어떻게 해석할 것인가? 다시 말해 연경당 주변에 있던 개금재와 축화관 그리고 운회헌 등이 헌종 초에도 여전히 남아 있는 것을 어떻게 설명할 것인가? 만약 이 건물들이 진장각 부속건물이라면 헌종 대에는 당연히 기록에서 사라져야 할 것이다. 셋째, 헌종 대『궁궐지』와 고종 초『동국여지비고』에 모두 "연경당은 진장각 터에 지었다"고 하여 이미 진장각은 없어지고 그 터만 남아 있는 것으로 기록하고 있다. 그런데 어떻게 〈동궐도〉에 진장각이 그려질 수 있을까? 넷째, 진장각은 우리나라 열성조의 어필, 어화(御畵)만이 아니라 중국 황제의 어필, 어화, 고명(顧命) 등을 보관하던 매우 신성한 곳이므로 반드시 단청이 되어 있었을 것이다. 각(閣)이라는 명칭을 붙인 것에서도 이를 알 수 있다. 그런데 〈동궐도〉에 그려진 집은 단청이 없는 사대부 집이다. 따라서 이런 집을 진장각이라고 보기는 어렵다.

진장각이 언제 헐렸는지는 자세히 알 수 없다. 다만 정조 9년(1785)에 이미 풍우(風雨)를 가릴 수 없을 정도로 퇴락하여 정조가 그곳에 보관되어 있던 중국 황제와 열성조의 어필과 어화, 고명 등을 다른 곳으로 봉안하라고 명령하는 것으로 볼 때[17] 그리 멀지 않은 시기에 진장각은 헐린 것으로 추측된다. 따라서 〈동궐도〉에 진장각이 그려질 가능성은 거의 없다.

이러한 이유로 〈동궐도〉에 보이는 연경당은 새로 지은 연경당을 그린 것으로 보는 것이 합리적이다. 그렇다면 현재 남아 있는 연경당은 그후 어느 시기에 새로 지은 셈이 된다. 다시 말해 순종 대에 『동궐도형』과 『궁궐지』가 편찬되기 전에 이미 원래의 연경당은 없어지고, 그 이름만을 빌린 현재의 연경당을 지었다는 결론이 나온다.

그런데 헌종 초에 편찬된 『궁궐지』에 기록된 연경당이 〈동궐도〉의 연경당과 같으므로 적어도 헌종 초까지는 원래의 모습을 그대로 유지했다고 생각된다. 따라서 연경당의 모습이 바뀐 것은 아무리 빨라도 헌종 초 『궁궐지』 편찬 이후다. 헌종 3년에 익종의 어진을 연경당에서 다른 곳으로 옮겼다는 기록이 보이므로, 아마 이 이후로 연경당이 변했다고 볼 수 있다.

왜 연경당을 다시 지었을까? 그 까닭은 알 수 없다. 그러나 연경당에 행각이 많이 들어서고 방의 수효가 많아졌다는 것은 이곳에 많은 인원이 거주할 수 있도록 용도가 바뀌었음을 의미한다. 외척인 풍양 조씨를 배경으로 익종이 안동 김씨의 세도를 누르면서 순조를 위해 지은 것이 연경당이므로, 헌종, 철종 대에 세력을 만회한 안동 김씨 세도가들이 순조와 익종에 대해 좋은 감정을 갖지 않은 것은 사실이다. 특히 헌종 3년에 김조근(金祖根)의 딸이 헌종의 비가 되

17.『정조실록』권20 정조 9년 10월 19일 乙未條.
18.『순조실록』권31 순조 30년 7월 15일 庚午條.
19. 죽은 사람의 이름과 태어나고 죽은 날, 행적, 무덤의 위치와 좌향(坐向) 따위를 적은 글.
20.『고종실록』권21 고종 21년 10월 19일 庚寅條.
21. 주남철, 『연경당』(일지사, 2003년), 17-18쪽. 연경당이 사대부가를 모방했다는 기록은 왕조시대에는 없었다. 다만 해방 후 이철원(李哲源)이 쓴 『왕궁사』(동국문화사, 1954년)에 그런 표현이 보이는데, 이는 이철원이 자의로 적은 것이라 한다.
22.『경국대전』에 규정된 바에 따르면, 사대부는 최고 마흔 칸 이상을 지을 수 없었으며, 대군도 예순 칸 이상 지을 수 없었다. 그러나 조선후기에는 이 규정이 무너지면서 집이 점점 커졌는데, 그래도 사대부는 아흔아홉 칸을 넘지 않았고, 대군이나 공주 등 궁가(宮家)는 백 칸이 넘는 경우가 있었다.
23. 시문(詩文)을 새겨 누각에 걸어두는 나무판.

면서 안동 김씨 세도가 부활했는데, 하필 이 해 연경당에 봉안되었던 익종의 어진이 다른 곳으로 봉안된 것은 예사롭지 않다. 이는 연경당에 대해 어떤 혐오감을 가진 것을 의미하는 것이 아닐까? 이를 더 확대해서 생각한다면, 익종이 연경당을 지은 것은 단순한 잔치를 위해서가 아니라, 순조가 왕위를 익종에게 물려준 뒤에 살 집으로 지은 것이 아닐까? 이는 바꿔 말해 순조가 연경당에서 익종을 후원하면서 세도정치를 극복하려는 원대한 정치적 포석이 있었던 것은 아닐까? 만약 이런 가설이 사실이라면 헌종-철종 대 안동 김씨 세도가의 눈에는 연경당은 당연히 철거 대상이었을 것이다.

이와 관련하여 주목해야 할 또 하나의 기록이 있다. 익종의 외할아버지이자 안동 김씨의 수장인 김조순(金祖淳)이 쓴 「익종지문(翼宗誌文)」[18]이다. 여기에 익종이 궁 안에 큰 집을 짓고 뒤에 후회했다는 대목이 나온다. 큰 집의 정체가 무엇인지 알 수 없으나, 연경당을 가리키는 것으로 추측된다. 정말로 익종이 연경당을 짓고 후회했는지는 알 수 없다. 다만 익종의 지문(誌文)[19]에 이런 말을 김조순이 굳이 집어넣은 것이 예사롭지 않다. 이는 김조순 자신이 연경당에 대해 감정이 좋지 않다는 것을 보여주는 것이 아닐까?

연경당의 변화는 그렇다 치고, 변화된 연경당은 어떤 기능을 했을까? 고종 대에 들어오면서 연경당은 중요한 정치 공간으로 이용되었다. 1884년 10월 19일 갑신정변을 주도한 김옥균 일파와 일본군을 몰아내기 위해 청나라 군인이 총을 쏘면서 창덕궁에 밀려 들어오자 고종은 후원에 있는 연경당으로 피접했다고 한다.[20] 그후 연경당은 외국 공사들을 접견하고 연회를 베푸는 장소로 이용되었다는 기록이 자주 보인다.

연경당을 연회 장소로 이용한 기록은 순종 때에 와서 더욱 빈번하게 보인다. 순종 때에는 통감 이토 히로부미를 비롯하여 일본인 의사, 군인, 상인 등을 이곳에서 자주 접견하고 함께 식사를 나누었으며, 일제 강점기에는 순종이 비원에서 꽃구경을 한 후 유명인사들을 초빙하여 다과회를 갖는 장소로 이용했다. 1917년 창덕궁에 대화재가 났을 때에는 순종이 잠시 연경당으로 피신하기도 했다.

이렇게 고종 대를 전후하여 연경당을 중요한 정치 공간으로 이용하면서 연경당의 규모를 오늘날의 모습으로 크게 바꾸어간 것이 아닐까? 연경당 선향재(善香齋) 건물에 보이는 중국풍과 일본풍도 그러한 추측을 뒷받침해준다.

한편 연경당의 구조는 사대부가(士大夫家)를 모방했다는 설이 널리 받아들여지고 있었는데, 최근 주남철(朱南哲) 교수가 이를 부인하고 궁가(宮家, 대군이나 공주의 집)를 모방했다는 새로운 견해를 제시했다.[21] 현재 120칸이나 되는 연경당이 사대부 집으로서는 너무 큰 것이 사실이다.[22]

6. 존덕정 일대 — 존덕정, 폄우사, 청심정, 괴석단, 관람정, 승재정

영화당 앞마당에서 북쪽을 향해 나아가면 왼편으로 애련정이 있고, 여기서 다시 비탈길을 따라 올라가면 깊은 수림 속에 연못과 다양한 모습의 정자들이 아기자기하게 어우러진 후원을 만나게 된다. 이 중에서 가장 중심 지역이 존덕정(尊德亭) 일대다.

존덕정은 육우정(六隅亭)이라고도 하는데, 처음에는 육면정(六面亭)으로도 불렸다. 지붕 처마가 2층이면서 육각으로 되어 있기 때문이다. 이 정자에 선조의 어필 게판(揭板)[23]이 있는 것을 보면 선조 때에도 있었으나 왜란 때 없어진 것 같다. 그후 이를 다시 세운 것은 인조 22년(1644)이다. 정자 북쪽에는 반월형 연못과 네모난 연못이 나란히 있는데, 이는 천원지방(天圓地方), 즉 둥근 하늘과 네모난 땅을 상징한 것으로 보인다. 〈동궐도〉에도 같은 모습으로 그려져 있어 큰 변화 없이 지금까지 내려온 것임을 알 수 있다.

정조는 이 정자에 '만천명월주인옹자서(萬川明月主人翁自序)'라는 유명한 글귀를 게판으로 걸었다. 만 개의 개울을 비추는 둥근 달에 자신을 비유한 것이다. 불교 경전에서 나온 말이지만, 모든 백성을 골고루 사랑하는 초월적 군주

204. 〈동궐도〉에 나타난 존덕정 일대.
1 존덕정. 2 폄우사. 3 괴석단.
4 청심정. 5 애련정. 6 애련지.
7 어수당.

이자 탕평군주로서의 의지와 자부심을 담은 내용이다. 주변의 개울과 잘 어울리는 글이기도 하다. 존덕정 내부 천정에는 청룡(青龍)과 황룡(黃龍)이 곱게 그려져 있다. 이는 왕을 상징하는 것으로 그 격이 매우 높았다는 것을 말해준다.

존덕정 남쪽의 개울 위에는 돌다리가 세워져 있고, 다리 남쪽에 일영대(日影臺)를 세워 시간을 측정했다. 아마 이곳에 들어오면 시간 가는 줄 모르기 때문일 것이다.

존덕정에서 남쪽 길을 따라 내려오면 표주박 혹은 한반도의 모습을 떠올리는 연못이 나오고, 연못 동편에 관람정(觀覽亭)이라는 편액이 걸려 있는 부채꼴 모양의 정자가 눈에 들어온다. 그리고 연못 서편 언덕에는 네모난 승재정(勝在亭)이라는 정자가 서 있다.

그런데 이 연못과 정자들의 모습이 〈동궐도〉에 그려진 모습과 너무나 달라 세인의 의문을 사고 있다. 〈동궐도〉에는 관람정이 보이지 않을 뿐 아니라, 연못의 형태가 두 개의 방지(方池)와 하나의 둥근 연못으로 되어 있기 때문이다. 역

205. 존덕정의 천장.(위)

206. 석교와 존덕정. 석교 옆에 일영대가 보인다.(아래)

207. 존덕정과 연못. 이 연못의 물은 존덕정 뒤의 돌다리를 지나 관람정 앞의 반도지로 흘러든다.
(pp.252–253)

시 이것도 둥근 하늘과 네모난 땅을 상징한 것으로 보인다. 그리고 연못 서편 승재정 부근에는 초가 형태의 소박한 집 한 채가 있다. 또 연못 동편에는 이름 모를 세 칸짜리 정자가 서 있다.

그런데 이 세 개의 연못들과 두 개의 정자가 왜, 언제 한반도 혹은 표주박 모습으로 통합되어 반도지(半島池)가 되었으며, 승재정과 관람정이 들어서게 되었을까?

문헌 기록으로 보면, 현재의 반도지와 관람정, 그리고 승재정을 알려주는 기록은 순종 대『궁궐지』와『동궐도형』이다. 이 두 기록은 현재의 모습과 일치한다. 그런데 관람정의 이름이『궁궐지』에는 관람정(觀纜亭) 혹은 선자정(扇子

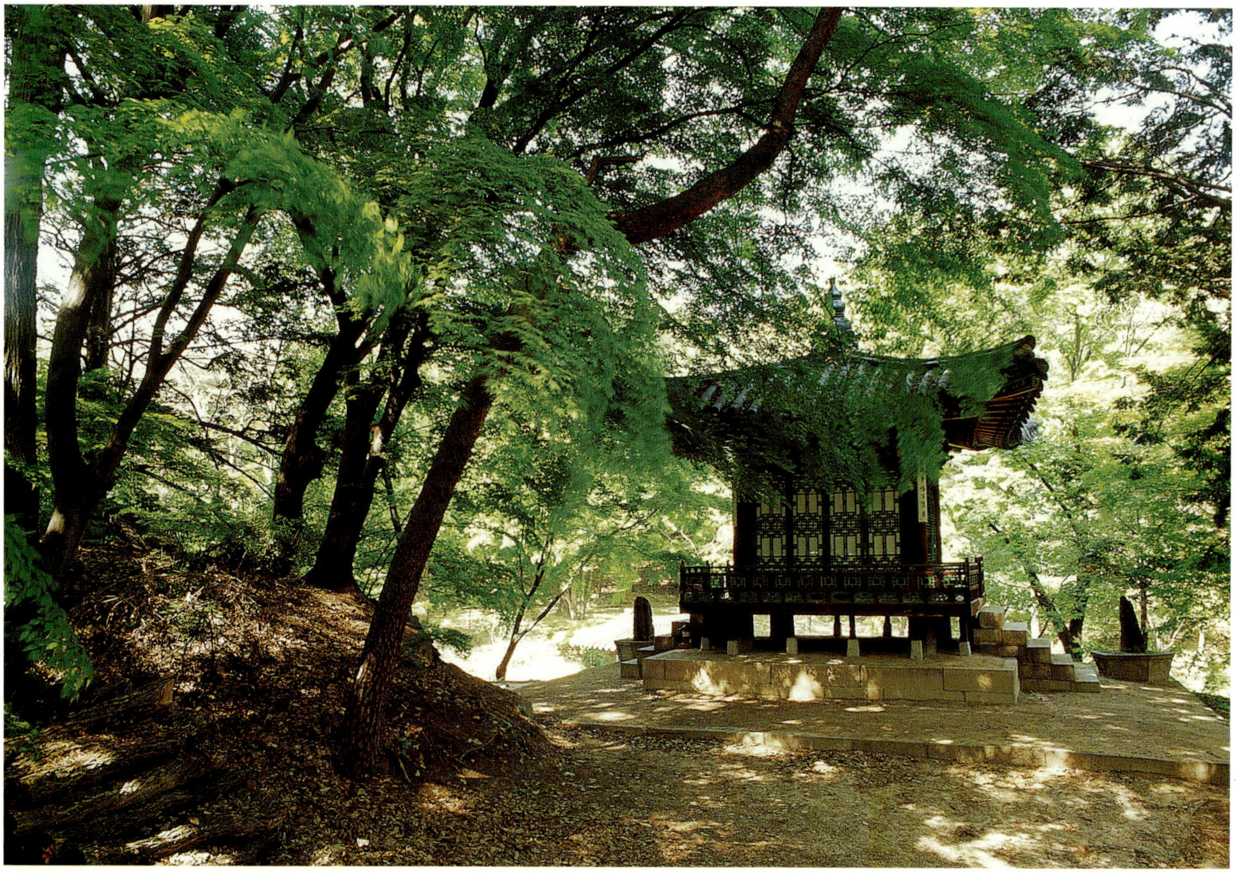

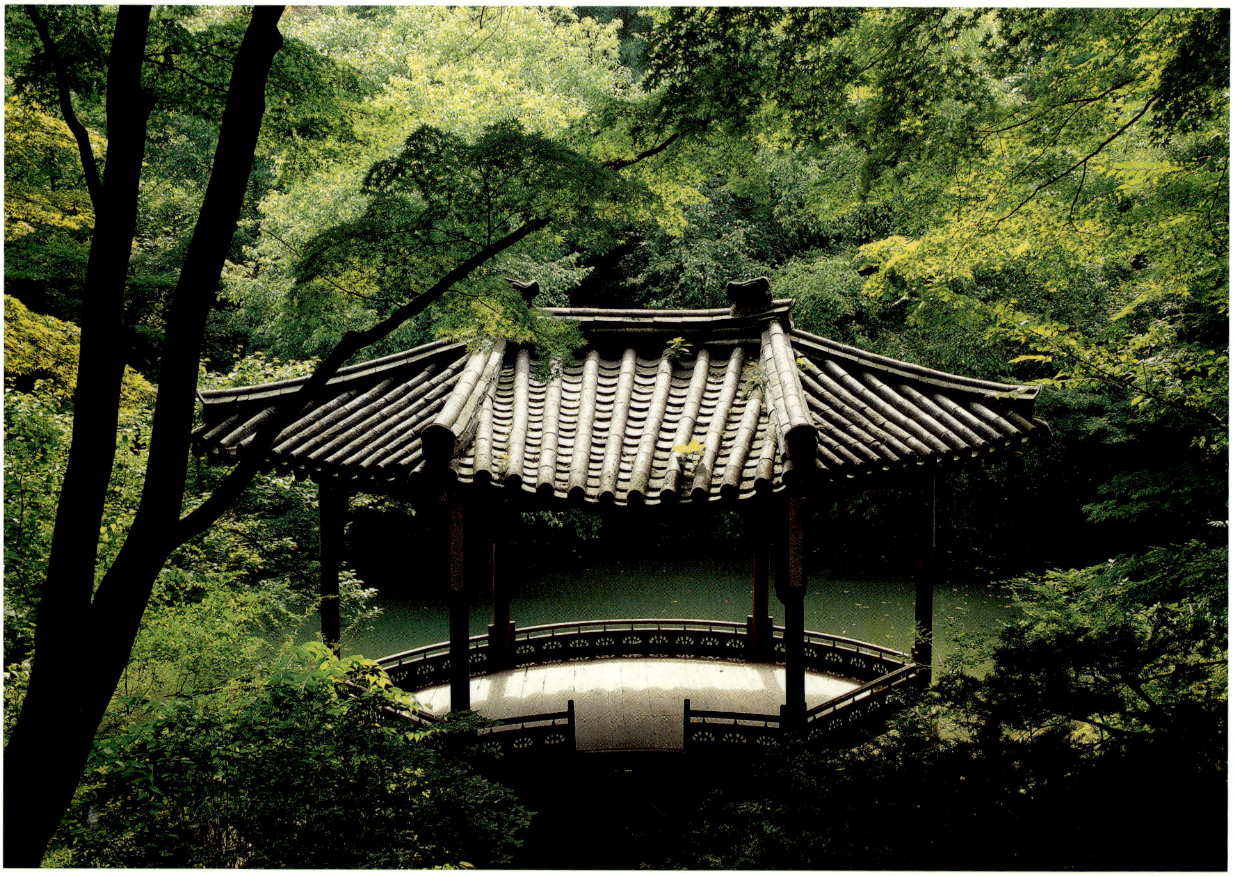

208. 승재정. 〈동궐도〉에는 보이지 않으며, 1907년경에 세워진 것으로 추측된다. (p.254 위)

209. 관람정. 역시 순종 대에 세워진 것이다.(p.254 아래)

210. 존덕정에서 내다본 폄우사. ㄱ자 모양의 집이었으나 일제 강점기에 남쪽으로 뻗은 행랑이 없어졌다.

亭)으로 되어 있는 것이 현재의 이름과 다르고, 『동궐도형』에는 연못 가운데 주교(舟橋, 배다리)가 설치되어 있는 것이 현재의 모습과 다를 뿐이다. 그렇다면 적어도 순종 대 『궁궐지』와 『동궐도형』이 편찬될 당시에는 관람정과 반도지가 있었다는 말이 된다.

여기서 『동궐도형』과 『궁궐지』의 편찬 연대를 검토할 필요가 있다. 우선 『궁궐지』를 보면, 중희당을 비롯하여 당시 없어진 건물이 많이 기록되어 있고, 1908년 창덕궁 후원이 비원(秘苑)으로 바뀌었으나, 이 책에서는 후원(後苑)이

3. 창덕궁과 창경궁의 후원 255

라고 쓴 것으로 보아 1908년 이전에 편찬된 것임을 알 수 있다. 그렇다면 순종이 황제위를 물려받은 뒤인 1907년에 경운궁에서 창덕궁으로 이어하면서 창덕궁과 창경궁을 대대적으로 수리했는데, 이때 『궁궐지』를 편찬한 것이 아닌가 짐작된다. 또 『궁궐지』와 『동궐도형』이 내용에서 서로 일치하므로 『동궐도형』도 이 무렵 제작되었을 것이다.

『궁궐지』에 두 궁궐 건물의 칸 수를 세밀하게 기록해놓고 『동궐도형』에 평면도를 그려넣은 것도 수리를 끝낸 뒤의 결과를 적어놓은 것으로 보인다. 이렇게 본다면 관람정, 승재정, 그리고 반도지는 순종이 창덕궁으로 이어한 뒤 통감부의 간섭 아래 만든 것이 아닌가 짐작된다. 부채꼴 모양의 정자나, 방형과 원형을 벗어난 표주박 혹은 한반도 형태의 연못 등 모두가 전통을 벗어난 이국적인 형태다.

211. 청심정과 그 앞의 빙옥지. 빙옥지 앞에는 돌거북이 청심정을 향해 앉아 있다.

이제 다시 존덕정으로 눈을 돌려보자. 존덕정 서편으로 조금 가면 ㄱ자 형태의 폄우사가 나온다. 폄우(砭愚)는 "어리석은 사람에게 침을 놓는다"는 뜻이다. 존덕정과 연계해서 생각해보면, 어리석음을 깨우쳐 덕을 높이라는 뜻이 된다. 아마 후원을 찾은 임금은 잠시 폄우사에 들러 아픈 다리를 쉬면서 책도 읽고, 시도 쓰면서 낮잠도 즐겼을 것이다. 그런데 일제 강점기에 폄우사는 〈동궐도〉와 달리 남쪽으로 뻗은 행랑이 없어지고 담이 둘러쳐져 있었다가 최근 담을 헐어버렸다.

다시 폄우사에서 북쪽을 바라보면, 〈동궐도〉에는 단청을 곱게 한 솟을대문이 있고, 그 안에 큰 괴석이 높다란 2층 기단 위에 정성스럽게 안치되어 있다. 솟을대문 좌우에는 몇 단계로 각을 꺾어 지은 돌담이 서 있다. 돌 하나를 안치하기 위해 이렇듯 화려한 대문과 담을 쌓은 것을 보면, 이 돌이 보통 돌이 아님을 알 수 있다. 이 돌은 중국 황제가 하사한 괴석일 가능성이 크다. 우리나라에는 구멍 뚫린 괴석이 거의 없다. 그러나 이 돌에 대한 기록이 없어서 정확한 정체는 알 수 없다.

괴석단에서 다시 북쪽으로 네모진 정자가 있다. 이를 청심정(淸心亭) 혹은 사우정(四隅亭)이라 한다. 매우 작은 정자로서 잠시 쉬는 장소일 것이다. 숙종

14년에 세운 이 정자는 지금도 남아 있으며, 숙종, 정조, 순조가 지은 시도 있다. 또 청심정 앞에는 돌로 만든 조그만 연지(蓮池)가 있는데, 이를 빙옥지(氷玉池)라고도 한다.

〈동궐도〉에는 청심정 동편 언덕 위 네모난 돌담장 안에 이름 모를 집 한 채가 그려져 있다. 그러나 이 집은 기록에 보이지 않아 정확한 용도를 알 수 없다. 현재 이 집도 없어졌다.

7. 옥류천 일대의 정자들―소요정, 청의정, 태극정, 농산정, 취한정, 취규정 등

창덕궁 후원의 가장 북쪽 깊숙한 곳에 널찍한 바위와 폭포와 정자들이 어우러져 한 폭의 선경(仙境)을 연출하는 곳이 옥류천(玉流川) 일대다. 존덕정의 북쪽에 해당한다.

212. 〈동궐도〉에 나타난 옥류천 일대.
1 청의정. 2 옥류천. 3 소요정.
4 태극정. 5 농산정. 6 취한정.
7 취규정.

213. 옥류천 큰바위. 위에는 숙종의 시가, 아래에는 인조의 글씨가 각각 새겨져 있다.(왼쪽)

214. 옥류천 곡수와 폭포. 암반을 휘돌아 흐르는 물은 경주 포석정의 곡수를 떠올리게 한다.(오른쪽)

24. 소요정(逍遙亭)은 순종 대 『궁궐지』에 세 칸으로 되어 있다.

우선 옥류천은 인공으로 만든 곳이 아니라 자연의 지세를 그대로 이용하면서 약간의 인공을 가미하여 조성한 정원이라는 것을 알아야 한다. 그런 점에서 한국 정원의 특색이 가장 잘 드러나는 곳이기도 하다. 그러면 어떻게 인공을 가미했을까?

옥류천에 최초의 인공을 가미한 임금은 인조다. 인조는 옥류천의 널따란 큰 바위에 어필로 '玉流川(옥류천)'이라는 세 글자를 새겨넣었다. 그리고 인조 14년(1636) 가을, 그러니까 병자호란이 일어나기 한 달 전쯤, 옥류천의 바닥돌을 조금 깎아 계곡의 물이 흘러 들어오게 만들고, 물이 암반을 둥글게 휘돌아 흘러서 소요정(逍遙亭)24 앞에서 폭포가 되어 떨어지게 했다. 그 모습은 마치 경주 포석정의 곡수(曲水)를 연상시킨다.

소요정은 한 칸으로, 인조 때 만든 것은 아니다. 성종 어필, 선조 어필이 게판으로 걸려 있다고 한 것으로 보아 조선전기에 세운 것이다. 조선후기 임금들은 소요정의 아름다움을 시로 읊었다. 숙종, 정조, 순조의 시가 그것이다. 그중에서 숙종이 지은 다음의 시가 옥류천 절벽 바위에 새겨져 있어 이곳을 찾는 이들의 눈길을 끈다. 상림십경 중에 소요유촉(逍遙流觸)이 있으니, 아마 소요정 앞 곡수에서 술잔을 돌리며 지은 시일지도 모른다.

흩날리는 물 삼백 척 높이	飛流三百尺
멀리 구천에서 내리네	遙落九天來
보고 있으면 흰 무지개 일고	看是白虹起
골짜기마다 우레 소리 가득하네	翻成萬壑雷

또 정조가 경연에 참여한 여러 신하들과 옥류천에 나와서 폭포를 보면서 지은 시도 전한다.

여기저기 맑은 샘 나오고	百道淸泉出
수증기 구름 날지를 못하네	蒸雲不敢飛
우연히 작은 모임 가졌다가	偶然成小集
흩어져 서늘할 때 돌아오네	分與晚凉歸

215. 소요정. 옥류천과 주변의 정자들을 바라보며 심산 계곡의 정취를 만끽할 수 있는 곳으로, 조선시대 여러 임금들이 이곳의 아름다움을 시로 읊었다. (p.260)

옥류천 주변에는 소요정만 있는 것이 아니다. 청의정(淸漪亭), 태극정(太極亭), 농산정(籠山亭), 취한정(翠寒亭), 취규정(聚奎亭) 등도 있다.

가장 북쪽에 있는 팔각지붕의 정자가 청의정이다. 기둥 네 개, 천정이 팔각

216. 청의정. 궁궐 안에서 유일하게 초가지붕을 한 정자다. 앞에는 지금도 조그마한 논이 있다.(위)

217. 청의정 천장. 기둥 네 개, 서까래는 팔각, 지붕은 둥글다. 매우 특이한 구조다.(아래)

218. 농산정. 정조와 순조가 이곳을 이용한 기록이 있으며, 익종은 농산정을 주제로 한 시를 많이 남겼다. 휴식 공간은 물론, 신하들의 학문을 시험하는 장소이기도 했다.

이고, 지붕은 둥글게 만든 특이한 정자다. 천원지방(天圓地方), 즉 둥근 하늘과 네모난 땅을 형상화한 것으로 보인다. 청의(淸漪)는 '맑은 잔물결'이라는 뜻인데, 과연 인공으로 만든 물논이 있고, 바로 물논 가운데에 볏짚으로 지붕을 얹어 극히 소박한 정자를 세워놓았다. 이 물논에서는 벼를 심었다. 시골 농촌의 모정(茅亭)을 궁 안으로 옮겨놓았다고 할 수 있으니, 농민의 정서를 체험하려는 임금의 마음이 잘 나타나 있다. 선조 어필 계판이 걸려 있어 왜란 전에도 있었던 것을 알 수 있으나, 왜란 후 인조 14년(1636)에 다시 지은 것으로 정조의 시도 남아 있다. 이 정자는 지금도 있다.

청의정 동쪽, 소요정 북쪽에 또 연못이 있고, 연못가에 사각형의 태극정이 있다. 원래는 운영정(雲影亭)이었는데, 역시 인조 14년에 다시 짓고 이름도 바꾸었다. 선조 어필 계판이 있고, 정조가 쓴「태극정시(太極亭詩)」도 전한다. 순조는 11년 3월 16일 교리 홍의영(洪儀泳)과 수찬 이정병(李鼎秉)을 태극정에서

219. 태극정. 처음 세워지던 인조 때는 운영정(雲影亭)이라 했다.(위)

220. 취규정. 인조 때 세워졌으며, 휴식과 독서를 위한 공간이었던 것으로 생각된다.(아래)

221. 취한정. 원래는 방과 마루로 되어 있었다.(오른쪽)

만나보고 『심경(心經)』을 강독했다는 기록이 있는데, 임금들은 이곳을 휴식처로만 이용한 것은 아니었다. 그러고 보니 태극정에는 문이 달린 방이 있고, 그 옆에는 전형적인 농가(農家)를 모방한 세 칸 초가집도 있다. 궁 안에 초가집이 이렇게 곳곳에 있다는 것은 무엇을 말하는가? 임금과 백성의 거리가 그만큼 좁아지고 있음을 상징적으로 보여주는 것이 아니고 무엇인가? 그러나 이 집은 지금 없다.

태극정, 소요정, 청의정을 흔히 '상림삼정(上林三亭)'이라 불렀다. 숙종은 이 상림삼정의 아름다움을 중국 여산(廬山)의 난정(蘭亭)에 비유하면서, 난정이 이보다 낫지는 않았을 것이라고 찬탄하는 『어제삼정기(御製三亭記)』를 남겼다.

소요정 동편에는 一자로 된 다섯 칸짜리 비교적 큰 집이 있다. 이것이 농산정이다. 언제 지었는지 모르나 정조가 이곳을 자주 이용한 기록이 있다. 정조 19년(1795) 윤2월 9일부터 8일간 임금이 어머니 혜경궁과 아버지 사도세자의 회갑을 기념하여 혜경궁을 모시고 수원 화성에 행차를 다녀왔음은 잘 알려진 사실이다. 정조는 화성으로 떠나기 며칠 전인 2월 25일 궁 안에서 자궁(혜경궁)의 가마를 메는 연습을 몇 차례 실시했다. 이 예행연습이 끝나자 정조는 연습에 참가한 신하들을 농산정으로 초대하여 음식을 베풀었다고 한다.[25]

이보다 앞서 정조 16년 3월 18일에도 정조는 이곳에서 재숙(齋宿)하고, 20년 3월 18일에도 농산정에서 재숙하고 다음 날 명나라 마지막 황제인 의종(毅宗)의 기신제를 지냈다는 기록이 있다. 그러니까 의종의 기신제를 이곳에서 행했음을 알 수 있다.

순조도 11년 3월 14일 농산정에 나아가 입직한 음관(蔭官)의 응제(應製, 임금의 특명으로 글을 짓는 일)를 행했으며, 이 해 8월 19일에는 춘당대에서 내금위 시사(試射)를 한 후 농산정에 나아가 성균관 유생들의 응강(應講)을 행했다고 한다. 순조의 아들 익종도 농산정을 주제로 한 시가 많다. 따라서 농산정은 단순한 휴식 공간이 아니라, 신하들의 학문을 시험하는 장소로도 이용되었음을 알 수 있다. 그러고 보니 〈동궐도〉에 농산정 앞에 취병이 설치되어 있는 이유를 알 것 같다. 그러면 현재의 모습은 어떨까? 지금은 농산정 앞의 취병이 없어지고, 태극정 옆의 초가집도 사라졌다. 이미 『동궐도형』에도 없는 것으로 보아 순종 대 무렵에 없어진 것 같다.

옥류천 주변에는 또다른 정자가 있다. 농산정과 소요정에서 남쪽으로 내려오면 직사각형의 취한정이 있고, 거기서 다시 남쪽 언덕으로 올라가면 역시 직사각형의 취규정이 있는데, 인조 18년(1640)에 세웠다. 취한정은 세 칸으로 방과 마루로 되어 있는 반면, 취규정은 세 칸이면서 사방이 트여 있다. 그 용도

25. 『정조실록』 권42 정조 19년 2월 25일 丁丑條.
26. 백운사는 순종 대 『궁궐지』에도 없다.

는 자세히 알 수 없으나 휴식처와 독서처로 이용되었을 것이다. 취규정과 취한정은 지금 남아 있다.

8. 능허정 일대

그 다음 옥류천에서 서남방으로 고개 하나를 넘으면 여기에도 몇 개의 정자가 있다. 〈동궐도〉에 따르면 연경당 서북쪽에 바위언덕이 불쑥 솟아 있는데, 그 위에 사각형의 백운사(白雲舍)가 있고, 백운사 동편 언덕 아래에 네모난 담장을 쌓고 그 안에 흰 돌로 만든 산단(山壇)을 모셨다. 산신령을 모시는 제단일 것이다. 백운사는 지금 없다.[26]

백운사 앞은 바위가 갑자기 절벽을 이루고 있는데, 그 절벽 옆에 예필(睿筆, 왕세자가 새긴 글씨)로 '명월송간개 청천석상류(明月松間開 淸泉石上流)'라는 글귀가 새겨져 있다. '밝은 달은 소나무 사이에서 열리고, 맑은 샘은 바위 위에서 흐르네'라는 뜻이다. 이 글을 쓴 세자는 그것으로 흥취를 다 풀지 못했는지, 그 서편에 있는 넓은 바위에도 '천성동(泉聲洞)'이라고 새겼다. 물소리가

222. 〈동궐도〉에 나타난 능허정 일대.
1 능허정. 2 예필('泉聲洞').
3 예필('明月松間開 淸泉石上流').
4 백운사. 5 산단.

아름다운 곳이라는 뜻일 것이다. 그러면 소나무와 바위와 물소리가 절묘하게 어우러진 이곳에 글귀를 새긴 세자는 누구일까? 창덕궁 후원을 무대로 많은 글을 남긴 순조의 아들 익종일 가능성이 크지만, 확실치는 않다. 지금 천성동 일대는 빙천(氷川)으로 불리고 있으며, 바위에 이끼가 두껍게 덮여 예필을 확인할 수 없는 것이 아쉽다.

백운사에서 다시 위로 올라가면 비자울을 한 건물이 있다. 사가정(四佳亭)이다. 그리고 여기서 다시 서북쪽 봉우리로 올라가면 후원의 가장 높은 곳에 사각형의 능허정이 외롭게 서 있다. 숙종 17년(1691)에 세웠다. 그 옆에 궁궐 담장 집성문(集成門)이 있다. 사가정은 없어지고[27] 능허정은 남아 있는데, 상림십경 중에 능허모설(凌虛暮雪)이 새삼 떠오른다. 저녁 무렵의 눈발이 장관이라는 뜻이다.

223. 능허정. 창덕궁 후원 중 가장 높은 지대에 위치하고 있다. 상림십경 중의 '능허모설(凌虛暮雪)'은 저녁 무렵 이곳에 흩날리는 눈발이 장관을 이루었음을 말해 준다.(왼쪽)

224. 빙천. 빙천 골짜기는 천연의 바위에 최소한의 인공을 가하여 물이 흘러내리게 했으며, 한여름에도 시원한 그늘을 이룬다. 이곳의 물은 연경당 서쪽 행랑 마당 밑을 지나 연경당 장락문 앞으로 흐른다.(오른쪽)

225. 완만한 곡선을 그리며 나 있는 후원의 오솔길.(p.269)

9. 대보단(황단)과 그 일대

대보단(大報壇)은 일명 황단(皇壇)이라고도 하는데, 창덕궁 서북 후원에 자리 잡고 있다. 대보단이라는 이름은 '큰 은혜에 보답하는 제단'이라는 뜻이고, '황단'은 황제를 위한 제단이라는 뜻이다. 조선왕조가 국가적으로 큰 은혜를

27. 사가정은 순종 대 『궁궐지』에도 보이지 않는다.

입은 나라는 말할 것도 없이 명나라다. 특히 임진왜란 때 원병(援兵)을 보내 국가를 재건하는 데 결정적으로 도움이 되었기 때문이다. 그래서 원병을 보낸 명나라 신종(神宗)의 은혜에 대한 보답으로 세운 제단이 대보단이다.

그러나 명나라가 망하고 청나라가 들어선 마당에 명나라를 숭앙하는 뜻에서 대보단을 세운 것은 청나라에게는 매우 불쾌한 일이었다. 이를 반대로 해석하면, 대보단을 세운 것은 청나라에 대한 반감과 멸시를 보여주는 것이다. 즉 숭명(崇明)은 반청(反淸)과 같은 의미를 지니고 있었으며, 이런 정신은 조선왕조 말기까지 그대로 이어지면서 청나라에 대해 주체성을 견지하는 정신적 기둥이 되었다.[28] 특히 대보단은 단순히 명나라를 숭상하는 뜻만을 지닌 것이 아니라 우리나라가 명나라의 도덕적 문화전통을 이어가고 있는 유일한 문명국가, 즉 중화(中華)라는 자부심이 담겨 있었다.

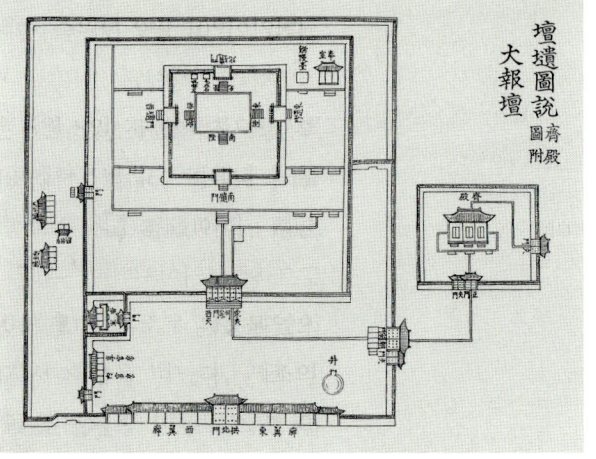

226. 〈동궐도〉에 나타난 대보단 일대.(위)

1 대보단. 2 경봉각. 3 봉안각. 4 열천문. 5 공북문. 6 샘. 7 사자교. 8 조종문. 9 향실. 10 참봉직소. 11 전사청. 12 재실간. 13 제기고. 14 한려청. 15 만세송은.

227. 『황단의』에 실린 대보단 평면도.(아래)

대보단을 세운 것은 숙종 30년(1704) 12월이다. 이 해는 명이 망한 지 주갑(周甲, 60년)이 되는 해로, 이를 기념하여 세운 것이다.[29] 그런데 영조 25년(1749) 3월 23일에는 대보단에 제사 지내는 신위(神位)를 더 늘려서 조선의 국호를 내려준 명나라 태조 고황제와 호란 때 군대를 보내주려고 했던 의종(毅宗)의 위패를 추가했다.[30]

대보단 제사는 매년 3월에 왕이 직접 지내는 것이 관례였다. 악(樂)은 팔일(八佾)로 하여 사직제(社稷祭)에서 쓰는 악장(樂章)을 따랐고, 등가(登歌)와 헌가(軒架)도 사직단에 의거해서 배치했다. 제사를 지낼 때는 단 위에 황색 장막을 치고, 그 안에 명나라 황제의 신위를 모셔놓았다.

대보단의 위치는 창덕궁 서북쪽 담장문인 요금문 밖으로, 별대영(別隊營)이 있던 자리다. 대보단의 모습은 사직단(社稷壇)과 비슷하다. 가운데에 돌로 높이 4척, 길이 25척의 네모난 단을 쌓았다. 그리고 단 주위에 역시 네모난 담장을 쌓고, 사방에 홍살문을 달았다. 담장의 한 변의 길이는 37척이다.[31] 규모는 사직단보다 조금 크게 했다.

대보단의 부속건물로는 어떤 것이 있었을까? 〈동궐도〉와 순종 대 『궁궐지』를

28. 대보단의 설치와 그 정신적 의미에 대해서는 정옥자, 『조선후기 문화운동사』(일조각, 1988년) 참고.
29. 대보단 설치를 실무적으로 수행한 사람은 예조판서 민진후(閔鎭厚), 공조판서 서종태(徐宗泰) 등이다.
30. 영조 25년 대보단의 위패를 추가하면서 대보단을 중수했는데, 그 보고서가 『대보단증수소의궤』(서울대 규장각 소장, 도서번호 14315)다.
31. 대보단의 설치와 제사에 관한 보고서가 영조 24년(1748)에 편찬한 『황단의(皇壇儀)』(서울대 규장각 소장, 도서번호 14308, 14309)라는 책자다.

3. 창덕궁과 창경궁의 후원 271

통해 부속건물을 살펴보면 다음과 같다. 먼저 제단 동편에 세 칸짜리 봉안각(奉安閣)이 있는데, 〈동궐도〉에는 이를 봉실(奉室)이라고 적었다. 명나라 세 황제의 위판을 봉안하고 있는 곳이다. 서편에는 한 칸짜리 경봉각(敬奉閣)이 있는데, 황제의 어제와 어필, 그리고 황조사적(皇朝事蹟)을 봉안하고 있었다. 남쪽으로 다시 간장(間墻)이 있으며, 간장의 중앙에 내삼문인 열천문(洌泉門)이 있다.

열천문 남쪽에는 기다란 행각이 동서로 뻗어 있는데, 그 중앙에 한 칸 대문인 공북문(拱北門)이 있다. 열천문과 공북문 사이의 마당에는 동편에 제사에 쓸 샘이 담장에 둘러싸여 있고, 서편으로는 별도의 담이 있고, 그 안에 두 칸짜리 향실(香室)이 있고, 향실 남쪽으로 일곱 칸의 참봉직소(參奉直所)가 있다. 제단을 지키는 참봉들이 머무는 처소다.

대보단 서쪽 담장 밖에는 개울이 흐르고, 그 서편의 산록에는 일곱 칸 반의 전사청(典祀廳)과 두 칸짜리 재설간(宰設間, 혹은 재생청), 세 칸짜리 제기고(祭器庫, 혹은 藥生所)가 있다. 이곳에서는 제물을 마련하고, 이를 제기(祭器)에 담는 일을 맡았을 것이다.

대보단의 또다른 부속건물로는 대보단 동편 숲 속에 여섯 칸짜리 만세송은(萬世誦恩)이 있는데, 이는 어재실(御齋室)이다. 이 집은 지금 없어지고 숲 속

228. 천연기념물로 지정된 다래나무. 그 옆에 만세송은 터가 있다.

229. 신선원전. 옛 선원전과 덕수궁 선원전 등에 있던 어진(御眞)들이 옮겨져 있다.

에 터만 남아 있다. 천연기념물로 지정된 다래나무 서편에 있다. 그 남쪽에는 네 칸 반의 한려청(漢旅廳)이 있다. 호란 때 심양에 볼모로 잡혀갔던 봉림대군(효종대왕)이 고국으로 돌아올 때 여덟 성씨(姓氏)의 중국인들이 호종하고 왔는데, 그 후손들이 속한 관청이 한려청이다. 이들은 그 남쪽에 있는 명례문(明禮門)을 지켰다고 한다.32

한려청의 서편 담에는 임금이 대보단으로 들어가는 조종문(朝宗門)이 있고, 조종문을 들어서면 어구(御溝) 위에 돌다리가 걸쳐 있는데, 이를 사자교(獅子橋)라 불렀다. 이는 다리 왼쪽에 있는 작은 돌이 사자가 머리를 쳐들고 있는 모양이어서 숙종이 붙인 이름이다.33

대보단은 그후 어떻게 되었을까? 역대 임금이 온갖 정성을 다하여 지내던 대보단 제사가 끊어진 것은 순종 원년(1907년) 7월 23일부터다. 이때 국가의 제사제도를 전면적으로 개정하는 칙령을 발표했는데, 대보단 제사를 폐지하고, 대보단 터는 궁내부에서 관할하기로 했다.34

그러나 제사는 폐지되었어도 대보단 자체는 그대로 남아 있었던 것 같다. 순종 대 『궁궐지』에는 한려청만이 없어진 것으로 되어 있어 당시까지 존속했음을 알 수 있다. 또 순종 때 만든 『동궐도형』에도 한려청만이 보이지 않는다. 그렇다면 대보단이 철거된 것은 이 두 기록이 편찬된 뒤, 즉 1908년 이후의

32. 『동국여지비고』(서울특별시사편찬위원회, 2000년), 62쪽.
33. 헌종 대 『궁궐지』(서울특별시사편찬위원회, 2000년), 68쪽.
34. 『순종실록』 권2 순종 1년 7월 23일조.

230. 괘궁정. 현재 중앙고등학교 담 일부와 인접해 있다.(p.274)

231. 몽답정.(위)

232. 괘궁정 아래의 바위.(아래)

일로 보인다. 중국과 조선왕조의 관계를 끊어 독점적 지위를 누리려 했던 일본이 이를 그냥 둘 리 없었다.

지금 대보단 자리는 무성한 숲으로 변했다. 그 남쪽의 훈국 북영(北營) 자리에는 1921년에 신선원전(新璿源殿)을 짓고, 옛 선원전과 덕수궁 선원전 등에 모셔져 있던 여러 어진(御眞)들을 옮겨 왔다.[35] 그리고 그 부속건물로서 의로전(懿老殿), 제실(祭室), 수직사(守直舍) 등이 있다. 신선원전이 세워지면서 인정전 서쪽에 있던 본래의 선원전도 그 기능을 상실했음은 앞에서 설명했다.

신선원전 옆 계곡 가에는 괘궁정(掛弓亭)[36]과 몽답정(夢踏亭), 그리고 연못이 남아 있다. 괘궁정은 훈국 북영의 군사들이 활쏘기를 하던 곳으로 짐작된다. 몽답정은 훈련대장 김성응(金聖應)이 훈국 북영(北營)에 지은 정자인데, 영조가 35년(1759) 2월 3일에 대보단에서 이를 바라보고 이름을 몽답정으로 지으라고 하여 이때부터 몽답정이라는 편액을 걸게 되었다. 정조도 19년 6월 20일 북영에 거동했다가 답답한

3. 창덕궁과 창경궁의 후원 275

심사를 풀기 위해 요금문을 나가 몽답정에 머물렀다는 기록이 있다.[37] 그러나 괘궁정과 몽답정은 〈동궐도〉에는 보이지 않는다.

10. 관덕정, 장원봉, 관풍각, 춘당지
── 내농포와 군사훈련장

창덕궁 영화당 동쪽, 창경궁 북쪽 지역에는 원래 임금과 왕비가 농사와 양잠을 직접 체험하고 권장하기 위한 권농장(勸農場)으로서 내농포(內農圃)가 있었다. 세자가 독서하는 처소이던 해온루, 신독재 등 건물의 북쪽에 해당한다.

이곳에는 북쪽 높은 곳에서 흘러내려오는 계곡이 어구를 이루는데, 이 물을 이용하여 어구 좌우 열한 곳에 논을 조성했다. 순조가 쓴 「소요관천시(逍遙觀泉詩)」를 보면, 논의 길이가 40보(步)요 너비가 70보라고 한다.[38] 그리고 물을 저수하기 위해 논 북쪽에는 저수지를 만들었다. 이 저수지가 백련담(白蓮潭)으

233. 〈동궐도〉에 나타난 춘당지 일대.
1 고수원. **2** 신독재. **3** 해온루. **4** 관풍각. **5** 관덕정.

234. 관덕정. 수정 오른편 언덕에 있다.

로 약 1무(畝, 30평)의 넓이다.[39] 그런데 이 연못을 일제 강점기에 넓히면서 춘당지와 합쳐지게 된 것이다.

원래 춘당대와 춘당지 일대는 연산군이 서총대를 건설했던 곳이기도 하다. 춘당지를 더 깊게 파고, 춘당대에 높은 축대를 쌓아 놀이터로 만들려는 것이었다. 그러나 중종반정 이후 서총대를 철거하여 원래의 모습으로 되돌려놓고, 그 후 내농포(內農圃)로 바꾸게 된 것이 조선말까지 이어졌다.

옥류천 부근에도 작은 논이 있고, 그 가운데 청의정이라는 작은 초가 정자가 있음은 앞에서 설명한 바와 같다. 궁궐 안에 논과 초가집을 지었다는 것은 임금이 농민의 생활을 직접 체험하면서 농업을 권장하겠다는 뜻도 있지만, 궁중 생활을 검소하게 하려는 마음도 담겨 있다. 특히 조선후기에 이러한 시설이 집중적으로 나타났다는 점에서 그러한 정서를 읽을 수 있다.

내농포 부근에는 임금과 왕비가 친경(親耕)과 친잠(親蠶) 의식을 치르는 건물이 들어섰다. 내농포 동북쪽 언덕에 지은 잠단(蠶壇), 그리고 내농포 남쪽에 지은 관풍각(觀豊閣)이 그것이다. 잠단은 원래 성종 3년에 세운 것으로, 왕비 공혜왕후 한씨(한명회의 따님)는 여기서 항상 뽕을 따고 잠례(蠶禮)를 행했다고 한다.

그런데 잠단이 있던 곳은 군사들이 활 쏘고 말도 달릴 수 있는 넓은 공간이 있어서 군사훈련장과 무과 시험장으로도 쓰였다. 그래서 인조 20년(1642)에 잠단이 있던 곳에 사정(射亭)을 지어 취미정(翠微亭)이라고 불렀는데, 현종 5년

---

35. 『순종실록』 권12 순종 14년(1921) 3월 22일조에 다음과 같은 기록이 있다. "창덕궁 후원(옛 북일궁 터)에 선원전을 새로 짓고, 옛 선원전에 봉안되었던 태조, 숙종, 영조, 정조, 순조, 문조(익종), 헌종의 어진(御眞), 옛 영희전(永禧殿)에 봉안되었던 세조, 원종의 어진, 옛 문한전(文漢殿)에 봉안되었던 철종의 어진, 중화전(中和殿)에 봉안되었던 고종의 어진을 봉안하고, 작헌례를 행하였다."
36. 괘궁정은 '활을 걸어놓는 집'이라는 뜻인데 누가 언제 세웠는지 알 수 없다. 괘궁정은 괘궁암(掛弓岩)이라는 바위 위에 세워져 있는데, 괘궁암에는 '己酉年'(기유년)이라고 새겨 있다. 여기서 기유년은 1849년일 것으로 추정된다.
37. 『정조실록』 권42 정조 19년 6월 20일 기해조.
38. 헌종 대 『궁궐지』, 65쪽.
39. 앞의 책, 65쪽.

3. 창덕궁과 창경궁의 후원 277

235. 식물원 건물인 수정.

(1664)에 관덕정(觀德亭)으로 이름을 바꾸어 지금까지 내려오고 있다. 이곳은 단풍 숲이 우거져 숙종, 정조, 순조 임금이 단풍의 아름다움을 읊은 시가 전하고, 상림십경 중에 관덕풍림(觀德楓林)이라 불린다.

관덕정 남쪽에는 산봉우리가 하나 있는데, 과거를 볼 때 응시자들이 모여 앉아서 쉬는 곳으로 이용되어 장원봉(壯元峯)이라는 이름이 붙여졌다. 현재 관덕정은 남아 있고, 그 주변이 수림으로 뒤덮여 있으며, 자생식물학습장(自生植物學習場)이 조성되어 있다.

〈동궐도〉에는 관덕정과 서총대 일대가 매우 사실적으로 그려져 있다. 관덕정 앞에는 나무가 전혀 보이지 않고 넓은 녹지가 조성되어 있으며, 그 옆에 춘당지가 보인다. 바로 이 넓은 녹지가 활을 쏘면서 무과 시험을 치르던 곳이다.

내농포 입구에 지은 관풍각은 인조 25년(1647)에 세웠는데,[40] 문자 그대로 풍년이 든 논을 바라보는 집이다. 임금이 직접 논에 벼를 심고, 가을에 벼를 베고 나서 신하들과 함께 시를 읊으며 쉬는 곳이다. 임금은 수확한 벼를 신하들에게 나누어주었는데, 이를 춘당벼(春塘稻)라고 불렀다.[41] 숙종, 영조, 정조, 순조가 이곳에서 벼를 심거나 베고 나서 지은 시가 『궁궐지』에 전한다. 관풍각은 순종 대 『궁궐지』에 보이지 않는 것으로 보아, 그 이전에 없어진 것을 알 수 있다.

〈동궐도〉를 보면, 관풍각 앞에는 두 칸짜리 초가집, 즉 전사(田舍)가 보인다. 순조 26년(1826)에 세자 익종이 세웠다고 한다.[42] 지금은 없어졌다.

그러면 춘당지 일대는 지금 어떻게 변했을까? 우선 춘당지가 무척 넓은 연못으로 변했다. 모양도 네모진 것이 아니고 호리병처럼 허리가 잘록하다. 이것

40. 헌종 대 『궁궐지』(67쪽)에는 관풍각이 서총대 동쪽에 있다고 한다.
41. 『동국여지비고』(서울특별시사편찬위원회, 2000년), 17쪽.
42. 헌종 대 『궁궐지』 68쪽.
43. 장서각 소장 『조선왕조실록』(적상산사고 본)은 한국전쟁 때 북한이 가져가 지금 평양에 있다.
44. 장서각 소장 책들은 지금 한국정신문화연구원으로 이관되어 『장서각도서』로 불린다.
45. 1984년부터 복원된 건물은 법전인 명정전의 행각, 편전인 문정전과 그 부속건물이며, 통명전, 양화당 등은 보수됐다. 그리고 궁 안의 일본식 조경을 걷어내고 전통식으로 개조하고 있다. 이름도 창경원에서 창경궁으로 복원했다.

236. 춘당지. 일제 강점기에 원래의 춘당지와 내농포를 하나의 연못으로 만들면서 뱃놀이를 즐기는 곳이 되기도 했다.

은 1907년에서 1909년 사이에 창경궁을 동물원과 식물원으로 개조하면서 원래의 춘당지와 그 앞에 있던 내농포를 파서 하나의 큰 연못으로 만들었기 때문이다. 그리고 춘당지 북쪽에 식물원 건물인 수정(水亭)을 세워놓았는데, 그것이 지금까지 남아 있다. 수정 오른편 언덕 숲 속에 관덕정이 숨어 있다.

일본은 춘당지에 배를 띄워 뱃놀이를 즐길 수 있게 하고, 주변에 일본을 상징하는 벚꽃을 가득 심어 일본식 공원을 만들었다. 춘당지 서쪽 언덕 자경전(慈慶殿)이 있던 자리에는 장서각이라는 박물관 겸 도서관을 지었는데, 전형적인 일본식 기와집이었다. 장서각에는 봉모당에서 가져온 역대 임금의 어제, 어필을 비롯하여 전라도 무주 적상산 사고(赤裳山 史庫)에서 가져온 『조선왕조실록』[43]과 의궤(儀軌) 등을 보관하여 이왕직에서 참고하도록 했다.[44]

이렇게 일본색으로 변질된 창경궁, 아니 창경원은 일반인들에게 입장료를 내고 들어오는 공원으로 공개되었는데, 특히 벚꽃이 피는 봄철에는 야간에도 입장을 허용하여 이른바 '밤벚꽃놀이'를 즐기도록 했다. 왕실에 대한 한국인의 추모의 정을 없애려는 얄팍한 술책이 아닐 수 없다.

해방 후에도 한동안 창경궁은 이런 모습으로 유지되다가 1984년 5월 과천에 대공원을 지으면서 동물원이 이사하고, 1984년 7월부터 헐려진 궁궐의 전당이 하나씩 복원되어가고 있다.[45] 그러나 아직도 식물원은 그대로 남아 있어 일제의 잔재를 벗으려면 앞으로 할 일이 많다. 창경궁과 종묘 사이에 길(지금의 율곡로)을 내어 두 공간을 차단한 것도 복원해야 할 것이며, 창덕궁과 창경궁을 격리하는 후원 담장도 헐어내야 할 것이다.

참고문헌

古典
『경모궁의궤』(서울대 규장각 소장)
『기사년진표리진찬의궤』(한국정신문화연구원 소장)
『왕세자입학도첩』(서울대 규장각 소장)
『원행을묘정리의궤』(서울대 규장각 소장)
『익종문집』 전2권, 한국정신문화연구원, 1998.
『일성록』 권20(서울대 규장각 소장)
『자경전진작정리의궤』(서울대 규장각 소장)
『저승전의궤』(장서각 소장)

論著
장지연, 「광해군대 궁궐 영건」 『한국학보 86』, 1999.
한영우, 「1904-1906년 경운궁 중건과 경운궁 중건도감의궤」 『한국학보 107』, 2002.
홍순민, 「조선왕조 궁궐 경영과 양궐 체제의 변천」, 서울대학교 박사학위논문, 1996.
김동현, 『한국의 궁궐 건축』, 시공사, 2002.
김영상, 『서울 600년-창덕궁, 창경궁, 응봉 기슭』, 대학당, 1994.
문영빈, 『창경궁』, 대원사, 1991.
서울특별시사편찬위원회, 『건조물』, 서울특별시, 2003.
신영훈 외, 『한국의 고궁건축』, 열화당, 1988.
안휘준, 『옛 궁궐그림』, 대원사, 1998.
이강근, 『한국의 궁궐』, 대원사, 1991.
_____, 『창경궁』, 문화재청, 2003.
이철원, 『왕궁사』, 구황실재산사무총국, 1954.
장순용, 『창덕궁』, 대원사, 1990.
정옥자, 『조선후기 문화운동사』, 일조각, 1989.
조선총독부, 『조선고적도보』 제10권, 1930.
주남철, 『비원』, 대원사, 1990.
_____, 『연경당』, 일지사, 2003.
한국문화재보호협회, 『동궐도』, 1991.
한영우, 『명성황후와 대한제국』, 효형출판, 2001.
_____, 『정조의 화성행차, 그 8일』, 효형출판, 1998.
허균, 『서울의 고궁 산책』, 효림, 1994.
홍순민, 『역사기행 서울 궁궐』, 서울시립대학교 서울학연구소, 1994.
_____, 『우리 궁궐 이야기』, 청년사, 1999.

찾아보기

ㄱ

가정당(嘉靖堂) 150
갑술옥사(甲戌獄事) 56
갑신정변(甲申政變) 26, 78, 79, 157, 249
갑오경장(甲午更張) 26, 81
강녕전(康寧殿) 44, 78, 87, 139
강릉(康陵) 45
강세황(姜世晃) 222
개금재(開錦齋) 239, 240, 248
개유와(皆有窩) 63, 225
거중기(擧重機) 225
건극당(建極堂) 54, 200
건릉(健陵) 66
건순각(健順閣) 77, 144
건중문(建中門) 132
건청궁(乾淸宮) 76, 222
검서관 130
검서청(檢書廳) 130
겐소(玄蘇) 46, 113
결속색(結束色) 118
경극당(敬極堂) 205
경극문(慶極門) 145
경녕루(慶寧樓) 202
경녕문 202
경덕궁(慶德宮) 49, 50, 60
『경덕궁수리소의궤』 57
경릉(景陵) 73
경모궁(景慕宮) 63, 65, 168, 195, 222
『경모궁예제(景慕宮睿製)』 219
『경모궁의궤(景慕宮儀軌)』 65, 168
경무대(景武臺) 76
경복궁 75, 76
경복궁 화재 76
『경복궁창덕궁증건도감의궤 (景福宮昌德宮增建都監儀軌)』 82, 98, 119
경복전(景福殿) 58, 67, 69, 89, 151-153
경봉각(敬奉閣) 272
경성전(慶成殿) 78, 87
경성중학교 86

경순대비(敬純大妃) → 선의왕후
경신대출척(庚申大黜陟) 55
경신환국(庚申換局) 55
경우궁(景祐宮) 68, 79, 222, 241
경운궁(서궁) 46-49, 82, 84
경운궁 즉조당 47
경의왕후(敬懿王后) 60
경춘전(景春殿) 40, 56, 60, 61, 67, 68, 71, 187, 188, 189
경현당 69, 72
경화당(景和堂) 53, 119
경회루(慶會樓) 29, 40
경훈각(景薰閣) 71, 86, 145, 147, 150,
경희궁(慶熙宮) 49, 60, 86
계방(桂坊) 153, 202
계월합(桂月閤) 53, 200
계조당(繼照堂) 160
계축옥사(癸丑獄事) 45, 48
『고금도서집성(古今圖書集成)』 225
고수원(古修院) 200
곡병(曲屛) 110
곤녕합(坤寧閤) 76, 81
공묵합(恭默閤) 61, 182, 183, 187, 188, 204
공북문(拱北門) 272
공빈 김씨(恭嬪 金氏) 45
공상청(供上廳) 126
공의대비(恭懿大妃) → 인성왕후
공혜왕후(恭惠王后) 36, 132, 204, 277
곽여실(礭如室) 164
관광청(觀光廳) 71, 110
관덕정(觀德亭) 36, 51, 218, 245, 278, 279
관덕풍림(觀德楓林) 218
관람정(觀纜亭) 84, 245, 251, 255, 256
관물헌(觀物軒) 69, 77, 132, 156, 157
관천대(觀天臺) 203
관풍각(觀豊閣) 50, 52, 218, 277, 278

관풍춘경(觀豊春耕) 218
광례문(光禮門) 203
광릉(光陵) 35
광범문(光範門) 110
광세전(光世殿) 34
광연루(廣延樓) 29, 31, 204
광연전(廣延殿) 34
광연정(廣延亭) 204
광혜원(廣惠院) 80
괘궁정(掛弓亭) 275
교동(喬桐) 41
교서관(校書館) 106
교자고(轎子庫) 106
교자방(轎子房) 213
교태전(交泰殿) 77, 87, 144
구용헌(九容軒) 58
구종직(丘從直) 35
구현전(求賢殿) 34, 36, 204
『군서표기(群書標記)』 225
군학도(群鶴圖) 145
『궁궐지(宮闕志)』 90, 92, 93
궁방(弓房) 126
궐내각사(闕內各司) 118, 213
규장각(奎章閣) 26, 62, 76, 126, 130, 217-219
『규장총목(奎章總目)』 225
균역법(均役法) 61, 168, 172
극수재(克綏齋) 60, 71, 132
근장군사(近仗軍士) 114
근정문(勤政門) 43
근정전(勤政殿) 41, 45
〈금강산만물초승경도 (金剛山萬物肖勝景圖)〉 139
「금등(金縢)」 180
금마문(金馬門) 234
금사루(琴史樓) 157
금요문(金曜門) 162
금원(禁苑) 218
금위군 번소(禁衛軍 番所) 213
금천(錦川) 128
금천교(錦川橋) 114
금호문(金虎門) 106
『기기도설(奇器圖說)』 225
기묘사화(己卯士禍) 41

『기사년진표리진찬의궤 (己巳年進表裏進饌儀軌)』 60, 68
기사환국(己巳換局) 55, 56
기오헌(寄傲軒) 234, 235, 238, 239
〈기축년진찬도병〉 69
김규진(金圭鎭) 139
김문근(金汶根) 69, 74
김상로(金尙魯) 61
김성응(金聖應) 275
김시묵(金時默) 62
김옥균(金玉均) 76, 79
김유(金鎏) 49
김은호(金殷鎬) 144
김자점(金自點) 53
김제남(金悌男) 45
김조근(金祖根) 73, 248
김조순(金祖淳) 69, 71, 249
김종직(金宗直) 38, 192
김주신(金柱臣) 56
김창집(金昌集) 58, 59
김한구(金漢耉) 59, 61
김홍집 내각 81

ㄴ

나언경(羅彦景) 59
낙선당(樂善堂) 205
낙선재(樂善齋) 80, 86, 87, 205, 208, 212
난향각(蘭香閣) 53, 200
남곤(南袞) 41
내각(內閣) 63, 128, 130
내농포(內農圃) 276
내반원(內班院) 110, 120, 214
내병조(內兵曹) 114, 214
내불당(內佛堂) 32
내사복시(內司僕寺) 213
내삼청(內三廳) 113
내시부(內侍府) 126
내원(內苑) 218
내의원(內醫院) 110, 120, 126, 127, 214
농산정(籠山亭) 65, 245, 261,

282

266
농수정(濃繡亭) 244
누국(漏局) 202
누상고(樓上庫) 128
『누판고(鏤板考)』 225
능양군(綾陽君) 49
능허모설(凌虛暮雪) 218
능허정(凌虛亭) 56, 218, 245, 268

ㄷ
다이라노 시게노부(平調信) 46, 113
단경왕후(端敬王后) 42
단의왕후(端懿王后) 58
당후(堂后) 122, 123
대동법(大同法) 53
대보단(大報壇) 25, 57, 60, 61, 268, 270-273, 275
『대보단증수소의궤』 60, 271
대원군 75, 78, 79, 80, 81
대유재(大酉齋) 63, 128, 130
대윤(大尹) 44
대조전 39, 52, 53, 68, 71, 74, 85, 86, 139
대청(臺廳) 120, 122
대축관(大畜觀) 162
대현문(待賢門) 156
덕선당(德善堂) 77
덕수궁 29, 84, 203
덕수궁 광연정 204
덕수궁 선원전 120, 275
덕완군(德完君) 74
덕종(德宗) 35, 187
덕흥대원군 43
도시관(都是觀) 202
도원군(桃源君) 35
도총부(都摠府) 212, 213
돈덕전(惇德殿) 83
돈화문(敦化門) 30, 40, 105
「동국대지도」 183
『동국여지비고(東國輿地備攷)』 90, 93
동궁(東宮) 153
동궐(東闕) 37, 91
〈동궐도(東闕圖)〉 27, 70, 89
『동궐도형(東闕圖形)』 95
동룡문(銅龍門) 204
동이루(東二樓) 63, 130
동학란(東學亂) 81
드프(豆芋) 119
등영루(登瀛樓) 128
등옥함(鄧玉涵) 225

ㅁ
마랑(馬廊) 213
만경전(萬慶殿) 87, 150
만복문(萬福門) 120
만세송은(萬世誦恩) 272
만수전(萬壽殿) 44, 53
만안문(萬安門) 120
만월문(滿月門) 210, 212
만천명월주인옹자서(萬川明月主人翁自序) 250
망궐례(望闕禮) 38, 108
망묘루(望廟樓) 222
망배례(望拜禮) 233
망춘문앵(望春聞鶯) 218
망춘정(望春亭) 218
명례문(明禮門) 273
명릉(明陵) 56, 57
명선공주(明善公主) 54
명성왕후(明聖王后) 55, 56, 147, 194
명성황후(明成皇后) 76, 78, 158, 173, 187
명정문(明政門) 172
명정전(明政殿) 43, 70, 78, 80, 172, 173
명헌왕후(明憲王后) 73
목릉(穆陵) 47
몽답정(夢踏亭) 275
무량각(無樑閣) 144
무비사(武備司) 106, 118
무예청(武藝廳) 162
무일전(無逸殿) 35
문서고(文書庫) 122
문정왕후(文定王后) 42, 44, 132
문정전(文政殿) 78, 178, 179, 204
문한전(文漢殿) 277
문화각(文華閣) 162
문효세자(文孝世子) 65, 157
문희묘(文禧廟) 65, 158
민겸호(閔謙鎬) 78
민병석(閔丙奭) 87
민유중(閔維重) 76
민치록(閔致祿) 76
민태호(閔台鎬) 78, 79

ㅂ
박영교(朴泳敎) 79
박영효(朴泳孝) 79
반도지(半島池) 84, 251, 255, 256
방석(芳碩) 24
방화수류정(訪花隨柳亭) 230
배설방(排設房) 118, 213
백련담(白蓮潭) 276

백운사(白雲舍) 267
법궁(法宮) 23
법전(法殿) 106
변계량(卞季良) 29
별대영(別隊營) 271
병신처분(丙申處分) 57
병자호란(丙子胡亂) 51
보개(寶蓋) 132
보경당(寶慶堂) 34, 35, 39, 48, 52, 58, 132, 134, 135
보루각(報漏閣) 203
보상문(寶相門) 164
보우(普雨) 45
보운문(寶雲門) 163
보춘정(報春亭) 156
복안당(福安堂) 77
봉림대군(鳳林大君) 50-52, 147
봉모당(奉謨堂) 62, 130, 222, 224, 279
봉수당(奉壽堂) 190
봉실(奉室) 272
봉안각(奉安閣) 272
봉황도(鳳凰圖) 145
부용정(芙蓉亭) 56, 65, 230
부용지(芙蓉池) 218, 230
북묘(北廟) 79
불로문(不老門) 239
비궁당 214
비궁청(匪躬廳) 120
비원(秘苑) 84, 255
비원(秘院) 218
빈양문(賓陽門) 180
빈청(賓廳) 120, 214
빙옥지(氷玉池) 257
빙천(氷川) 268

ㅅ
사가정(四佳亭) 268
사간원(司諫院) 122
사도세자(思悼世子) 26, 59-61, 75, 178, 182, 187, 188, 197
사옹원(司饔院) 120, 214
사옹원 분원(分院) 126
사육신 204
사육신 사건 34
사자교(獅子橋) 273
사정(射亭) 213
사정기비각(四井記碑閣) 56, 231
사정전(思政殿) 34, 41, 44
사헌부(司憲府) 122
삼삼와(三三窩) 160, 161
삼선재(三善齋) 162

상량정(上凉亭, 평원루) 164, 206, 208, 210, 212
상림삼정(上林三亭) 266
상림십경(上林十景) 218
상림원(上林苑) 218
상서성(尙書省) 122
상서원(尙瑞院) 114, 120, 214
상의원(尙衣院) 106, 120, 214
상참(常參) 131
생물방(生物房) 152
서거정(徐居正) 35, 37, 165, 192
서고(西庫) 63, 225
『서고서목(西庫書目)』 225
서광범(徐光範) 79
서궁(西宮, 경운궁) 45
서방색(書房色) 110
서오릉 57
서총대(瑞蔥臺) 40, 42, 44, 225, 232
서총대시사(瑞蔥臺試射) 65, 76, 233
서총대포(瑞蔥臺布) 40, 233
서향각(書香閣) 63, 222
서호수(徐浩修) 225
석거청(石渠廳) 162
석류실(錫類室) 162
석복헌(錫福軒) 212
석어당(昔御堂) 46
석조전(石造殿) 82
선기(璇璣) 157
선릉(宣陵) 38
선원전(璿源殿) 82, 87, 118, 119, 275
선의왕후(宣懿王后) 58, 60
선인문(宣仁門) 214
선자정(扇子亭) → 관람정
선전관청(宣傳官廳) 110, 122, 123, 126
선정전(宣政殿) 52, 67, 107, 131
선정청(宣政廳) 34
선조(宣祖) 43, 45
선평문(宣平門) 144, 145
선향재(善香齋) 244, 249
선희궁(宣禧宮) 59
성정각(誠正閣) 60, 69, 87, 127, 132, 153, 156
세자익위사(世子翊衛司) 202
소간의(小簡儀) 161
소덕당(昭德堂) 34
소령원(昭寧園) 58
소론 4대신 59
소양문(韶陽門) 244
소요유촉(逍遙流觸) 218, 261

찾아보기 283

소요정(逍遙亭) 51, 218, 245, 261, 266
소유루(小酉樓) 162
소유재(小酉齋) 63, 128, 130
소윤(小尹) 44
소주방(燒廚房) 71
소주합루(小宙合樓) 160, 161
소헌왕후(昭憲王后) 32
소현세자(昭顯世子) 50, 51
소혜왕후(昭惠王后) 36, 39, 165, 187
송병준 85
송시열(宋時烈) 53, 54
송준길(宋浚吉) 54
수강궁(壽康宮) 30, 33, 165, 201
수강재(壽康齋) 30, 65, 70, 183, 201, 202
수경원(綏慶園) 59
수길원(綏吉園) 59
수덕당 → 유덕당
수릉(綏陵) 69, 71
수문당(修文堂) 135
수문장청(守門將廳) 106, 213
수방재(漱芳齋) 162, 210
수빈(綏嬪) 박씨 65, 68, 134, 197
수은묘(垂恩廟) 65
수인문(修仁門) 244
수정(水亭) 279
수정당(壽靜堂) 52, 150
수정전(壽靜殿) 52, 150
수창궁(壽昌宮) 28
숙명공주(淑明公主) 199
숙빈 최씨(淑嬪崔氏) 58, 60, 75, 134, 153
숙안공주(淑安公主) 199
숙원 전비(淑媛 田非) 39, 41, 134
숙의 문씨(淑儀 文氏) 61
숙장문(肅章門) 114
숙정공주(淑靜公主) 199
순강원(順康園) 48
순명효황후(純明孝皇后) 78
순원왕후(純元王后) 68–70, 72, 74, 90, 196, 241
『순재고』 72
『순조기축진찬의궤(純祖己丑進饌儀軌)』 70, 196
순종(純宗) 77
순회세자(順懷世子) 45
순희당(純熙堂) 76, 78
숭릉(崇陵) 54
숭문당(崇文堂) 39, 71, 135, 180
숭범문(崇範門) 110, 113
숭정문(崇政門) 57, 62, 72

습취헌(拾翠軒) 153
승경문(承敬門) 152
승녕부(承寧府) 83
승안문(承安門) 119
승재정(勝在亭) 84, 245, 251, 256
승정원(承政院) 110, 122, 214
『승정원일기』 122
승화루(承華樓) 160, 210
시강원(侍講院) 120, 203
시민당(時敏堂) 59, 61, 188, 203, 204
식물원 85, 168
신독재(愼獨齋) 200
신사충변(辛巳蠱變) 205
신선원전(新璿源殿) 120, 275
신수근(愼守勤) 42
신정왕후(神貞王后) 69, 72, 73, 75–77, 80, 158, 178, 187, 189
신종(神宗) 270
신풍루(新豊樓) 172
심의겸(沈義謙) 46
심추정(深秋亭) 51, 56

ㅇ
악기고(樂器庫) 110
안맹담(安孟聃) 32
안순왕후(安順王后) 36, 165
앙부일구(仰釜日晷) 183
애련정(愛蓮亭) 56, 239
액정서(掖庭署) 110
약방(藥房) 126, 127
양생각(陽生閣) 205
양성지(梁誠之) 35
양심당(養心堂) 45
양심합(養心閤) 54, 68, 71, 74, 86, 145
양의전(兩儀殿) 34
양정각(養正閣) 205
양지당(養志堂) 119, 120
양화당(養和堂) 44, 50, 51, 71, 186, 190, 191
양화문(養和門) 145
어수당(魚水堂) 53, 239
어수문(魚水門) 218, 230
어수범주(魚水泛舟) 218
어영청(御營廳) 53
어조당 60
어차고(御車庫) 121
억석루(憶昔樓) 119, 126, 127, 130
엄귀비 208
엄흥도(嚴興道) 33
여일전(麗日殿) 34

여화문(麗華門) 163
여휘당(麗暉堂) 50
역안재(易安齋) 234, 238
연경당(延慶堂) 71, 79, 81, 90, 189
연경당(演慶堂) 84, 87, 92, 239–241, 244, 245, 248, 249,
연경문(衍慶門) 119
연산군 232
연생전(延生殿) 78, 87
연영문(延英門) 121
연영합(延英閤) 91, 163, 212
연잉군(延礽君) 58
연조(燕朝) 101
연초루(燕超樓) 202
연춘헌(延春軒) 190
연치미(輦致美) 106
연현합(延賢閤) 162
연호궁(延祜宮) 59
연화당(讌和堂) 52
연희당(延禧堂) 65, 71, 190
열고관(閱古觀) 63, 225
열무정(閱武亭) 224
열천문(冽泉門) 272
영광문(迎光門) 132
영군직소(營軍直所) 213
영릉(寧陵) 54
영릉(永陵) 59
영릉(英陵) 32, 54
영모당(永慕堂) 60, 151, 152
영빈 이씨(暎嬪 李氏) 60, 197, 202
영응대군(永膺大君) 32
영의사(永依舍) 126, 127
영창대군(永昌大君) 45, 48
영춘루(迎春樓) 234, 238
영춘헌(迎春軒) 66, 71, 197, 199
영친왕(英親王) 208
영타정(靈鼉亭) 56
영하루(暎霞樓) 164
영현문(迎賢門) 156
영화당(暎花堂) 56, 62, 218, 231, 233
영화시사(暎花詩士) 218
영훈문(迎薰門) 150
영휘당(永輝堂) 147, 150
영희전(永禧殿) 277
예릉(睿陵) 75
예문관(藝文館) 110, 113, 120, 214
예송(禮訟) 55
예종(睿宗) 35
오운루(五雲樓) 163

오위도총부(五衛都摠府) 63, 130
오일도(吳一道) 144
옥당(玉堂) 126, 128
옥류천(玉流川) 51, 56, 257, 261
옥천(玉川) 172
옥천교(玉川橋) 171, 172
옥형(玉衡) 157
옥화당(玉華堂) 34, 52, 61, 71, 86, 147, 150, 188, 204
완연당(婉戀堂) 157
외규장각(外奎章閣) 225
외조(外朝) 101
요금문 271
요화당(瑤華堂) 53, 56, 86, 199
요휘문 87
용안재(容安齋) 202
우 창칭(吳長慶) 160
우별양(右別養) 213
우사(右史) 122, 123
우신문(佑申門) 244
우추두간(右甃豆間) 213
운경거(韻磬居) 234, 238
운영정(雲影亭) 263
운한문(雲漢門) 224
운회헌(雲檜軒) 239, 240, 248
원구단(圜丘壇) 82
원릉(元陵) 59, 61
원종(元宗) 49
『원행을묘정리의궤(園幸乙卯整理儀軌)』 65, 190
월근문(月覲門) 63, 168
월산대군(月山大君) 46
위안 스카이(袁世凱) 79
유덕당(維德堂) 162
유본예(柳本藝) 91, 240
유여청헌(有餘淸軒) 156
유호헌(攸好軒) 202
육상궁(毓祥宮) 58, 153
육선루(六仙樓) 110
육영공원(育英公院) 80
윤선거(尹宣擧) 58
윤선도(尹善道) 54
윤증(尹拯) 58
윤택영 208
윤황후〔순종의 계후(繼后)〕 208
윤휴(尹鑴) 54, 55
융경헌(隆慶軒) 71, 145
융릉(隆陵) 67
융복전(隆福殿) 57
은대(銀臺) 122
은배(銀盃) 128
은신군(恩信君) 75
은언군(恩彦君) 74, 75

을미지변(乙未之變) 26, 82
을사사화(乙巳士禍) 44
응복정(凝福亭) 34
응봉(鷹峯) 215
응사당(鷹社堂) 87
의두합(倚斗閤) 234, 235, 238, 239
의로전(懿老殿) 275
의릉(懿陵) 58
의빈 성씨(宜嬪 成氏) 157
의소세손 195
의신합(儀宸閤) 160, 161
의인왕후(懿仁王后) 45
의장고(儀仗庫) 106
의종(毅宗) 60, 271
이건명(李健命) 58
이경석(李景奭) 54
이경직(李景稷) 82
이괄(李适) 49, 165
이광좌(李光佐) 59
이구(李玖) 208
이국필(李國弼) 47
이귀(李貴) 49
이노우에 가오루(井上馨) 80
이문원(摛文院) 63, 126, 130
이방자(李方子) 208
이성(李誠) 46
이안각(移安閣) 63
이완용(李完用) 85
이왕직(李王職) 139
이은(李垠) 208
이의신(李懿信) 48
이이명(李頤命) 58
이재원(李載元) 79
이조연(李祖淵) 79
이토 히로부미(伊藤博文) 84, 222, 249
이하응(李昰應) 75
익종(翼宗, 효명세자) 26, 68, 69, 71, 72, 90, 91, 135, 153, 158, 164, 186, 199, 219, 238-240, 248, 249, 266, 278
「익종지문(翼宗誌文)」 249
인경궁(仁慶宮) 49, 50, 132, 165
인경왕후(仁敬王后) 55
인릉(仁陵) 69, 72
인목왕후(仁穆王后, 인목대비) 45, 48, 49
인빈 김씨(仁嬪 金氏) 49
인선왕후(仁宣王后) 51, 53, 54, 147, 200
인성대군(仁城大君) 35
인성왕후(仁聖王后) 43

인수대비(仁粹大妃) → 소혜왕후
인순왕후(仁順王后) 45, 194
인양전(仁陽殿) 38, 182
인열왕후(仁烈王后) 50, 52, 150
인원왕후(仁元王后) 56, 58, 60, 151, 152, 187
인정문(仁政門) 39, 52, 54, 55, 58, 67, 74, 75, 113
인정전(仁政殿) 30, 46, 67, 84, 86, 106
『인정전영건도감의궤(仁政殿營建都監儀軌)』 67
『인정전중수도감의궤(仁政殿重修都監儀軌)』 75
인조반정(仁祖反正) 25, 48
인지당(麟趾堂) 77
인현문(引賢門) 156
인현왕후(仁顯王后) 40, 55-57, 76, 187, 194
인혜대비 36
일영대(日影臺) 157, 251
일월오봉병(日月五峯屛) 110, 132
임덕당(臨德堂) 44
임선준 85
임오군란(壬午軍亂) 26, 78
임오화변(壬午禍變) 60, 180
임진왜란 46

ㅈ
자격루 203
자경문(慈慶門) 195
자경전(慈慶殿) 63, 68, 70, 77, 86, 168, 195, 196, 279
『자경전진작정례의궤(慈慶殿進爵整禮儀軌)』 70, 90, 196
자미당(紫薇堂) 77
자선재(資善齋) 162
『자성편(自省篇)』 61
자수궁(慈壽宮) 37
자순대비(정현왕후) 36, 41, 42
자시문(資始門) 156, 162
자의대비(慈懿大妃) → 장렬왕후
잘산군(乽山君) 35
잠단(蠶壇) 277
장경각(藏經閣) 203, 214
장경왕후(章敬王后) 42, 44
장녹수(昭容 張綠水) 39, 41, 134
장락문(長樂門) 206, 208, 212, 239, 244
장렬왕후(莊烈王后) 52, 54-56, 150, 194
장릉(章陵) 48

장릉(莊陵) 33
장릉(長陵) 52
『장릉사보(莊陵史補)』 219
장방(長房) 126
장서각(藏書閣) 86, 196, 224, 279
장수실(莊修室) 126
장양문(長陽門) 244
장옥정 55
장용영(壯勇營) 65, 173, 213
장원봉(壯元峯) 278
장충단(奬忠壇) 82
장헌세자 → 사도세자
장희빈 56, 57, 194, 205
장희재(張希載) 57
재덕당(在德堂) 132, 135
재설간(幸設間) 272
저승전(儲承殿) 29, 50, 204
『저승전의궤(儲承殿儀軌)』 204
적경문(積慶門) 195
전계군(全溪君) 74
전사(田舍) 278
전사청(典祀廳) 272
전설사(典設司) 118, 120, 214
전연사(典涓司) 120, 214
정길당(廷吉堂) 87
정도전(鄭道傳) 24
정릉(靖陵) 42
정릉동 행궁 → 경운궁
정리자(整理字) 172
정묘호란(丁卯胡亂) 50
정묵당(靜默堂) 52, 71, 86
정미환국(丁未換局) 59
정빈 이씨(靖嬪 李氏) 59, 202
정색(政色) 118
정성왕후(貞聖王后) 59, 60, 61, 178, 204
정순왕후(定順王后) 33, 203
정순왕후(貞純王后) 59, 61, 67, 69, 107, 153
정약용(丁若鏞) 225
정원군(定遠君) 48
정월전(淨月殿) 34
정전(正殿) 106
정조(正祖) 61, 62, 63, 65, 66, 76
정청(政廳) 126, 127
정항령(鄭恒齡) 183
정희왕후(貞熹王后) 35, 36, 134, 165, 187
제기고(祭器庫) 272
제실도서(帝室圖書) 130, 225
제안대군(齊安大君) 35
제월광풍루(霽月光風樓) 226
제의문(制義門) 110

제정각(齊政閣) 56, 71, 157
조계청(朝啓廳) 34
조광조(趙光祖) 41
조라치(照羅赤) 126
조만영(趙萬永) 69
조보(朝報) 126
조식(南冥 曹植) 45
조예(皂隸) 126
조윤형(曺允亨) 222
조종문(朝宗門) 273
조태채(趙泰采) 58
존덕정(尊德亭) 51, 245, 250
좌별양(左別養) 213
좌우거달방(左右巨達房) 213
좌우두간(左籧豆間) 213
좌추두간(左簉豆間) 213
주교(舟橋) 255
주남철(朱南哲) 239, 241, 248, 249
주서(注書) 122, 131
주원(廚院) 126
주자소(鑄字所) 172, 214
주합루(宙合樓) 62, 69, 84, 218, 219, 222
죽향루(竹鄕樓) 157
중광원(重光院) 202
중양문(重陽門) 162
중전(中殿) 139
중춘문(重春門) 202
중희당(重熙堂) 65, 70, 72, 73, 76, 78-80, 91, 153, 157, 158, 161, 205
즉조당(卽祚堂) 46
지제교(知製敎) 128
진선문(進善門) 114
진설청(陳設廳) 119
진수당(進修堂) 60, 202, 204
『진작의궤(進爵儀軌)』 70, 196
진장각(珍藏閣) 70, 240, 245, 248
진전(眞殿) 118
진종(眞宗) 59, 200, 202, 204
집경당(集慶堂) 61
집복헌(集福軒) 60, 65, 67, 71, 158, 197
집상당(集祥堂) 52, 54, 147
집상문(集祥門) 71
집상전(集祥殿) 54, 144, 145, 147
집성문(集成門) 268
집춘문(集春門) 168
집희전(集禧殿) 147
징광루(澄光樓) 34, 52, 71, 86, 147

찾아보기 285

ㅊ

「창경궁기(昌慶宮記)」 38
「창경궁상량문」 38
『창경궁수리도감의궤
　(昌慶宮修理都監儀軌)』 95
『창경궁영건도감의궤
　(昌慶宮營建都監儀軌)』 98
창경원(昌慶苑) 86, 168
『창덕궁만수전수리도감의궤
　(昌德宮萬壽殿修理都監儀軌)』
　53, 96
『창덕궁수리도감의궤
　(昌德宮修理都監儀軌)』 52, 95
『창덕궁영건도감의궤
　(昌德宮營建都監儀軌)』 98
『창덕궁인정전영건도감의궤
　(昌德宮仁政殿營建都監儀軌)』
　98
『창덕궁인정전중수도감의궤
　(昌德宮仁政殿重修都監儀軌)』
　98
『창덕궁저승전의궤
　(昌德宮儲承殿儀軌)』 96
『창덕궁집상전의궤
　(昌德宮集祥殿儀軌)』 54
『창덕궁창경궁수리도감의궤
　(昌德宮昌慶宮修理都監儀軌)』
　52, 96
창릉(昌陵) 35
창빈 안씨(昌嬪 安氏) 42, 45
창송헌(蒼松軒) 60, 153
창순루(蒼筍樓) 157
채붕(彩棚) 40
척뇌정(滌惱亭) 56
천 수탕(陳樹棠) 160
천석정(千石亭) 226
천성동(泉聲洞) 267
천추전(千秋殿) 32
천추절(千秋節) 108
천향각(天香閣) 218
천향춘만(天香春晩) 218
철인왕후(哲仁王后) 74, 75, 78, 180, 191
청심정(淸心亭) 56, 218, 245, 256
청심제월(淸心霽月) 218
청연각(淸讌閣) 51
청연루(淸讌樓) 43
청요직(淸要職) 128
청의정(淸漪亭) 51, 215, 245, 261, 266
청일전쟁 81
청향각(淸香閣) 71
체원합(體元閤) 71, 191
초계문신(抄啓文臣) 63, 69, 153
초계문신제도(抄啓文臣制度) 65
초안산 126
〈총석정절경도(叢石亭絶景圖)〉
　139
최양선(崔揚善) 31
최해산(崔海山) 30
축화관(祝華觀) 239, 240, 248
춘당대(春塘臺) 42, 65, 218, 231, 232, 233
춘당벼(春塘稻) 278
춘당지(春塘池) 40, 232
춘방(春坊) 202, 203
춘휘전(春輝殿) 53
충순당(忠順堂) 32, 44
취각령(吹角令) 30
취규정(聚奎亭) 51, 245, 261, 266
취미정(翠微亭) 277
취병 230
취선당(就善堂) 57, 187, 205
취승정(聚勝亭) 51
취요헌(翠耀軒) 53, 200
취운정(翠雲亭) 56, 183, 206
취한정(翠寒亭) 245, 261, 266
취향정(醉香亭) 51, 226
취화문(翠華門) 218
측간(厠間) 106, 121
측우기(測雨器) 161
치조(治朝) 101
친경(親耕) 277
친잠(親蠶) 42, 277
친잠례(親蠶禮) 36, 38
친현문(親賢門) 156
7궁 153
칠분서(七分序) 160, 161

ㅌ

태극정(太極亭) 51, 245, 261, 263, 266
태녕전(泰寧殿) 157
태릉(泰陵) 44
태복시(太僕寺) 120, 214
태정문(兌正門) 244
태화당(泰和堂) 52, 56, 132, 135
택수재(澤水齋) 56, 218, 230
통명전(通明殿) 45, 50, 54, 57, 86, 165, 192, 194
통벽문(通碧門) 244
통장청(統長廳) 162
통화문(通化門) 168
통화전(通和殿) 199

ㅍ

파수간(把守間) 162, 215
폄우사(砭愚榭) 245, 256
평원루(平遠樓) → 상량정(上凉亭)
포쇄(曝曬) 222

ㅎ

하나부사 요시모토(花房義質)
　158
하륜(河崙) 28
하멜 53
하성군(河城君) → 선조
학금(鶴禁) 164
학몽합(鶴夢閤) 163
학석(鶴石) 71, 91, 164
『학석집』 72
『한경지략(漢京識略)』 91
한려청(漢旅廳) 273
한림(翰林) 113
한명회(韓明澮) 34
한일합방조약 86
한정당(閒靜堂) 206, 210
『한중록(閑中錄)』 60, 68, 188
함광문(含光門) 87, 145
함녕전(咸寧殿) 82, 83, 160
함벽정(涵碧亭) 239
함원전(含元殿) 33, 78, 87, 144
함인정(涵仁亭) 50, 71, 182
함춘원(含春苑) 52, 65, 168
해당정(海棠庭) 163
해양대군(海陽大君) 35
해온루(解慍樓) 200
해온정(解慍亭) 29
행각문(行閣門) 71
향명루(嚮明樓) 222
향실(香室) 113, 272
허견(許堅) 55
허목(許穆) 54
헌릉(獻陵) 30
헌선문(獻線門) 132
〈헌종가례도병〉 73
현덕왕후(顯德王后) 33
현량과(賢良科) 41
현륭원(顯隆園) 65, 67, 190
현릉(顯陵) 33
현사궁(顯思宮) 68
현종(顯宗) 51
협경당(協慶堂) 77
혜경궁(惠慶宮) 60, 61, 63, 65, 67, 68, 168, 188, 190, 195, 266
혜릉(惠陵) 57
호위청(扈衛廳) 114
혼천의(渾天儀) 157
홍계훈(洪啓薰) 78, 82
홍릉(弘陵) 58
홍릉(洪陵) 76, 83
홍문관(弘文館) 120, 126, 128, 214
홍봉한(洪鳳漢) 60
홍서각(弘書閣) 202
홍영식(洪英植) 79
홍월각(虹月閣) 78
홍응(洪應) 35
『홍재전서(弘齋全書)』 66, 219
홍화문(弘化門) 61, 168, 190
화산별곡(華山別曲) 29
화성(華城) 60
『화성성역의궤(華城城役儀軌)』
　65
화청각(華淸閣) 212
화청관(華淸觀) 164
화초고(花草庫) 199
환경전(歡慶殿) 42, 50, 67, 71, 78, 173, 186
환취정(環翠亭) 58, 192
『황단의(皇壇儀)』 271
회상전(會祥殿) 54, 72
효릉(孝陵) 43
효명세자 → 익종
효순왕후(孝純王后) 200
효의왕후(孝懿王后) 61, 62, 66, 67, 153, 188, 195
효장세자(孝章世子) 59, 202
효창묘(孝昌墓) 65, 67, 157
효현왕후 73
후원(後苑) 217, 255
훈국군 번소(訓局軍 番所) 213
휘경원(徽慶園) 68
『휘경원원소도감의궤
　(徽慶園園所都監儀軌)』 68
휘령전(徽寧殿) 60, 61, 178, 180, 204
흠경각(欽敬閣) 31, 44, 78, 87
흠문각(欽文閣) 52
흥복전(興福殿) 80, 87
흥복헌(興福軒) 71, 86, 145
흥정당(興政堂) 62
흥청악(興淸樂) 40
희우루(喜雨樓) 156
희우상련(喜雨賞蓮) 218
희우정(喜雨亭) 218, 226
희정당(熙政堂) 39, 52, 69, 71, 73, 86, 132, 135

한영우(韓永愚)는 1938년 충남 서산 출생으로, 서울대 사학과를 졸업하고 동대학원에서 박사학위를 받았다. 하버드 대학 객원교수, 서울대 한국문화연구소장, 한국사연구회장, 서울대 규장각 관장을 역임했다. 1967년부터 서울대 국사학과 교수로 재직했다. 2003년 8월 정년퇴임 후 현재 한림대 한림과학원 특임교수로 재직 중이며, 문화재위원, 국사편찬위원, 서울특별시사 편찬위원 등을 맡고 있다. 조선시대와 근대사, 특히 사학사, 사상사, 신분사 그리고 조선후기 의궤와 지도 연구에 몰두해 왔으며, 저서로 『조선시대 신분사 연구』(1997), 『미래를 위한 역사의식』(1997), 『정조의 화성행차 그 8일』(1998), 『왕조의 설계자 정도전』(1999), 『다시 찾는 우리 역사』(2001), 『명성황후와 대한제국』(2001), 『역사학의 역사』(2002) 외 다수가 있다.

김대벽(金大璧)은 1929년 함북 행영 출생으로 한신대 신학대학을 졸업했다. 1968년부터 한옥과 궁궐 등 주로 전통문화 관련 촬영에 전념해 왔으며, 현재 한옥문화원 연구원, 한국사진가협회 자문위원, 해라시아 문화연구소 연구원으로 있다. 개인전으로 신세계 초대전 「한국인의 삶터」(1986)를 가진 바 있고, 공저로 『한국 가면 및 가면극』(1969), 『문화재대관─중요민속자료편』(1985), 『한국의 고궁건축』(1988), 『한옥의 고향』(2000), 『우리가 정말 알아야 할 우리 한옥』(2000), 『아름다운 우리 문화재』(2001), 『경복궁』(2003), 『석굴암』(2003) 외 다수가 있다.

昌德宮과 昌慶宮
조선왕조의 흥망, 그 빛과 그늘의 현장

글 한영우 사진 김대벽

초판1쇄발행 2003년 12월 10일

발행처 열화당·효형출판 공동 발행

열화당
발행인 / 이기웅
등록번호 제10-74호 등록일자 1971년 7월 2일
경기도 파주시 교하읍 문발리 520-10 파주출판도시
전화 031-955-7000 팩스 031-955-7010
http://www.youlhwadang.co.kr yhdp@youlhwadang.co.kr
편집 / 공미경·조윤형·이수정

효형출판
발행인 / 송영만
등록번호 제18-202호 등록일자 1994년 9월 16일
경기도 파주시 교하읍 문발리 532-2 파주출판도시
전화 031-955-7600 팩스 031-955-7610
http://www.hyohyung.co.kr webmaster@hyohyung.co.kr
편집 / 고혜숙·송승호·박재은

제판·인쇄 그라픽네트
제책 가나안제책

ⓒ 2003 by Han Young-Woo, Kim Dae-Byeok

Printed in Korea

값은 뒤표지에 있습니다.
ISBN 89-301-0057-0